U0369383

21世纪高等学校人工智能专业系列教材

人工智能原理与应用

傅启明 吴宏杰 王蕴哲 编著

清华大学出版社
北京

内容简介

本书系统介绍了机器学习领域中的各类经典算法，并结合 Python 编程语言进行详细的算法实现与应用。通过理论与实践相结合的方式，涵盖从基础算法概念到复杂算法优化技术的全部内容，包括回归分析、分类算法、决策树、支持向量机、神经网络、强化学习、模糊计算、群体智能算法、人工智能的争论与展望等核心知识点。通过大量案例展示了相关理论在实际问题中的应用。还特别深入讲解机器学习算法设计思路与问题求解方法，涵盖从模型构建、特征选择到算法优化的完整过程。

本书可作为本科生、研究生系统学习机器学习与算法设计的教材，也可供学习数据科学与人工智能领域的人员参考。

图书在版编目（CIP）数据

人工智能原理与应用 / 傅启明，吴宏杰，王蕴哲编著. -- 北京：清华大学出版社，2025.5.
（21 世纪高等学校人工智能专业系列教材）. -- ISBN 978-7-302-69195-2

Ⅰ. TP18

中国国家版本馆 CIP 数据核字第 2025UC6866 号

责任编辑：文 怡
封面设计：刘 键
责任校对：刘惠林
责任印制：丛怀宇

出版发行：清华大学出版社
网　　址：https://www.tup.com.cn，https://www.wqxuetang.com
地　　址：北京清华大学学研大厦 A 座　　**邮　　编**：100084
社 总 机：010-83470000　　**邮　　购**：010-62786544
投稿与读者服务：010-62776969，c-service@tup.tsinghua.edu.cn
质量反馈：010-62772015，zhiliang@tup.tsinghua.edu.cn
课件下载：https://www.tup.com.cn，010-83470236
印 装 者：三河市铭诚印务有限公司
经　　销：全国新华书店
开　　本：185mm×260mm　　**印　　张**：13　　**字　　数**：318 千字
版　　次：2025 年 6 月第 1 版　　**印　　次**：2025 年 6 月第 1 次印刷
印　　数：1～1500
定　　价：49.00 元

产品编号：109560-01

前 言

Google Brain 项目联合创始人吴恩达在机器学习领域的研究和教学中指出，算法的产生深刻改变了现代科学和技术的进程，它不仅是数学领域的核心工具，更是整个信息时代的基石。随着科学技术的飞速发展，算法在各个领域中的应用日益广泛，成为解决复杂问题和优化系统性能的重要手段。算法的设计与分析，不仅是计算机科学专业人员的必备技能，也是各类工程技术人员、数据分析师等不可或缺的知识体系。本书围绕算法设计与分析，深入探讨从基础算法到复杂算法的演化过程，旨在为读者提供系统的理论与实践指导。全书共13章，内容涵盖人工智能的基本概念、发展历程、主要学派及应用领域，重点介绍机器学习中的分类、回归、搜索算法及其实际应用。从基础概念到高级技术，如深度学习平台的搭建、神经网络、强化学习等，本书系统讲解各种人工智能算法及其工具库（如 scikit-learn 和 TensorFlow）的使用方法。本书通过丰富的实际案例，结合 Python 语言实现算法设计的过程与实现步骤，旨在帮助读者掌握人工智能理论与实践技能。每章都详细分析算法设计思想，提供完整的代码实现和深度讲解，适合初学者和有一定经验的研究人员学习参考。本书注重理论与实际相结合，机器学习算法均通过实际问题的应用进行讲解，力求让读者不仅能够理解算法的原理，还能在科研和工程实践中灵活运用这些算法。本书提供了系统化的学习路径，不仅提升读者在算法设计与分析中的理论水平，还为读者在未来的科研工作中解决复杂问题打下坚实的基础。

1. 本书内容

本书共 13 章，全面系统地介绍了线性回归、分类算法及其他常见的算法设计与分析方法，并通过 Python 编程语言具体实现。内容涵盖从基础算法理论到高级优化策略，帮助读者逐步掌握算法设计的精髓。各章内容具体如下：

第 1 章绪论：主要介绍什么是人工智能、人工智能的起源与发展历程、人工智能的主要流派及应用领域、机器学习算法的分类以及如何构建人工智能研究开发环境等内容。

第 2 章搜索策略：主要介绍搜索在人工智能中的重要性，讲解常见的搜索算法，包括广度优先搜索、深度优先搜索、启发式搜索等，并分析这些算法的设计原理及其在解决复杂问题中的应用。

第 3 章线性回归及分类算法：主要介绍线性回归的基本概念、线性回归算法的实现方式、逻辑回归算法的基础知识，以及常见的分类算法，如 KNN、kd 树的工作原理及应用场景。

第 4 章决策树：主要介绍决策树模型的构建过程，重点讲解 ID3、C4.5 等经典算法，分析决策树在分类任务中的应用，并讨论过拟合问题及其应对策略。

第 5 章支持向量机：主要介绍支持向量机的基本概念、如何通过最大化间隔来实现分类、支持向量机的数学基础（如拉格朗日对偶、KKT 条件），以及如何利用核函数解决非线性问题。

第 6 章聚类：主要介绍聚类分析的基本概念，重点讨论 k 均值等聚类算法的实现过程，分析聚类算法在数据挖掘中的实际应用。

第 7 章反向传播神经网络：主要介绍神经网络的基本概念及结构，重点讲解反向传播算法的工作原理，并通过实际案例展示反向传播神经网络在非线性问题中的应用。

第 8 章卷积神经网络：主要介绍卷积神经网络的基本结构、发展历程，讲解卷积层、池化层等关键组成部分，并分析卷积神经网络在图像处理等领域中的实际应用。

第 9 章生成对抗网络：主要介绍生成对抗网络的基本概念及模型、隐空间等，通过实际案例展示生成对抗网络的实际应用。

第 10 章强化学习：主要介绍强化学习的基本概念及框架，讲解马尔可夫决策过程、值函数、贝尔曼方程等理论知识，并详细介绍常见的强化学习算法，如 Q-learning 和 SARSA。

第 11 章模糊计算：主要介绍模糊逻辑及模糊集合的概念，讨论模糊控制系统的设计过程，展示模糊逻辑在实际应用中的典型案例。

第 12 章群体智能算法：主要介绍群体智能的基本概念，重点讲解遗传算法、粒子群算法、蚁群算法等算法的实现方式及其在优化问题中的应用。

第 13 章人工智能的争论与展望：主要介绍人工智能的前沿技术，并展望人工智能的未来发展方向，讨论 AI 伦理和未来挑战。

2. 读者对象

本书主要面向本科生、研究生群体，尤其是计算机科学与技术、软件工程、数据科学与大数据技术、人工智能、智能科学与技术等相关专业的学生，也适合有志于在智能系统开发、数据分析、算法设计与优化等领域深入研究的读者参考使用。

3. 编写说明及致谢

本书由傅启明、吴宏杰、王蕴哲联合编著，并负责组织设计、质量控制和统稿定稿。参与编写的还有陆卫忠、陆悠、徐峰磊、程成、张战成、胡惠轶、陆一鸣、夏艺奕。本书也得到苏州科技大学部分老师和学生的大力支持和协助，他们是胡伏原、陈建平、王萌、张松洋、刘鑫、丁瑞杰、高欣煜、郭晴、高彦飞等，在此一并表示感谢。

此外，本书在编写过程中参考了众多相关资料，并得到了多方的大力支持。在此，谨向出版社负责本书编辑与出版工作的全体同仁、资料提供者以及所有关心和支持本书编写的专家们致以诚挚的感谢。

限于个人水平和时间仓促，书中难免存在不足和疏漏，欢迎读者批评指正。

编　者

2025 年 5 月

目录

第 1 章

绪论

学习目标

- 掌握人工智能的基本概念及起源与发展；
- 了解人工智能的主要流派及主要应用领域；
- 了解机器学习的算法分类及 scikit-learn 库的特点；
- 熟练掌握人工智能学习研究开发环境的构建方法。

人工智能(Artificial Intelligence,AI)是研究、开发用于模拟、延伸和扩展人智能的理论、方法、技术及应用系统的一门新技术科学。人工智能的研究领域包括机器人、语言识别、图像识别、自然语言处理和专家系统等。本章首先介绍人工智能的概念、起源与发展,接着介绍人工智能的主要流派与主要应用领域,最后介绍机器学习算法与 scikit-learn 库及图灵测试。

1.1 人工智能的概念、起源与发展

1.1.1 人工智能的概念

人工智能是一门由计算机科学、控制论、信息论、语言学、神经生理学、心理学、数学、哲学等多种学科相互渗透而发展起来的综合性新学科。自问世以来,人工智能几经波折,终于作为一门边缘新学科得到世界的承认并且日益引起人们的兴趣和关注。不仅许多其他学科开始引入或借用人工智能技术,而且人工智能中的专家系统、自然语言处理和图象识别已成为新兴的知识产业的三大突破口。

人工智能是计算机科学的一个分支,它企图了解智能的实质,并生产出一种新的能以人类智能相似的方式做出反应的智能机器,该领域的研究包括机器人、语言识别、图像识别、自然语言处理和专家系统等。人工智能从诞生以来,理论和技术日益成熟,应用领域也不断扩大,可以设想,未来人工智能带来的科技产品将会是人类智慧的“容器”。人工智能可以对人的意识、思维的信息过程模拟。人工智能不是人的智能,但能像人那样思考,也可能超过人的智能。人工智能是一门极富挑战性的学科,从事这项工作的人必须懂得计算机知识、心理

学和哲学。总的来说，人工智能研究的一个主要目标是使机器能够胜任一些通常需要人类智能才能完成的复杂工作。

1.1.2 人工智能的起源

人工智能的思想萌芽可以追溯到17世纪的帕斯卡和莱布尼茨，他们较早萌生了有智能的机器的想法。19世纪，英国数学家布尔和德·摩根提出了“思维定律”，这些可谓是人工智能的开端。19世纪20年代，英国科学家巴贝奇设计了第一台“计算机器”，它被认为是计算机硬件，也是人工智能硬件的前身。电子计算机的问世，使人工智能的研究真正成为可能。

1.1.3 人工智能的发展

人工智能作为一门学科，于1956年问世，是由“人工智能之父”麦卡锡(McCarthy)及一批数学家、信息学家、心理学家、神经生理学家、计算机科学家在达特茅斯(Dartmouth)学院召开的会议上首次提出。由于对人工智能研究角度的不同，形成了不同的研究学派，如符号主义学派、连接主义学派和行为主义学派。

传统人工智能是符号主义，它以纽厄尔(Newell)和西蒙(Simon)提出的物理符号系统假设为基础。物理符号系统由一组符号实体组成，它们都是物理模式，可在符号结构的实体中作为组成成分出现，通过各种操作生成其他符号结构。物理符号系统假设认为物理符号系统是智能行为的充分和必要条件。主要工作是“通用问题求解程序”：通过抽象将一个现实系统变成一个符号系统，基于此符号系统使用动态搜索方法求解问题。

连接主义学派是从人的大脑神经系统结构出发，研究非程序的、适应性的、大脑风格的信息处理的本质和能力，研究大量简单的神经元的集团信息处理能力及其动态行为，也称为神经计算。研究重点侧重于模拟和实现人的认识过程中的感觉、知觉过程、形象思维、分布式记忆和自学习、自组织过程。行为主义学派是从行为心理学出发，认为智能只是在与环境的交互作用中表现出来。

人工智能的研究经历了以下五个阶段：

第一阶段：20世纪50年代人工智能的兴起和冷落。人工智能概念首次提出后，相继出现了一批显著的成果，如机器定理证明、跳棋程序、通用问题求解程序、LISP表处理语言等。但由于消解法推理能力的有限，以及机器翻译等的失败，人工智能走入了低谷。这一阶段的特点是重视问题求解的方法，忽视知识重要性。

第二阶段：20世纪60年代末到70年代，专家系统出现，使人工智能研究出现新高潮。Dendral化学质谱分析系统、Mycin疾病诊断和治疗系统、Prospectior探矿系统、Hearsay-II语音理解系统等专家系统的研究和开发，将人工智能引向了实用化。并且，1969年成立了国际人工智能联合会议(IJCAI)。

第三阶段：20世纪80年代，随着第五代计算机的研制，人工智能得到了很大发展。日本1982年开始了“第五代计算机研制计划”，即“知识信息处理计算机系统”(KIPS)，其目的是使逻辑推理达到数值运算那么快。虽然此计划最终失败，但它的开展形成了一股研究人工智能的热潮。

第四阶段：20世纪80年代末，神经网络飞速发展。1987年，美国召开第一次神经网络国际会议,宣告了这一新学科的诞生。此后,各国在神经网络方面的投资逐渐增加,神经网络迅速发展起来。

第五阶段:20世纪90年代,人工智能出现新的研究高潮。由于网络技术,特别是国际互联网的技术发展,人工智能开始由单个智能主体研究转向基于网络环境下的分布式人工智能研究。不仅研究基于同一目标的分布式问题求解,而且研究多个智能主体的多目标问题求解,人工智能将更面向实用。另外,由于Hopfield多层神经网络模型的提出,人工神经网络研究与应用出现了欣欣向荣的景象。人工智能已深入社会生活的各个领域。

目前人工智能的主要研究内容是分布式人工智能与多智能主体系统、人工思维模型、知识系统(包括专家系统、知识库系统和智能决策系统)、知识发现与数据挖掘(从大量的、不完全的、模糊的、有噪声的数据中挖掘出对我们有用的知识)、遗传与演化计算(通过对生物遗传与进化理论的模拟,揭示出人的智能进化规律)、人工生命(通过构造简单的人工生命系统(如机器虫)并观察其行为,探讨初级智能的奥秘)、人工智能应用(如模糊控制、智能大厦、智能人机接口、智能机器人等)等。

虽然人工智能研究与应用得了不少成果,但是与全面推广应用还有很大的距离,还有许多问题有待解决,且需要多学科的研究专家共同合作。未来人工智能的研究方向主要有人工智能理论、机器学习模型和理论、不精确知识表示及其推理、常识知识及其推理、人工思维模型、智能人机接口、多智能主体系统、知识发现与知识获取、人工智能应用基础等。

1.2 人工智能的主要学派

人工智能的发展在不同的时间阶段经历了不同的学派,并且相互之间盛衰有别。目前人工智能主要有三大学派:符号主义,又称为逻辑主义、心理学派或计算机学派,其原理主要为物理符号系统,即符号操作系统,假设和有限合理性原理;连接主义,又称为仿生学派或生理学派,其主要原理为神经网络及神经网络间的连接机制与学习算法;行为主义,又称为进化主义或控制论学派,其原理为控制论及感知-动作型控制系统。

1.2.1 符号主义学派

符号主义学派认为所有的信息都可以简化为操作符号,就像数学家那样,为了求解方程,会用其他表达式代替本来的表达式。符号学者明白我们不能从零开始学习:除了数据,还需要一些原始的知识。他们已经弄明白,如何把先前存在的知识并入当前的学习中,如何结合动态的知识来解决新问题。他们的主要算法是逆向演绎,逆向演绎致力于弄明白,为了使演绎进行顺利,哪些知识被省略了,然后弄明白是什么让主算法变得越来越综合。

这种思想的发展在计算机发展的过程中是自然而然的,计算机发展伊始,所有的东西都建立在数学上,很多数学家都思考生活中的事情能不能用符号来进行抽象,然后通过抽象能够用计算机来还原。符号主义学派认为人工智能源于数学逻辑,人类认知和思维的基本单元是符号,而认知过程就是在符号表示上的一种运算。

符号主义学派创造出很多有用的东西,如传统的机器人通过标准化的流程进行操作,从A到B到C。但是,人类可以创造出比人类计算能力更强的机器人,其却没有足够强大的学习能力。所有的规则都是人类交给AI的。

现在大多数的AI都是以符号主义学派为基础的,在工业时代标准化的流程最容易使用符号主义学派的人工智能设计。

一个应用的例子是IBM公司的"深蓝"打败人类国际象棋冠军,让人类第一次意识到人工智能发展迅速。"深蓝"的设计理念就是符号主义,主要通过博弈论算法,用专家提炼出来的逻辑和人类进行对决,这样的对决就是在相同的战术方法下看谁的算力更优秀。在对弈中是完全信息的博弈,通俗地讲,就是所有盘面的信息都是公开的,要做到的就是让他人获利最小,自己获利最大。通过计算每个回合,评估盘面,得到你走到每个格子的获益,然后计算出对方在这一步之后的每一步的获益评估,两个值相减,获益最大的步数就是要走的步数。其实这就是最大化最小化模型的基本思路。由上可以看到,这非常符合人的思维逻辑,是专家对人思考方式的抽象;同时也可以看到,在这样的系统中机器是不能学习的,只是透过专家的思路发挥更高的计算能力,计算能力越强,就能看到越远的步数,就越容易获胜。

1.2.2 连接主义学派

连接主义学派是从神经生理学和认知科学的研究成果出发,把人的智能归结为人脑的高层活动的结果,强调智能活动是由大量简单的单元通过复杂的连接后并行运行的结果。

简单来说,连接主义学派认为机器学习应该模拟人脑的运行机制,不否认机械识记和过度学习在知识体系建立中的作用,但应像人一样学会联系和类比,利用感知和已有的经验举一反三自我学习才能让人工智能走得更远、更深入。

同样,在打败人类的路上连接主义学派的实现就更加厉害,AlphaZero在4h内就打败了人类专家结晶"鳕鱼"。这个AI经过无数国际象棋爱好者的打磨,堪称人类棋手的尊严。人们认为即使是神和"鳕鱼"下棋都将以平局收场,而AlphaZero的开发让人类世界震惊,因为人类不知道人工智能如何思考,但是AlphaZero面对人类最高智慧获得了更高的胜率。AlphaZero的思路可以轻松移植到围棋、黑白棋等领域,不像AlphaGo的开发一样复杂。

连接主义学派提出了仿生学的观点,而行为主义学派提出的是人工智能的学习方法。

1.2.3 行为主义学派

行为主义学派认为,学习是刺激与反应之间的连接,他们的基本假设是行为是学习者对环境刺激所作出的反应。学习过程是渐进地尝试错误的过程,强化是学习成功的关键。行为主义是一种基于"感知—行动"的行为智能模拟方法。行为主义学派认为,行为是有机体用以适应环境变化的各种身体反应的组合,它的理论目标在于预见和控制行为。

1.3 主要应用领域

人工智能的主要应用领域如下:

(1) 农业:农业中已经用到很多的AI技术,如无人机喷洒农药、除草、农作物状态实时监控、物料采购、数据收集、灌溉、收获、销售等。应用人工智能设备终端等,大大提高了农牧业的产量,大大减少了人工成本和时间成本。

(2) 通信:智能外呼系统、客户数据处理(订单管理系统)、通信故障排除、病毒拦截(360 等)、骚扰信息拦截等。

(3) 医疗:利用先进的物联网技术实现患者与医务人员、医疗机构、医疗设备之间的互动,逐步达到信息化,如健康监测(智能穿戴设备)、自动提示用药时间、服用禁忌、剩余药量等。

(4) 社会治安:安防监控(数据实时联网,公安系统可以实时进行数据调查分析)、电信诈骗数据锁定、犯罪分子抓捕、消防抢险领域(灭火、人员救助、特殊区域作业)等。

(5) 交通领域:航线规划,无人驾驶汽车,超速、行车不规范等行为整治。

(6) 服务业:餐饮行业的点餐、传菜、回收餐具、清洗等,订票(酒店、车票、机票等)系统的查询、预订、修改、提醒等。

(7) 金融行业:股票证券的大数据分析、行业走势分析、投资风险预估等。

(8) 大数据处理:天气查询,地图导航,资料查询,信息推广(推荐引擎是基于用户的行为、属性(用户浏览行为产生的数据),通过算法分析和处理主动发现用户当前或潜在需求,并主动推送信息给用户的浏览页面)。

除了上面的应用之外,人工智能技术朝着越来越多的分支领域发展,人类生活的各个方面都有所渗透。当然,人工智能的迅速发展必然会带来一些问题。

1.4 机器学习算法与 scikit-learn 库

1.4.1 机器学习

机器学习算法大致可以分为以下三类。

(1) 有监督学习算法:有监督学习是指使用有类标的训练数据构建模型,可以使用这个训练得到的模型对未知数据进行预测。有监督学习主要分为分类和回归两大类。在有监督学习训练过程中可以由训练数据集学到或建立一个模式,并依此模式推测新的实例。该算法要求特定的输入/输出,首先需要决定使用哪种数据作为范例。例如,文字识别应用中一个手写的字符,或一行手写文字。有监督学习算法主要包括神经网络、支持向量机、最近邻算法、朴素贝叶斯法、决策树等。

(2) 无监督学习算法:无监督学习中,无法事先获知各训练样本的类标值,需要处理这种无类标数据或总体分布趋势不明朗的数据,通过无监督学习,可以在没有已知输出变量和反馈函数指导的情况下提取出数据集中有效信息来探索数据集的整体结构。无监督学习主要分为聚类和降维两大类。无监督学习算法没有特定的目标输出,可将数据集分为不同的组。

(3) 强化学习算法:强化学习可以理解为构建一个系统,在与环境交互的过程中提高系统的性能。在创建机器学习算法模型时,通常把数据分为训练集和测试集两大类,先使用训练集数据训练模型,再使用测试集评估模型。强化学习普适性强,主要基于决策进行训练,算法根据输出结果(决策)的成功或错误来训练自己,通过大量经验训练优化后的算法将能够给出较好的预测。类似有机体,在环境给予的奖励或惩罚的刺激下,逐步形成对刺激的预期，产生能获得最大利益的习惯性行为。在运筹学和控制论的语境下，强化学习称作“近似动态规划”(Approximate Dynamic Programming，ADP)。

1.4.2 scikit-learn 库

scikit-learn 是一个整合了多种常用的机器学习算法的 Python 库，简称 sklearn。sklearn 非常易于使用，为我们学习机器学习提供了一个很好的切入点。sklearn 是基于 numpy 和 scipy 的一个机器学习算法库，它能够让我们使用同样的接口实现不同的算法调用。

sklearn 库的四大机器学习算法如下：

(1) 回归：常用回归，如线性、决策树、支持向量机(SVM)、K 最近邻(KNN)；集成回归，如随机森林、Adaboost、GradientBoosting、Bagging、ExtraTrees。

(2) 分类，如线性、决策树、SVM、KNN、朴素贝叶斯；集成分类，如随机森林、Adaboost、GradientBoosting、Bagging、ExtraTrees。

(3) 聚类：K 均值(K-means)、层次聚类、基于密度的噪声应用空间聚类(DBSCAN)。

(4) 降维：线性判别分析(LDA)、主成分分析(PCA)。

使用 sklearn 进行机器学习的步骤为导入模块、创建数据、建立模型、训练和预测。

1.5 案例分析：算法学习平台构建

1.5.1 基于 scikit-learn 库的机器学习平台构建

在 Windows 上 scikit-learn 研究开发环境的搭建步骤如下：

步骤 1：Python 的安装。

Python 有 2.x 和 3.x 的版本之分，但是机器学习中的许多 python 库都不支持 3.x。因此，推荐安装 2.7 版本的 python。安装完毕之后，设置环境变量，把 python 目录添加到 PATH。

安装完成后，在 Windows 的命令行输入 python-V，若能显示 python 的基本信息，则说明安装成功，如图 1.1 所示。

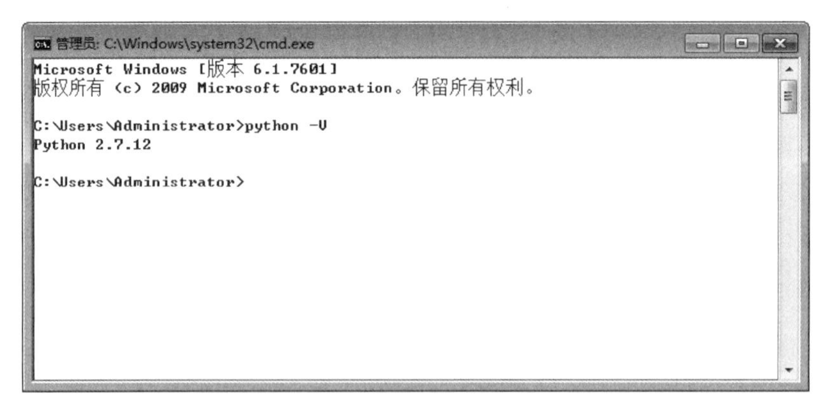

图 1.1 Python 版本查看

步骤 2：Python 包管理工具 pip 的安装。

由于需要包管理工具来方便 python 库的安装，包管理工具有很多，这里推荐使用 pip

包管理工具。

到 https://pip.pypa.io/en/stable/installing/链接下载 pip 的安装脚本。下载 get-pip.py。然后到下载目录，在命令行输入“python get-pip.py”，运行完即可安装成功。

下载完毕后，记得执行命令“pip install -U pip”，一是看 pip 能否正常工作，二是把 pip 升级到最新版本，如图 1.2 所示。

```
C:\pip-20.0.2>pip install -U pip
Requirement already up-to-date: pip in c:\users\aoao\appdata\local\programs\python\python38\lib\site-packages\pip-20.0.2
-py3.8.egg (20.0.2)
```

图 1.2　pip 升级到最新版本

步骤 3：安装 Visual C++ Compiler for Python。

步骤 4：安装 numpy 和 scipy。

numpy 和 scipy 是科学计算和矩阵运算必备工具。由于 numpy 和 scipy 直接用 pip 安装经常会出现问题，一般推荐下载离线版的 whl 来安装 numpy 和 scipy。

首先安装离线版的 numpy，numpy 下载链接为 http://www.lfd.uci.edu/～gohlke/pythonlibs/＃numpy，选择计算机适合的版本进行下载，下载完毕后进入下载目录，在命令行运行“pip install numpy-1.11.2＋mkl-cp27-cp27m-win32.whl”，numpy 安装成功。

用同样的方法安装 scipy。scipy 下载链接为 http://www.lfd.uci.edu/～gohlke/pythonlibs/＃scipy，选择计算机适合的版本进行下载，完成下载之后运行“pip install scipy-0.18.1-cp27-cp27m-win32.whl”，scipy 安装成功。

步骤 5：安装 ipython 和 ipython notebook。

ipython notebook 是常用的 Python 交互式学习工具，现在称为 Jupyter Notebook。scikit-learn 官方的例子给出了用 ipython notebook 运行的版本。

安装步骤如下：

pip install ipython

pip install jupyter

Jupyter Notebook 官网：http://ipython.org/notebook.html。

安装完毕后，在命令行输入“jupyter-notebook”，输出会提示 notebook 运行在 http://localhost：8888，说明安装成功，如图 1.3 和图 1.4 所示。

```
C:\Windows\system32\cmd.exe - jupyter-notebook
Microsoft Windows [版本 10.0.22000.2538]
(c) Microsoft Corporation。保留所有权利。

C:\Users\wangmeng>jupyter-notebook
[I 2025-01-25 19:48:17.648 LabApp] JupyterLab extension loaded from D:\Users\wangmeng\anaconda3\lib\site-packages\jupyte
rlab
[I 2025-01-25 19:48:17.648 LabApp] JupyterLab application directory is D:\Users\wangmeng\anaconda3\share\jupyter\lab
[I 19:48:17.648 NotebookApp] Serving notebooks from local directory: C:\Users\wangmeng
[I 19:48:17.648 NotebookApp] Jupyter Notebook 6.4.8 is running at:
[I 19:48:17.659 NotebookApp] http://localhost:8888/?token=f55c0c8a60376d904eefc16c5e61df492675fa1aa459b5e4
[I 19:48:17.659 NotebookApp]  or http://127.0.0.1:8888/?token=f55c0c8a60376d904eefc16c5e61df492675fa1aa459b5e4
[I 19:48:17.659 NotebookApp] Use Control-C to stop this server and shut down all kernels (twice to skip confirmation).
[C 19:48:17.722 NotebookApp]

    To access the notebook, open this file in a browser:
        file:///C:/Users/wangmeng/AppData/Roaming/jupyter/runtime/nbserver-25556-open.html
    Or copy and paste one of these URLs:
        http://localhost:8888/?token=f55c0c8a60376d904eefc16c5e61df492675fa1aa459b5e4
     or http://127.0.0.1:8888/?token=f55c0c8a60376d904eefc16c5e61df492675fa1aa459b5e4
```

图 1.3　命令行输入“jupyter notebook”

图 1.4 安装成功跳转页面

步骤 6：尝试运行一个 scikit-learn 机器学习程序。

用 SVM 算法分类鸢尾花的实例，鸢尾花数据集的网址为 http://scikit-learn.org/stable。

```
#导入鸢尾花数据集
from sklearn import datasets
iris = datasets.load_iris()
from sklearn.model_selection import train_test_split
#特征
iris_feature = iris.data
#分类标签
iris_label = iris.target
#划分
X_train, X_test, Y_train, Y_test = train_test_split(iris_feature, iris_label, test_size =
0.3, random_state = 42)
#训练 SVM 分类器
from sklearn import svm
svm_classifier = svm.SVC(C = 1.0, kernel = 'rbf', decision_function_shape = 'ovr', gamma = 0.01)
svm_classifier.fit(X_train, Y_train)
#分类器分类效果
print("训练集:", svm_classifier.score(X_train, Y_train))
print("测试集:", svm_classifier.score(X_test, Y_test))
```

程序的运行结果如图 1.5 所示。

```
训练集: 0.9333333333333333
测试集: 1.0
```

图 1.5 鸢尾花分类结果

1.5.2 基于 TensorFlow 框架的深度学习平台构建

TensorFlow 是基于数据流编程的符号数学系统，广泛应用于各类机器学习算法的编程实现。其前身是谷歌公司的神经网络算法库 DistBelief。TensorFlow 由谷歌人工智能团队谷歌大脑开发和维护，拥有 TensorFlow Hub、TensorFlow Lite、TensorFlow Research Cloud 等多个项目，以及各类应用程序接口（Application Programming Interface，API）。自 2015 年 11 月 9 日起，TensorFlow 依据阿帕奇授权协议（Apache 2.0 open source license）开放源代码。

TensorFlow 拥有多层级结构，可部署于各类服务器、PC 终端和网页，并支持 GPU 和 TPU 高性能数值计算，广泛用于谷歌内部的产品开发和各领域的科学研究。

2015 年 11 月发布了 TensorFlow 的第一个版本 TensorFlow 0.1。2017 年 2 月发布的 TensorFlow 1.0.0，以及后续发布的 TensorFlow 1.x 版本，采用的是静态图机制，难于调试。

2019 年发布的 TensorFlow 2.0 版本是一个“划时代”的标志性版本，在 TensorFlow 2.0 版本之后，极大地降低了 TensorFlow 的使用门槛，并默认采用动态图机制，程序将按照编写命令顺序执行，使得程序更加容易调试，更符合人的逻辑思维习惯，可以根据需要在静态图和动态图之间进行切换。建议初学者下载 2.0 以上版本。安装时注意版本匹配，详见官网：https://tensorflow.google.cn/install/source_windows#tested_build_configurations。具体安装步骤如下：

步骤 1：从官网 https://www.anaconda.com/download/下载、安装 Anaconda。

步骤 2：环境变量测试。

进入命令模型：

① 检测 anaconda 环境是否安装成功：conda--version，如图 1.6 所示。

② 检测目前安装了哪些环境变量：conda info--envs。

③ 激活 TensorFlow 的环境：activate tensorflow。

步骤 3：安装 TensorFlow：pip install--upgrade--ignore-installed tensorflow。

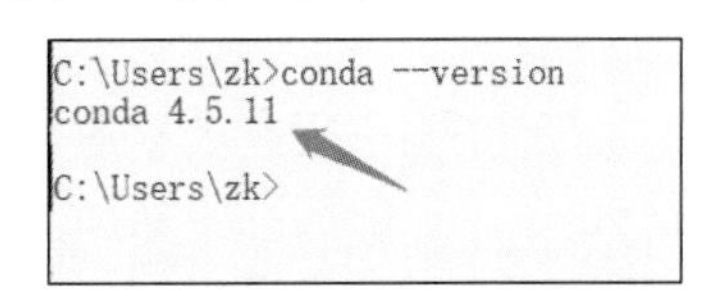

图 1.6 检测 anaconda 环境是否安装成功

经过以上步骤就可以成功实现 TensorFlow 的安装。

步骤 4：运行第一个 TensorFlow 示例。

实现一条曲线的绘制。

```
import tensorflow as tf
import numpy as np
import matplotlib.pyplot as plt
#生成 200 个随机点以及噪声
x_data = np.linspace(-0.5, 0.5, 200)[:, np.newaxis]
noise = np.random.normal(0, 0.02, x_data.shape)
y_data = np.square(x_data) + noise
x = tf.placeholder(tf.float32, [None, 1])
y = tf.placeholder(tf.float32, [None, 1])
#定义神经网络中间层
Weights_L1 = tf.Variable(tf.random.normal([1, 10]))
```

```
biases_L1 = tf.Variable(tf.zeros([1, 10]))
Wx_plus_b_L1 = tf.matmul(x, Weights_L1) + biases_L1
L1 = tf.nn.tanh(Wx_plus_b_L1)
#输出层
Weights_L2 = tf.Variable(tf.random_normal([10, 1]))
biases_L2 = tf.Variable(tf.zeros([1, 1]))
Wx_plus_b_L2 = tf.matmul(L1, Weights_L2) + biases_L2
prediction = tf.nn.tanh(Wx_plus_b_L2)
#二次代价函数
loss = tf.reduce_mean(tf.square(y - prediction))
#梯度下降算法
train_step = tf.train.GradientDescentOptimizer(0.1).minimize(loss)
with tf.Session() as sess:
  sess.run(tf.global_variables_initializer())
  for _ in range(2000):
    sess.run(train_step, feed_dict={x: x_data, y: y_data})
  prediction_value = sess.run(prediction, feed_dict={x: x_data})
  plt.figure()
  plt.scatter(x_data, y_data)
  plt.plot(x_data, prediction_value, "r-", lw=5)
  plt.show()
```

运行结果如图 1.7 所示。

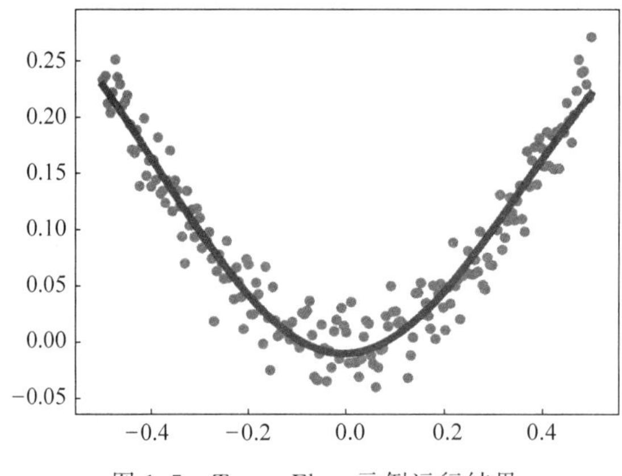

图 1.7　TensorFlow 示例运行结果

1.6　阅读材料

图灵测试又称图灵判断，是阿兰·图灵于 1950 年提出的关于判断机器是否能够思考的著名试验，测试某机器是否能表现出与人等价或无法区分的智能。如果一个人(代号 C)使用测试对象皆理解的语言去询问两个他不能看见的对象任意一串问题。对象为正常思维的人(代号 B)和机器(代号 A)。如果经过若干询问以后，C 不能得出实质的区别来分辨 A 与 B 的不同，则此机器 A 通过图灵测试。

1950 年，图灵在论文《计算机器与智能》的开篇称："我建议大家考虑这个问题：机器能思考吗?"由于我们很难精确地定义思考，图灵提出了"模仿游戏"：一场正常的模仿游戏有 A、B、C 三人参与，A 是男性，B 是女性，两人坐在房间里；C 是房间外的裁判，他的任务是判断这两人谁是男性谁是女性。男性是带着任务来的：他要欺骗裁判，让裁判做出错误的判断。图灵测试图如图 1.8 所示。

图灵问："如果一台机器取代了这个游戏里的男性的地位，会发生什么？"这台机器骗过审问者的概率会比人类男女参加时更高吗？这个问题取代了我们原本的问题"机器能否思考"，这就是图灵测试的本体。

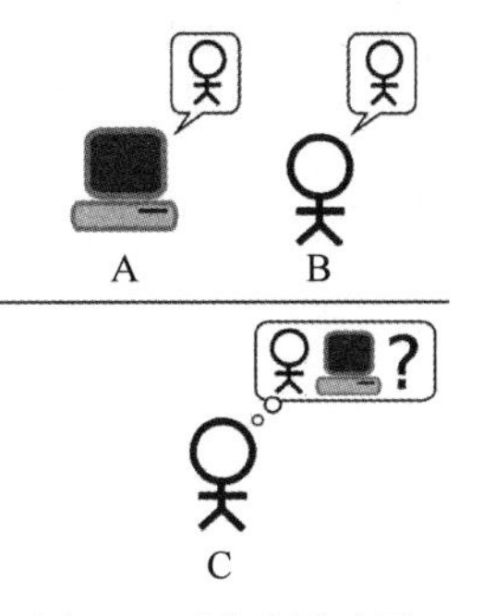

图 1.8　图灵测试图

图灵测试本质上是对人类智能的一种操作性定义。图灵充分意识到这一定义可能会遇到各种诘难，并对自己设想中的 9 类反对意见逐一做了辩驳。多年来围绕图灵测试的大量哲学争论直接指向这一定义的 3 个核心要素，即语言、推理和模仿。古老的哲学问题正在慢慢步入科学探讨的轨道。图灵测试的提出被公认为是人工智能学科兴起的标志，如今虽然不能说它是人工智能的终极目标，但至少是该领域的核心目标之一。以通过图灵测试为目的智能机的研制也向传统的智能概念提出了挑战。

17 世纪霍布斯提出了"思维即计算"的观点。18 世纪莱布尼茨提出了建立"通用语言"的设想，按此设想，思维本质上是形式系统的演算。这类观点未赢得哲学家的普遍认同，一些哲学家认为思维与内省、意识甚至潜意识密切相关。

20 世纪，计算机科学和认知科学的发展在一定程度上已经将人类思维的哲学争论转变为科学探索，这种范式的转变很大程度上得益于计算机与人脑的类比。作为这一范式转变的结果，人工智能学科应运而生。图灵的论文《计算机器与智能》通常被认为是人工智能兴起的标志，著名的"图灵测试"方案不仅给人类智能提供了一个可操作的定义，而且通过"模拟游戏"的方式将"机器能否思考"这个问题呈现在人们面前。

1.7　本章小结

本章介绍了人工智能的概念、起源和发展，详细阐述了人工智能的主要学派和主要应用领域。最后从操作实践的角度介绍了机器学习算法与 scikit-learn 库，并分别描述了基于 scikit-learn 库的机器学习平台搭建和 TensorFlow 框架的深度学习平台搭建。

习题

1. 什么是人工智能？其发展过程经历了哪些阶段？
2. 人工智能研究的基本内容是什么？
3. 人工智能主要有哪几大研究学派？
4. 人工智能主要有哪些研究领域？

第 2 章

搜索策略

学习目标

- 熟练掌握搜索策略的概念与意义；
- 了解各类搜索算法的设计原理；
- 熟悉搜索算法在人工智能领域的应用。

本章首先介绍人工智能中搜索策略的基本概念，接着介绍常见搜索算法的设计原理与特点，最后结合经典案例介绍搜索策略的应用。搜索策略在人工智能中至关重要，影响系统面对复杂问题的效率与效果。读者通过理解基本概念、学习常见算法、分析经典案例，可以掌握搜索策略的理论基础，选择适合的算法，并了解其实际应用，提升在人工智能领域的应用能力。

2.1 概述

搜索是人工智能推理过程中的一项核心内容，直接关系到智能系统的性能和运行效率。在了解这些基本概念后，本节将详细探讨不同的搜索算法及其实际应用，包括广度优先搜索(BFS)、深度优先搜索(DFS)和启发式搜索。在不同的搜索策略或算法中，理性行动者常用于解决具体的问题并提供最佳解决方案。它们的首要目标是根据实际情况和一切可利用的知识构建正确且高效的搜索策略，找到一条代价最小的推理路径作为问题的解。

搜索是一个在搜索空间中逐步查找搜索目标的过程，每个搜索问题涉及三个主要因素：搜索空间 S，即可能解的集合；起始状态 S_0，即行动者开始搜索时的状态；目标测试 F，即判断当前状态与目标状态 S_t 是否相同的方法。

为提高搜索效率，首先对现实问题进行合理的抽象。对一般问题而言，与解题有关的状态空间通常是整个状态空间的子集。求解问题的关键是生成并存储这部分状态空间。在介绍搜索算法之前，需要明确以下概念：

状态空间图：搜索问题的图结构表示。图中的节点对应行动者所在的状态。

算符：行动者对状态的可行操作，在状态空间图中被映射成为连接节点的边。

转变模型：描述每个算符的具体动作。

路径代价：为每条路径分配数值化代价的函数。

解：从初始状态 S_0 到目标状态 S_t 所使用的算符的序列。

最优解：具有最小代价的解。

在进行搜索算法的效率比较时，可以对四种属性进行评估：一是完备性，给定任意输入，保证存在至少一个解；二是最优性，当一个解的代价是最低时，它就是最优解；三是时间复杂度，算法完成所需的时间；四是空间复杂度，算法在搜索过程所有时刻需要的最大存储空间。

基于不同的搜索问题，可以采用盲目搜索或启发式搜索，如图 2.1 所示。盲目搜索不使用启发式信息，按照规定路线进行搜索，适用于状态空间图为树结构的问题（树结构是不包含回路的特殊连通图，其中根节点代表起始状态 S_0）。启发式搜索利用与问题求解相关的控制信息，估计节点的重要性，并在搜索过程中每次都选择较重要的节点。

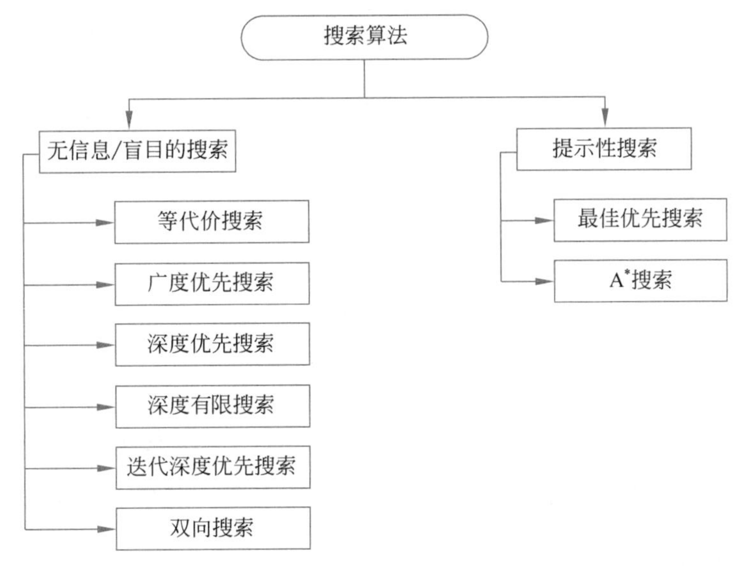

图 2.1 常见的搜索算法分类

常用的搜索算法遵循统一的解题思路：

(1) 把问题的初始状态 S_0 作为当前状态，选择合适的算符对 S_0 进行操作，生成一组子状态（又称后继状态）。

(2) 检查目标状态 S_t 是否出现在后继状态中：若出现，则结束搜索并返回问题的解；若不出现，则按特定的搜索策略从所有的后继状态中选择一个状态作为当前状态。

(3) 重复以上过程，直到 $t+1$ 出现或者不再有可供操作的状态或算符时，终止搜索。

下面具体介绍基于图结构的搜索算法以及启发式搜索算法的设计原理。图结构的搜索算法就是获得一条从图中的一个顶点 s 出发到达另一个顶点 t 的路径，根据遍历节点顺序的不同可以分为广度优先搜索算法和深度优先搜索算法。

2.2 图搜索

2.2.1 广度优先搜索

广度优先搜索（Breadth-first search，BFS）是最常见的树或图的遍历策略，其基本思想

是从初始节点 s 开始逐层地对节点进行扩展并考察它是否为目标节点 S_t。逐层是指广度优先搜索先查找离起始顶点最近的节点，然后依次向外搜索次近的节点。在第 t 层的节点没有全部扩展并访问之前，不对第 $t+1$ 层的节点进行扩展。算法的实现依赖先进先出(First in first out，FIFO)的队列结构。

广度优先搜索算法的优点在于，只要问题存在解，一定会提供一种解决方案。若问题存在多个解，广度优先搜索将会给出所含步数最少的解。然而，为了对下一层节点进行拓展，树的每一层都需要存储，因此广度优先搜索需要耗费大量的内存空间。此外，如果对应最终解的叶节点距离根节点较远，广度优先搜索还需要较长的运行时间。

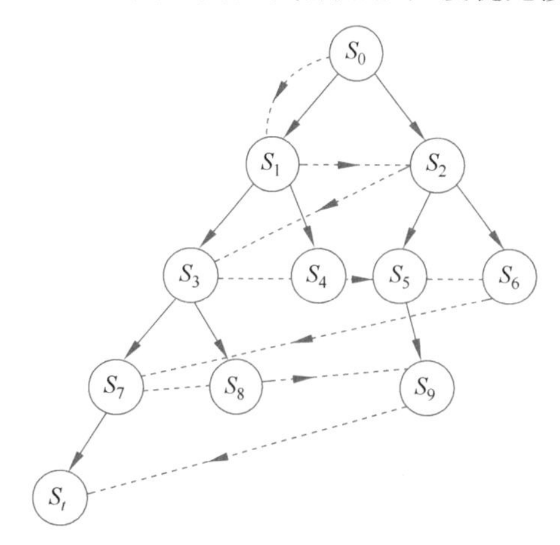

图 2.2 广度优先搜索

以如图 2.2 所示的树结构为例，初始节点为 S_0，目标节点为 S_t。通过广度优先搜索进行逐层的目标搜索所经过的路径为(S_0，S_1，S_2，S_3，S_4，S_5，S_6，S_t)，即如图 2.2 中虚线所示。图 2.2 展示了广度优先搜索的过程。从初始节点 S_0 开始，逐层扩展节点直到找到目标节点 S_t。虚线表示了搜索路径，每一层的节点在前一层节点全部扩展完后才开始扩展。

对广度优先搜索进行时间复杂度分析时，需要首先明确最坏的情况，即起止节点之间距离很远，需要遍历完整张图才能到达目标。此时，所有的边都会被访问，同时每个节点也都要进出一次队列。因此，广度优先搜索的时间复杂度为 $O(V+E)$，V 和 E 分别代表节点和边的数目。广度优先搜索算法所耗费的空间大小与节点的数目成正比，因此广度优先搜索的空间复杂度为 $O(V)$。广度优先搜索是一种完备算法，位于树结构最底层的目标节点具有有限的深度，使得广度优先搜索可以找到一个解。当路径代价函数是关于节点深度的非递减函数时，广度优先搜索算法是最优的。

在迷宫求解问题中，广度优先搜索能够找到从起点到终点的最短路径。假设迷宫被表示为二维矩阵，起点为(0,0)，终点为($N-1$，$N-1$)，广度优先搜索从起点开始逐层搜索，直到找到通向终点的路径。

2.2.2 深度优先搜索

深度优先搜索(Depth-first search，DFS)是一种遍历树或图的递归算法，它从起始节点 S_0 开始扩展，若没有到达目标节点 S_t，则选择最后产生的子节点进行扩展，若还是不能到达目标节点，则再次对最后产生的子节点进行扩展，一直如此向下搜索。当到达某个子节点，且该子节点既不是目标节点又不能继续扩展时，才选择其兄弟节点进行考察。深度优先搜索的设计过程与广度优先搜索类似，但是其具体实现通过栈结构来完成，并最终利用回溯获得所有可能的解。

相较于广度优先搜索，深度优先搜索的优点是需要更少的内存空间和更短的搜索时间。因为当深度优先搜索沿着合理的路径进行遍历时，只需要用一个栈来存储从根节点到当前节点的路径所经过的那些节点。但是，深度优先搜索无法保证一定会找到一个解，且搜索过程中会不停地访问相同的状态。另外，深度优先搜索会进行深入搜索从而陷入无限循环。

如图 2.3 所示，当起始节点为 S_0，目标节点为 S_t 时，深度优先搜索仍会按照图中虚线表示的路径顺序来遍历节点。值得注意的是，节点 D 访问结束后，算法会遍历其兄弟节点 E。由于 E 没有其他兄弟节点且还未找到目标节点，进行回溯继续访问节点 C，直至找到目标。

深度优先搜索算法在有限的状态空间是完备的，因为它只在有限的搜索树中拓展每个节点。在深度优先搜索的搜索过程中，图中每条边最多被访问两次，一次是遍历，另一次是回退。因此，其时间复杂度为 $O(E)$。不难发现，深度优先搜索的设计运用了回溯的思想，可通过递归来实现，基于递归工作栈，深度优先搜索的空间复杂度为 $O(V)$。此外，深度优先搜索算法为了找到目标状态，可能会遍历较长的路径或生成较高的路径代价，因此该算法不是最优的。

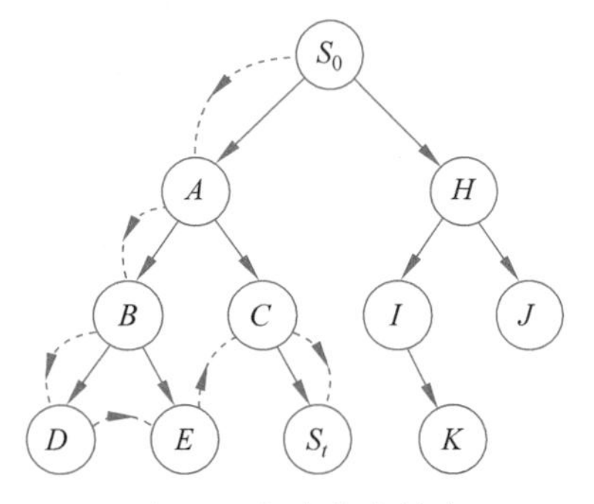

图 2.3 深度优先搜索

2.3 启发式搜索

广度优先搜索和深度优先搜索两种盲目搜索策略，在没有任何有关搜索空间的额外知识的情况下，查找问题所有可能的解决方案。启发式搜索算法具备一系列经验法则，如路径代价、与目标的距离等。虽然启发式搜索算法无法保证总是给出最优解，但它能够在可接受的时间和空间花费下，给出待解决问题的一个可行解，该可行解与最优解之间的偏离程度一般无法预计。

通常，启发式搜索更适用于较大的搜索空间，它的目标是找到一条最有可能的搜索路径。启发函数用来计算当前状态下行动者与目标之间的估计距离，同时根据距离值来拓展节点。节点拓展的过程通过 OPEN 和 CLOSED 两个列表来记录，分别保存还未拓展和已经拓展的节点。每次的迭代生成具有最小代价值的节点的所有子节点，同时将该节点加到 CLOSED 列表中。算法持续迭代，直到找到目标节点或者 OPEN 列表为空。贪婪最佳优先搜索和 A^* 搜索是两种典型的启发式搜索算法。

1. 贪婪最佳优先搜索

通过启发函数估计节点与目标之间的最小代价，并总是选取离目标最近的节点作为当前路径延展的方向，同时结合了深度优先搜索和广度优先搜索算法的优点。在优先队列结构的基础上，贪婪搜索按照算法 2.1 所示流程探索搜索空间。

算法 2.1 贪婪最佳优先搜索算法流程

输入：初始节点 n_0

输出：目标节点的路径或问题无解

过程：

1. 将初始节点 n_0 加入 OPEN 表中
2. repeat
3. 　如果 OPEN 表为空，则问题无解，退出
4. 　移除 OPEN 表中具有最小估计代价的节点 n，并将其加入 CLOSED 表

5. 生成 n 的所有子节
6. 考察子节点中是否存在目标节点,若存在,则问题解求得,退出;否则,继续步骤 7
7. 评估每个子节点所对应的总代价,检查节点是否包含在 OPEN 或 CLOSED 列表中。若节点不在任何列表中,则将其加入 OPEN 列表
8. until 目标节点被找到或 OPEN 表为空

贪婪最佳优先搜索的优点是可以在广度优先搜索和深度优先搜索之间切换,充分发挥这两种算法的优势,在很大程度上提高算法性能。但它也可能陷入死循环,沿着一条路径一直向下探索,始终无法达到目标。在最坏的情况下,贪婪最佳优先搜索的时间和空间复杂度均为 $O(b^m)$,其中 m 是节点分支因子数目,m 是搜索空间的最大深度。即使给定的状态空间是有限的,贪婪最佳优先搜索算法也不是完备的。

2. A* 搜索

A* 搜索是一种常见的最佳优先搜索,算法通过启发函数在状态空间中找到最短路径,需要拓展的搜索树节点更少且能更快地提供最优解。每个节点的优先级通过以下函数计算:

$$f(n)=g(n)+h(n) \tag{2.1}$$

式中:$f(n)$表示最优解的预估代价;$g(n)$表示从起始节点到当前节点的代价;$h(n)$表示当前节点到目标节点的代价。

在搜索过程的每一步,只有 $f(n)$最小的节点才会被拓展。具体流程见算法 2.2。

算法 2.2 A* 搜索算法流程

输入: 初始节点 n_0
输出: 目标节点的路径或问题无解
过程:
1. 将初始节点 n_0 加入 OPEN 表中
2. repeat
3. 若 OPEN 表为空,则问题无解,退出
4. 选择 OPEN 表中 $f(n)$值最小的节点 n,检查它是否为目标节点,若是,则成功求解并退出;否则,继续步骤 5
5. 生成 n 的所有子节点,将 n 加到 CLOSED 表中。检查每个子节点是否在 OPEN 或 CLOSED 表中。若子节点不在任何表中,则计算其对应的 f 值,并将该节点加入 OPEN 表中
6. 若子节点在 OPEN 表中,则它应该被关联到指向最低 f 值的反向指针
7. until 目标节点被找到或 OPEN 表为空

A* 搜索算法能够解决非常复杂的问题,但由于依赖启发和估计,不能总是提供最短的搜索路径。此外,A* 搜索算法不适用于规模较大的问题,因为它会保存所有拓展的节点,对内存的消耗较大。当节点分支因子数目有限,且每个算符的代价固定时,A* 搜索算法是完备的。算法的时间和空间复杂度均为 $O(b^d)$,其中 b 是节点分支因子数目,d 是解的深度。

2.4 博弈

博弈原指游戏的参与者在一定的规则约束和环境条件下,各自选择行动策略,以实现利益的最大化或风险的最小化。为了达到"赢"的目的,参与者不仅要考虑自己的策略,还要考

虑对手的选择。AlphaGo是经典的人工智能和博弈相结合的例子，严格来讲，是一种完全信息博弈，即玩家可以观测到对手的选择。AlphaGo通过深度学习技术来分析已有的大量对局，并应用强化学习与自己对弈来获得更多棋局，同时评估每个格局的输赢率，最后通过蒙特卡罗树搜索决定最优落子。

人工智能和博弈论实际上都基于决策理论。在计算机领域，博弈论又称为算法博弈论，研究的方向包括各种均衡的计算及复杂性问题、机制设计（包括在线拍卖、在线广告）、安全领域的资源分配及调度等。事实上，在很多机器学习模型的构建过程中都用到了博弈的思想，如支持向量机（SVM）、生成对抗网络（GAN）。

博弈的四个重要元素为参与人、规则、结果和盈利。博弈论涉及的“游戏”可以根据合作性、对称性、信息完整性、同步性及零和性5个特征进行分类。博弈方法的分类如图2.4所示。博弈搜索又称为对抗搜索，是指博弈双方会阻止对方收益最大化，对应的游戏通常是确定的、完全可观测的、序贯决策且零和的。零和博弈是一种非合作博弈，参与者中一方的收益必然会导致另一方的损失，同时各方的收益和损失相加总和永远为“零”，且各方不存在合作的可能。博弈搜索的算法主要有最大最小搜索、Alpha-Beta剪枝搜索和蒙特卡罗树搜索。

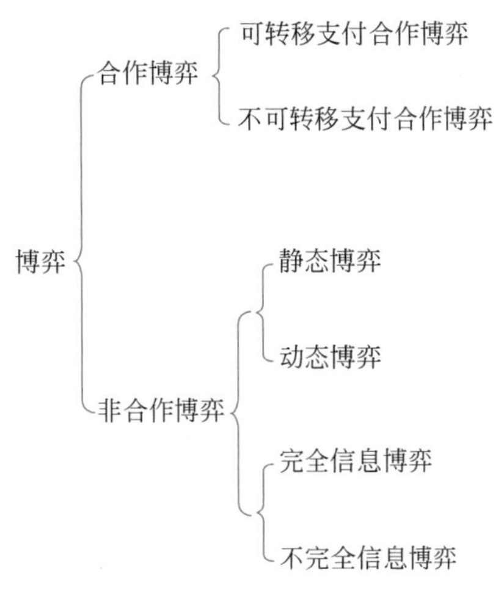

图2.4　博弈方法的分类

2.5　案例分析：八数码问题

2.5.1　八数码问题

1. 问题描述

八数码问题也称九宫问题。在3×3的棋盘摆有8个棋子，每个棋子上标有1～8的某一数字，不同棋子上标的数字不相同。棋盘上还有一个空格，与空格相邻的棋子可以移到空格中。要求解决的问题是给出一个初始状态和一个目标状态，找出一种从初始转变成目标状态的移动棋子步数最少的移动步骤。

2. 解题思路

问题的一个状态就是棋子在棋盘上的一种摆法。棋子移动后，状态就会发生改变。解决八数码问题实际上就是找出从初始状态到达目标状态所经过的一系列中间过渡状态。八数码问题一般使用搜索法来解。搜索法有广度优先搜索法、深度优先搜索法、A^*搜索算法等。问题相应的抽象概念包括：

（1）状态表示：八数码问题的一个状态就是8个数字在棋盘上的一种放法。每个棋子用它上面所标的数字表示，并用0表示空格，这样就可以将棋盘上棋子的一个状态存储在一个一维数组p_arr中，存储的顺序是从左上角开始，自左至右，从上到下。也可以用一个二维数组来存放。

（2）节点：搜索算法中，问题的状态用节点描述。节点中除了描述状态的数组外，还有一个父节点指针 last，它记录了当前节点的父节点编号。如果一个节点 v 是从节点 u 经状态变化而产生的，节点 u 就是节点 v 的父节点，节点 v 的 last 记录的就是节点 u 的编号。在到达目标节点后，通过 last 可以找出完整的搜索路径。

(3) 节点扩展：搜索就是按照一定规则扩展已知节点，直到找到目标节点或所有节点都不能扩展为止。八数码问题的节点扩展应当遵守棋子的移动规则，按照棋子移动的规则，每次可以将一个与空格相邻棋子移动到空格中，等价于空格做相反移动。空格可以上、下、左、右四个方向移动，且不能移出边界。

(4) 棋子位置：也就是保存状态的数组元素的下标。空格移动后，它的位置发生变化，在不移出界的情况下，空格上、下、左、右四个方向移动后，新位置是原位置分别加上 -3、3、-1、1。如果将空格上、下、左、右四个方向的移动分别用 0、1、2、3 表示，并将 -3、3、-1、1 放在静态数组 d 中，那么空格向方向 i 移动后，它的位置变为 spac+d[i]，其中空格位置用 spac 表示。

2.5.2 八数码问题的 Python 语言示例

在解决八数码问题时，可以使用 A* 搜索算法来找到从初始状态到目标状态的最短路径。A* 搜索算法是一种启发式搜索算法，它通过估算每一步的代价来指导搜索过程，使得搜索更高效。以下 Python 代码展示了如何使用 A* 搜索算法来解决八数码问题，通过定义状态、启发函数和节点扩展规则，最终找到问题的解。

```
import numpy as np
import operator

A = list(map(int, input("初始状态: ").split()))
B = list(map(int, input("目标状态: ").split()))
z = 0
M = np.zeros((0, 0), dtype = int)
N = np.zeros((0, 0), dtype = int)
for i in range(0):
  for j in range(0):
    M[i][j] = A[z]
    N[i][j] = B[z]
    z = z + 1

openlist = []                       # open 表
class State:
  def __init__(self, m):
    self.node = m                   # 节点状态
    self.f = 0                      # f(n) = g(n) + h(n)
    self.g = 0                      # g(n)
    self.h = 0                      # h(n)
    self.father = None              # 父节点
init = State(M)                     # 初始状态
goal = State(N)                     # 目标状态
# 启发函数
def h(s):
  a = 0
  for i in range(len(s.node)):
```

```
    for j in range(len(s.node[i])):
      if s.node[i][j] != goal.node[i][j]:
        a += 1
  return a

#按照估价函数值对节点列表进行排序
def list_sort(l):
  cmp = operator.attrgetter('f')
  l.sort(key = cmp)

#A* 搜索算法
def A_star(s):
  global openlist                          #全局变量可以让 OPEN 表进行实时更新
  openlist = [s]
  while openlist:                          #当 OPEN 表不为空
    get = openlist[0]                      #取出 OPEN 表的首节点
    if (get.node == goal.node).all():      #判断是否与目标节点一致
      return get
    openlist.remove(get)                   #将 get 移出 OPEN 表

#判断此时状态的空格位置
    for a in range(len(get.node)):
      for b in range(len(get.node[a])):
        if get.node[a][b] == 0:
          break
      if get.node[a][b] == 0:
        break
#开始移动
    for i in range(len(get.node)):
      for j in range(len(get.node[i])):
        c = get.node.copy()
        if (i + j - a - b)**2 == 1:
          c[a][b] = c[i][j]
          c[i][j] = 0
          new = State(c)
          new.father = get                 #get 节点成为新节点的父节点
          new.g = get.g + 1                #新节点与父节点的距离
          new.h = h(new)                   #新节点的启发函数值
          new.f = new.g + new.h            #新节点的估价函数值
          openlist.append(new)             #加入 OPEN 表中
          list_sort(openlist)              #排序

#递归打印路径
def printpath(f):
  if f is None:
    return
  printpath(f.father)
  print(f.node)
final = A_star(init)
if final:
  print("问题的解为：")
  printpath(final)
else:
print("无解")
```

2.6 阅读材料

1950 年，兰德公司的梅里尔·弗勒德和梅尔文·德雷希尔拟定出相关困境的理论，后来顾问艾伯特·塔克以囚徒方式阐述，并命名为“囚徒困境”。“囚徒困境”如下：

警方逮捕甲、乙两名嫌疑犯，但没有足够证据指控二人有罪。于是警方分开囚禁嫌疑犯，分别和二人见面，并向双方提供以下相同的选择：

若一人认罪并作证检控对方(相关术语称“背叛”对方)，而对方保持沉默，此人将即时获释，沉默者将判监 10 年。

若二人都保持沉默(相关术语称互相“合作”)，则二人同样判监半年。

若二人都互相检举(互相“背叛”)，则二人同样判监 5 年。

如同博弈论的其他例证，囚徒困境假定每个参与者(“囚徒”)都是利己的，即都寻求最大自身利益，而不关心另一参与者的利益。参与者某一策略收入利益，如果在任何情况下都比其他策略低，那么策略称为“严格劣势”，理性的参与者绝不会选择。另外，没有任何其他力量干预个人决策，参与者可完全按照自己意愿选择策略。

囚徒到底应该选择哪一项策略才能将自己的刑期缩至最短？两名囚徒由于隔绝监禁，并不知道对方选择；即使他们能交谈，也未必能够尽信对方不会反口。就个人的理性选择而言，检举背叛对方获得刑期总比沉默要来得低。试设想困境中两名理性囚徒会如何做出选择：

若对方沉默，自己背叛会获释，则会选择背叛。

若对方背叛，自己也指控对方才能获得较低的刑期，则也会选择背叛。

二人面对的情况一样，所以二人的理性思考都会得出相同的结论——选择背叛。背叛是两种策略之中的支配性策略。因此，这场博弈中唯一可能达到的纳什均衡就是双方都背叛对方，结果二人同样服刑 5 年。

这场博弈的纳什均衡显然不是顾及团体利益的帕累托最优解决方案。以全体利益而言，如果两个参与者都合作保持沉默，都只会被判刑半年，总体利益更高，结果也比两人背叛对方判刑 5 年的情况较好。但根据以上假设，二人均为理性的个人，且只追求个人利益。均衡状况会是两个囚徒都选择背叛，结果二人判监均比合作为高，总体利益较合作为低。这就是“困境”所在。例子有效地证明了非零和博弈中，帕累托最优和纳什均衡是互相冲突的。

2.7 本章小结

在很多实际应用中，问题的求解过程都可以转变为搜索问题，而这些问题往往很难在多项式时间内得到解决，这样的问题称为 NP-完全问题，搜索策略是常见的解题思路。本章主要介绍了无信息搜索策略下的广度优先搜索算法和深度优先搜索算法，以及有信息搜索策略下的启发式搜索。博弈搜索基于完整信息，可以拓展至多个行动者参与的竞争环境。

习题

1. 针对有 N 个节点的有向无环图，找到所有从 0～$N-1$ 的路径。提示：有向图可通过二维数组表示，其中数组第 i 行元素代表图中 i 号节点所能到达的其他节点，例如图 2.5 可以表示为 G=[[1,2],[3],[3],[]]，某一行元素为空时，相应的节点无法到达任意其他节点。

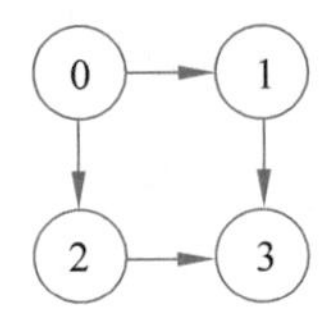

图 2.5　有向无环图

2. 有 N 个节点，一些彼此相连，另一些没有相连。一个 component 可以定义为一组直接或间接相连的节点，其中不含没有相连的节点。假设 connections 是一个 $N\times N$ 的矩阵，其中 connections $[i][j]=1$ 表示第 i 个节点和第 j 个节点直接相连，而 connections$[i][j]=0$ 表示二者不直接相连。那么，根据给定的 connections 二维数组，通过深度优先搜索或广度优先搜索来计算 connections 中存在 component 的数量。

3. 如图 2.6 所示 $N\times N$ 的二进制矩阵，搜索最短畅通路径并返回包含的单元格的数目。如果这样的路径不存在，返回−1。畅通路径的定义为一条从左上角单元格到右下角单元格的路径，路径只能经过元素为 0 的单元格，路径中相邻的单元格之间彼此不同且共享一条边或者一个角。

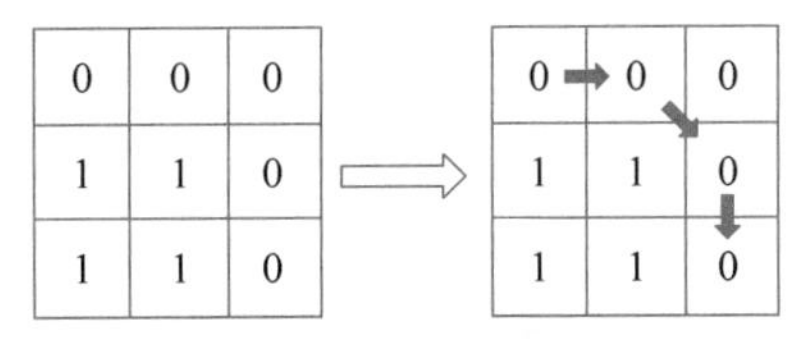

图 2.6　二进制矩阵

第3章

线性回归及分类算法

学习目标

- 熟练掌握线性回归算法；
- 理解逻辑回归算法的基础知识；
- 熟练掌握分类算法相关知识及运用。

机器学习中回归和分类是两种常见问题。回归用于预测连续变量，通过线性或非线性模型研究变量间关系，实现建模与预测。分类是根据种类、等级或性质将数据归类。线性回归通过线性关系描述变量间的回归问题，分类通过类似方法处理分类问题。本章首先介绍线性回归算法，然后介绍逻辑回归算法，最后介绍分类算法及其使用方法。

3.1 概述

线性回归和分类算法是机器学习中的重要组成部分。线性回归是一种通过研究一个或多个自变量与因变量之间的关系来预测或解释因变量变化的统计工具。线性回归广泛用于经济预测、工程建模、医疗诊断等领域，例如，通过线性回归模型可以预测股票价格、房产价值以及病患的康复情况。

分类算法通过将数据分为不同类别，实现数据的分类与识别。常见的分类算法包括K近邻算法、朴素贝叶斯算法、支持向量机等，这些算法通过度量样本之间的相似性或利用概率论知识对未知样本进行分类。分类算法在图像识别、文本分类、语音识别等领域具有广泛应用，例如，通过分类算法可以实现垃圾邮件过滤、手写数字识别和图像分类。

回归和分类在机器学习中具有不同的应用场景和解决问题的方式，回归用于处理连续变量的预测问题，分类用于将数据分为不同的离散类别，两者通过不同的模型和算法来处理各自的问题，但在实际应用中往往相辅相成，共同解决复杂的数据分析任务。

理解与掌握线性回归和分类算法的基本概念及方法，对于解决实际问题和进行数据分析至关重要。这些算法在各领域中的成功应用展示了强大的实用性和广泛的适应性。通过深入学习和实践，能够有效地应用这些算法进行数据建模和预测，提升在机器学习领域的实践能力。

3.2 线性回归算法

3.2.1 回归分析

回归分析是一种重要的统计工具,通过研究一个或多个自变量与因变量之间的关系来预测或解释因变量的变化。在初等数学中常利用函数关系表示自变量与因变量之间的关系,然而,在实际的统计关系中观测值并不严格局限于函数图像上,如图3.1所示。

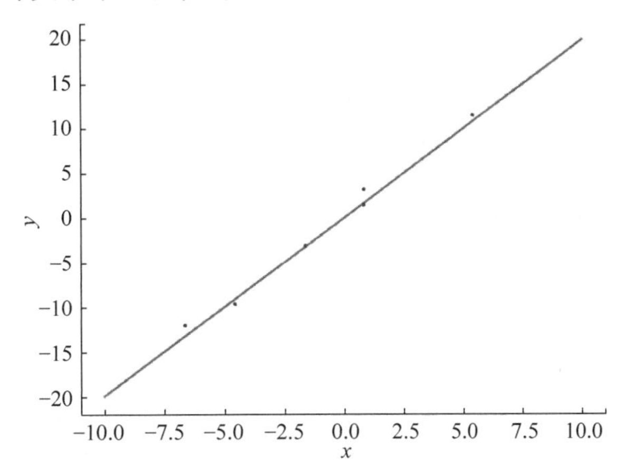

图3.1 实际统计关系的例子(一元一次函数)

基于这种朴素的函数思想,可以发现统计学中两个基本问题:一是用尽可能系统的形式表现因变量Y与自变量X的关系;二是表现实际观测值与之前得到的统计关系之间的散布情况。基于以上两个问题,必须假设对于每个X存在Y的一个概率分布,且该概率分布的均值以一些系统的方式随X均匀变化。与上述函数关系不同的是,因为Y依赖X的概率分布,即使知道了X,也不一定能确定Y的具体值。

回归模型可以有多个自变量,甚至无限个,为了方便,实际工程中尽可能选择有限个自变量或者观察变量。一般情况下不知道回归函数的具体形式,或者即使知道回归函数而函数比较复杂,因此一般采用线性回归函数或者二次回归函数表现近似值。本章只考虑线性模型的情况。

3.2.2 线性模型

设已知观察变量$\boldsymbol{x}=(x_1;x_2;x_3;\cdots;x_d)$,其中$x_i$为$\boldsymbol{x}$的第$i$个属性。线性回归函数可以表示为

$$f(x)=w_1x_1+w_2x_2+\cdots+w_dx_d+b \tag{3.1}$$

用向量表示为

$$f(x)=\boldsymbol{w}^{\mathrm{T}}\boldsymbol{x}+b \tag{3.2}$$

式中:$\boldsymbol{w}=(w_1;w_2;\cdots;w_d)$,可近似看作属性值的权重;$b$可以看成随机误差值。$\boldsymbol{w}$和$b$都是我们需要“学习”得到的量。

将线性回归函数代入线性回归问题中,假设只考虑一个属性,即$d=1$。数据集表示为

$D=\{(x_i,y_i)\}_{i=1}^m$，这里的 $x_i \in \mathbb{R}$。在学习得到 $f(x)$后，将 $f(x)$与 y 进行比对。回归任务中常用的性能度量均方误差(MSE)定义如下：

$$E(f;D)=\frac{1}{m}\sum_{i=1}^{m}(f(x_i)-y_i)^2 \tag{3.3}$$

代入上述问题，即

$$(\boldsymbol{w}^*,b^*)=\arg\min_{\boldsymbol{w},b}\sum_{i=1}^{m}(y_i-\boldsymbol{w}x_i-b)^2 \tag{3.4}$$

显然，这里可以看作一个凸优化中的最小二乘法问题。凸函数即二阶导数恒大于 0 的函数，或者表示为

$$f_i(\alpha x+\beta y)\leqslant \alpha f_i(x)+\beta f_i(y) \tag{3.5}$$

凸优化问题的目标函数和约束函数都是凸函数。如果对于没有约束条件($m=0$)的凸优化问题，目标函数又是若干项的平方和，且每一项具有 $\boldsymbol{a}_i^{\mathrm{T}}\boldsymbol{x}-b_i$，即可以表示为

$$\min f_0(x)=\|A\boldsymbol{x}-b\|_2^2=\sum_{i=1}^{k}(\boldsymbol{a}_i^{\mathrm{T}}x-b_i)^2 \tag{3.6}$$

回到本问题中的线性回归问题，由于式子比较简单且没有约束条件，目标函数分别对 $\boldsymbol{w}$ 和 b 求偏导，可得

$$\frac{\partial E(\boldsymbol{w},b)}{\partial \boldsymbol{w}}=2\left(\boldsymbol{w}\sum_{i=1}^{m}x_i^2-\sum_{i=1}^{m}(y_i-b)x_i\right) \tag{3.7}$$

$$\frac{\partial E(\boldsymbol{w},b)}{\partial b}=2\left(mb-\sum_{i=1}^{m}(y_i-\boldsymbol{w}x_i)\right) \tag{3.8}$$

令式(3.7)和式(3.8)为 0，可得到 $\boldsymbol{w}$ 和 b 的解析解，即

$$\boldsymbol{w}=\frac{\sum_{i=1}^{m}y_ix_i-\left(\sum_{i=1}^{m}x_i\right)^2}{m\sum_{i=1}^{m}x_i^2-\left(\sum_{i=1}^{m}x_i\right)^2},x=\frac{1}{m}\sum_{i=1}^{m}x_i \tag{3.9}$$

$$b=\frac{1}{m}\sum_{i=1}^{m}(y_i-\boldsymbol{w}x_i) \tag{3.10}$$

以上是多元线性回归的情况。

通过这样的优化和求解过程，可以更好地理解线性回归模型的基础原理，并应用于实际的机器学习任务中。

3.3 逻辑回归算法

在线性回归问题中得到的预测结果是一条连续的直线。然而，有时希望得到一组离散的结果，这些结果可以视为不同的类别。这种问题称为分类问题，是机器学习领域中非常重要的一类问题。

在分类问题中，如果只有两个类别，一般采用 Logistic 函数来解决，称其为二元分类问题。二元分类问题可以抽象成“是”或“否”的问题。在机器学习中，表示“是”的类别称为“正类”，对应的样本称为“正样本”；表示“否”的类别称为“负类”，对应的样本称为“负样本”。

如果超过两个类别，一般采用 Softmax 函数来实现，称为多分类问题。

3.3.1 Logistic 函数

二元分类问题，即将结果拟合成离散的两个结果，由此可联想到信号与系统中的阶跃函数，即

$$u(t)=\begin{cases}1, & t\geqslant 0\\ 0, & t<0\end{cases} \tag{3.11}$$

阶跃函数是不可导函数，不可导函数无法使用优化算法进行优化，因此，需要找到另一个连续且可导的函数来替代阶跃函数。在这种情况下，Logistic 函数应运而生。

Logistic 函数图像如图 3.2 所示。Logistic 图像显示，自变量越小于 0，函数值越接近 0；自变量越大于 0，函数值越接近 1。将之前线性模型得到的结果作为该 Logistic 函数的输入，可以将线性回归问题映射为分类问题。

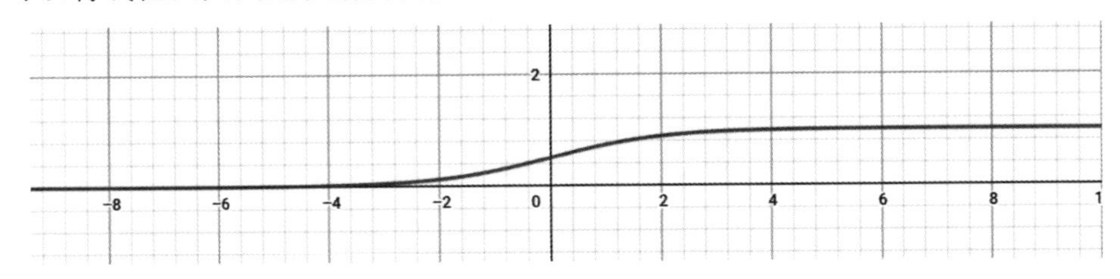

图 3.2　Logistic 函数图像

Logistic 函数的表达式：

$$\text{Logistic}(z)=\frac{1}{1+\mathrm{e}^{-z}} \tag{3.12}$$

将线性模型的公式代入求式(3.2)得到

$$H(x)=\frac{1}{1+\mathrm{e}^{-(\boldsymbol{\omega}^{\mathrm{T}}x_i+b)}} \tag{3.13}$$

这样，原本一条直线经过 Logistic 函数的映射就可以得到离散的输出。

3.3.2 Logistic 回归的损失函数

Logistic 回归的损失函数为

$$L(x)=-[y\log H(x)+(1-y)\log(1-H(x))] \tag{3.14}$$

$H(x)$介于 0～1 之间，满足非负性和归一性。可以把 $H(x)$看作一个概率。事实上，的确有这样一个概率分布——Logistic 分布，其分布和密度函数分别为

$$F(x)=P(X\leqslant x)=\frac{1}{1+\mathrm{e}^{-\frac{x-\mu}{\gamma}}} \tag{3.15}$$

$$f(x)=F'(X\leqslant x)=\frac{\mathrm{e}^{-\frac{x-\mu}{\gamma}}}{\gamma(1+\mathrm{e}^{-\frac{x-\mu}{\gamma}})^2} \tag{3.16}$$

式中：μ 为位置参数；γ 为形状参数，$\gamma>0$。

之前采用的 Logistic 函数实际上是其 $\mu=0,\gamma=1$ 的特殊形式。既然 $H(x)$可以看作概

率,那么可以简单地得到一个损失函数,即

$$L(x)=-[H(x)^{y_i}(1-H(x))^{1-y_i}] \tag{3.17}$$

由于 y_i 只能取 0 或 1,乘积中必有一项为 1。式(3.17)并不是凸函数,无法进行后续各种优化算法。对式(3.17)两边取对数,便得到了最终的损失函数。

通过以上介绍,了解了逻辑回归算法的基础知识,包括 Logistic 函数及其损失函数的推导。在实际应用中,Logistic 回归算法广泛用于解决二元分类问题,如邮件垃圾分类、信用风险评估等。掌握这一算法对于理解和应用其他复杂的机器学习算法具有重要的意义。

3.4 基于距离的分类算法

回归问题和分类问题都属于监督学习问题。监督学习是指从标注数据中学习预测模型的机器学习问题回归问题本身就有一些自变量,也已知一些自变量对应的因变量,这些因变量就是它的标签。同样,在分类问题中也已知一些变量对应的类别,类别也是标签。监督学习中输入与输出所有可能的集合称为输入/输出空间。输入通常用特征向量表示,所有特征向量存在的空间称为特征空间。因此监督学习往往有训练数据和测试数据之分。首先利用训练数据得到一个学习模型,在监督学习领域中假设输入变量 X 与输出变量 Y 满足联合概率分布 $P(X,Y)$,最后得到的模型往往用条件概率分布 $P(Y|X)$或者决策函数 $Y=f(x)$表示。条件概率分布和决策函数都可以看作输入到输出的一个映射。映射可以有多个,所有可映射组成的集合称为假设空间。

监督学习步骤可以简单概括成学习与预测,分别由学习系统与预测系统完成。学习系统即是利用已有标签的训练数据集得到一个模型。预测系统则对测试样本集由模型 $y_{N+1}=\hat{f}(x_{N+1})$或 $y_{N+1}=\arg\ \max_y \hat{P}(y|x_{N+1})$给出相应的输出 y_{N+1}。

3.4.1 距离度量

特征空间中两个点的距离是一种度量相似性的重要方法。一般采用 L_p 距离或者闵可夫斯基(Minkowski)距离来定义。

设特征空间 χ 是 n 维向量空间$\mathbb{R}^n$,$\boldsymbol{x}_i,\boldsymbol{x}_j\in\chi$,其中

$$\boldsymbol{x}_i=\begin{pmatrix}x_i^{(1)}\\x_i^{(2)}\\\vdots\\x_i^{(n)}\end{pmatrix},\quad \boldsymbol{x}_j=\begin{pmatrix}x_j^{(1)}\\x_j^{(2)}\\\vdots\\x_j^{(n)}\end{pmatrix}$$

$\boldsymbol{x}_i$ 和 $\boldsymbol{x}_j$ 的 L_p 距离定义为

$$L_p(\boldsymbol{x}_i,\boldsymbol{x}_j)=\left(\sum_{l=1}^{n}\left|\boldsymbol{x}_i^{(l)}-\boldsymbol{x}_j^{(l)}\right|^p\right)^{1/p},\quad p\geqslant 1 \tag{3.18}$$

如果 $p=1$,该距离就是曼哈顿(Manhattan)距离。如果 $p=2$,该距离就是欧几里得(Euclidean)距离。如果 $p=\infty$,该距离就是各个坐标距离的最大值。

3.4.2 分类算法的理解

在分类问题中经常用到的一个数据集是鸢尾花数据集。鸢尾花数据集是一类多重变量分析的数据集,数据集包含 150 个数据集,分为 3 类,每类 50 个数据,每个数据包含 4 个属性。可通过花萼长度、花萼宽度、花瓣长度、花瓣宽度 4 个属性预测鸢尾花卉属于 Setosa、Versicolour、Virginica 三个种类中的哪一类。以花瓣长度为横轴、花瓣宽度为纵轴得到的散点图如图 3.3 所示。

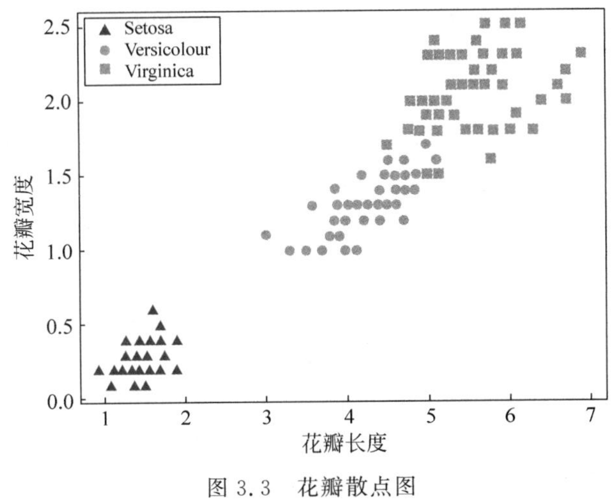

图 3.3 花瓣散点图

如图 3.3 所示,Setosa 鸢尾花基本分布在左下角,而 Versicolour 鸢尾花大约分布于中间,Virginica 鸢尾花大约分布于右上侧。这样看起来,似乎存在某种“天然边界”将各个类别分离,形成某种“同类相吸”的现象。由此想到另一种分类方法,就是找到这个“边界”,直接得到测试数据的类别。

监督学习的输入变量可以分为训练数据和测试数据。训练数据中已经给数据做好了标签,也就是想得到的类别。如果把各种类别看作一个个盒子,那么要把测试数据放入正确的盒子中。放置时要看这个类别有哪些特点,这些特点是从训练数据中得来的。利用训练数据找到与各个类别的相似点,哪个相似点最多,自然就是哪个类别。一般把这种原则称为多数表决。

3.4.3 KNN 算法

KNN 算法是一种采用距离度量分类的经典算法。KNN 全称为 K-Nearest-Neighbor,即选取 K 个最相近的邻居。这 K 个最近点中,哪个类别占比最多,待分类点就属于哪个类别。

需要考虑 K 的选取问题。如果 K 取小了,那么估计误差会增大。估计误差关注测试集,估计误差小了说明对未知数据的预测能力好,且模型本身最接近最佳模型。估计误差的过大会让结果对邻近的点过于敏感,容易产生过拟合现象。如果 K 取大了,那么近似误差会增大,对未知的测试样本将会出现较大偏差的预测,且模型本身不是最接近最佳模型。在现实中 K 一般采用交叉验证等实验方法得到。

选好 K 之后,要面对如何快速搜索近邻点的距离。首先想到的是线性扫描,即逐个计算输入示例与每个示例的距离，但当训练集很大时，这不太现实，需用到一个数据结构——kd树。

3.4.4 kd树

如图3.4所示，如果找到距离五角星最近的两个点，那么可以一个个分别计算距离。如果点的数量足够多，就不能这么做。在现实中，凭直觉先找到五角星附近的几个点，再分别测量与五角星的距离，然而计算机并没有这种直觉。这时可以利用二叉树来表征这种“直觉”，把特征空间不断切割放到左右两个子树，找到蕴藏五角星的叶子节点再向上回溯寻找。

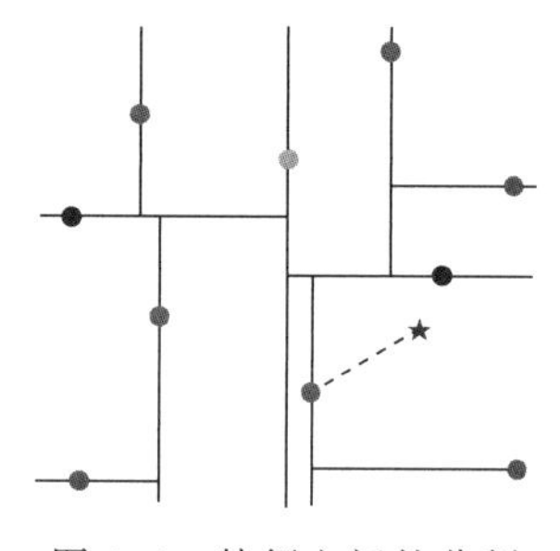

图3.4 特征空间的分割

对于$\mathbb{R}^2$的情况，需要用一个一维平面来切割成。对于$\mathbb{R}^n$，就需要一个$n-1$维的平面来切割。一般把这个负责切割的平面称为超平面。在数据结构中已经学过二叉排序树利用左小右大的原则依次排序，但面对多维数据显然不能直接这样排序。既然如此，先以一个维度来进行排序。对于二维空间的情况，一般采取奇数层按照x轴划分，偶数层按照y轴进行划分。其他情况也是按照关键字依次划分。在kd树中，一般取所有点该维度坐标的中位数作为切分点(也有利用方差最大的一维作切割点)。这样，左子树保存了对应维度小于切分点的子区域，右子树保存了对应维度大于切分点的子区域。之后，继续这样切割。假设现在到了j层，则选择第l个维度为坐标轴，这里$l=(j \bmod k)+1$，其中k为总维度。于是，这样一直切割，直到没有实例存在时停止。

构造好kd树，利用kd树解决寻找最近点。与二叉搜索树一样，假设在kd树中已发现要找到点，按照维度依次沿左右移动，直至找到一个叶节点，然后标记其已经访问过(可以用一个固定大小为k的数据结构存储该节点的信息，该数据结构记为L)。如果L已满，就要将待加入的节点与L中距离最长的点相比，如果距离短，就替换掉距离最长的节点。接下来可以回溯到叶子节点的父节点，如果父节点也被访问过，就继续回溯下一个父节点。如果父节点没有访问过，就标记并进行上次同样的操作。然后比较父节点切分线的距离和L中最长距离：如果距离长且L已满，就无须访问父节点的其他叶子节点；如果距离短或者L未满，就访问另一个叶子节点。就这样不断循环，直到访问到根节点为止。

若训练的实例远大于空间维数，则kd树的复杂度是$O(\log N)$。若训练实例与空间维数接近，则搜索效率会无限接近线性模型的搜索效率。因此，kd树更适合训练实例远大于空间维数的情况。

kd树算法流程见算法3.1。

算法3.1 kd树算法流程

输入：数据集D，当前维度d，总维度数k

输出：kd-tree节点

过程：

1. 若数据集D为空，则返回空节点
2. 若数据集D包含的点数为1，则返回创建叶子节点(唯一点)

3. 按当前维度 d 排序数据集 D
4. 计算中位数索引＝数据集 D 的大小//2
5. 选择中位数点＝数据集 D[中位数索引]
6. 创建新节点(中位数点)
7. 切分数据集 D 为左子集和右子集
8. 选择下一维度＝(当前维度＋1)%总维度数 k
9. 递归构造左子树和右子树
   左子树＝kd-tree(左子集,下一维度)
   右子树＝kd-tree(右子集,下一维度)
10. 设置节点左子树和节点右子树
11. 返回节点

3.5 基于概率论的朴素贝叶斯算法

3.5.1 概率论知识

条件概率的定义为

$$P(A \mid B)=\frac{P(A \cap B)}{P(B)} \tag{3.19}$$

式中：$P(A|B)$为 B 发生下 A 的条件概率。如果式(3.19)等号两边同乘 $P(B)(P(B)>0)$,可以得到 $P(AB)=P(B)P(A|B)$。因此,如果 A、B 两事件独立,即 $P(A|B)=P(A)$,则可以得到

$$P(A \cap B)=P(A)P(B) \tag{3.20}$$

这就是乘法公式的一个形式。

假设样本空间 Ω 可以分为 $B_1,B_2,\cdots,B_n$,这些分割互不相容。于是,得到

$$A=A\Omega=A\left(\bigcup_{i=1}^{n} B_i\right)=\bigcup_{i=1}^{n}(AB_i) \tag{3.21}$$

概率论中三大公理：非负性公理,即概率大于或等于 0；正则性公理,即 $P(\Omega)=1$；可列可加性公理,即如果 $B_1,B_2,\cdots,B_n,\cdots$互不相容,则有

$$P\left(\bigcup_{i=1}^{\infty} B_i\right)=\sum_{i=1}^{\infty} P(B_i) \tag{3.22}$$

由可列可加性公理能得到概率的有限可加性,再将式(3.19)代入式(3.22),得到

$$P(A)=\sum_{i=1}^{n} P(B_i)P(A \mid B_i) \tag{3.23}$$

式(3.23)为全概率公式。再利用一次条件概率的公式,得到

$$P(B_i \mid A)=\frac{P(AB_i)}{P(A)} \tag{3.24}$$

分子利用乘法公式,分母利用全概率公式,得到

$$P(B_i \mid A)=\frac{P(B_i)P(A \mid B_i)}{\sum_{j=1}^{n} P(B_j)P(A \mid B_j)} \tag{3.25}$$

式(3.25)为贝叶斯公式,也是这个朴素贝叶斯算法理论的核心。一般把 $P(B_i|A)$ 称为后验概率,$P(A|B_i)$ 称为似然度,$P(B_i)$ 称为先验概率。由于一般情况下先验概率已知,贝叶斯公式分母不变,默认后验概率正比于似然度。

3.5.2 朴素贝叶斯算法

把贝叶斯公式代入机器学习分类的场景中。不妨把 A 看作样本的各种特征,用特征向量的形式表示;B 看作各种类别。

我们同时还注意到朴素贝叶斯算法里的"朴素"两个字。那这个算法究竟"朴素"在哪里呢?之前贝叶斯公式中已经得知各个类别互不相容,现在仍假设各个特征相互独立,也就是条件独立性假设。其目的是简化计算。在实际机器学习的过程中有成千上万个特征,不假设它们独立,很难求出解析解。将特征用$\{a^{(1)},a^{(2)},\cdots,a^{(n)}\}$表示,得到

$$P(A \mid B_i)=P(a_1,a_2,\cdots,a_n \mid B_i)=\prod_{i=1}^{n}P(a_i \mid B_i) \tag{3.26}$$

把式(3.26)代入式(3.25),得到

$$P(B_i \mid A)=\frac{P(B_i)\prod_{j=1}^{n}P(a_j \mid B_i)}{\sum_{k=1}^{n}P(B_k)\prod_{j=1}^{n}P(a_j \mid B_k)} \tag{3.27}$$

式(3.27)为朴素贝叶斯公式的基本公式。于是,得到了朴素贝叶斯分类器。

之前贝叶斯公式中分母对任意 B_i 相同,所以可以把分母约去,得到

$$f(x)=\arg\ \max_{B_i}P(B_i)\prod_{j=1}^{n}P(a_j \mid B_i) \tag{3.28}$$

式中:arg max 表示下面的参数取什么值时函数值最大,这里就是 $P(B_i)\prod_{j=1}^{n}P(a_j \mid B_i)$ 取最大值时,B_i 为多少。

具体估计 B_i 的过程其实就是参数统计的过程,可以采用最大似然估计或者贝叶斯估计的方法来估计。如果含有隐变量的情况,还需要采用 EM 算法来逐步迭代求解,这时就不是解析解,而只是一个数值解。

3.6 案例分析:糖尿病预测问题

3.6.1 糖尿病预测问题

1. 问题描述

糖尿病是一种常见的慢性疾病,对患者的生活质量和健康有着严重影响。通过早期预测和干预,可以有效地减少并发症的发生,提高患者的生活质量。本案例将使用逻辑回归算法来预测个体是否患有糖尿病。使用的数据集包含 768 名患者的详细信息,有 8 个特征变量(怀孕次数、葡萄糖浓度、血压水平、皮褶厚度、胰岛素水平、体质指数(BMI)、糖尿病家族遗传和年龄)和 1 个目标变量(是否患有糖尿病)。目标变量是一个二元分类值,表示患者是否患有糖尿病(1 表示患有糖尿病,0 表示未患糖尿病)。

2. 解题思路

(1) 数据预处理：包括处理缺失值、数据标准化等，以确保数据的一致性和可用性。

(2) 模型构建：使用逻辑回归算法构建预测模型。逻辑回归适用于二分类问题，通过学习数据中的特征，建立一个能够输出二元结果(患病或不患病)的模型。

(3) 模型训练：将预处理后的数据分为训练集和测试集，使用训练集进行模型训练，使模型能够学习数据中的模式和特征。

(4) 模型评估：使用测试集对训练好的模型进行评估，通过准确率、混淆矩阵和分类报告等指标来衡量模型的性能。

通过以上步骤可以得到能够预测糖尿病风险的逻辑回归模型，并评估其在实际应用中的效果。

3.6.2 糖尿病预测问题的 Python 语言示例

在进行数据分析和预测时，逻辑回归是一种常用的分类算法，特别适用于二分类问题。在本例中，将使用逻辑回归模型来预测糖尿病的患病风险。数据集包含多种健康指标，通过这些指标来预测患者是否患有糖尿病。以下代码展示了数据读取、预处理、模型训练以及模型评估的完整流程。通过这段代码，可以了解如何使用逻辑回归模型进行分类预测，并评估模型的性能。

```
#导入必要的库
import pandas as pd
from sklearn.model_selection import train_test_split
from sklearn.preprocessing import StandardScaler
from sklearn.linear_model import LogisticRegression
from sklearn.metrics import accuracy_score, confusion_matrix, classification_report

#读取数据集
data = pd.read_csv('diabetes.csv')
#检查数据集信息
print(data.info())

#数据预处理
#将特征和目标变量分开
X = data.drop('Outcome', axis = 1)
y = data['Outcome']
#处理缺失值(此数据集没有缺失值,仅作示例)
X.fillna(X.mean(), inplace = True)
#数据标准化
scaler = StandardScaler()
X_scaled = scaler.fit_transform(X)
#将数据分为训练集和测试集
X_train, X_test, y_train, y_test = train_test_split(X_scaled, y, test_size = 0.2, random_state =
42)
#创建逻辑回归模型
```

```
model = LogisticRegression()
#训练模型
model.fit(X_train, y_train)

#预测
y_pred = model.predict(X_test)
#模型评估
accuracy = accuracy_score(y_test, y_pred)
conf_matrix = confusion_matrix(y_test, y_pred)
class_report = classification_report(y_test, y_pred)
print(f'准确率: {accuracy}')
print(f'混淆矩阵:\n{conf_matrix}')
print(f'分类报告:\n{class_report}')
```

3.7 阅读材料

弗朗西斯·高尔顿(图 3.5)是英国著名的生物学家和统计学家,涉猎科学范围广泛,被称为“维多利亚女王时代最博学的人”,他也是线性回归方法的提出者。为了研究父代与子代身高的关系,高尔顿和学生卡尔·皮尔逊搜集了 1078 对父母及其儿子的身高数据。他发现这些数据的散点图大致呈直线状态,也就是说,总的趋势是父母的身材偏高(矮)时,儿子的身材也偏高(矮)。具体来说,以每对父母的平均身高作为自变量,他们的一个成年儿子的身高作为因变量,父母身高和儿子身高的关系可以拟合成一条直线,即儿子的身高 y 与父母平均身高 x 大致可归结为

图 3.5 弗朗西斯·高尔顿

$$y=0.8567+0.516x$$

这个拟合关系表明,通过父母身高可以预测子女(成年)的身高。假如父母的平均身高为 1.70m,则预测子女的身高约为 1.73m。(大家可以用自己身边的家庭身高数据作为测试样本验证这个公示的准确度)

通过对这些数据进一步深入分析,高尔顿发现了一个更为有趣的现象:当父母高于平均身高时,他们的儿子身高比父母更高的概率要小于比他们更矮的概率;父母矮于平均身高时,他们的儿子身高比他们更矮的概率要小于比他们更高的概率。结合前文的线性关系可以得出结论:身材较高的父母,他们的孩子也较高,但这些孩子的平均身高并没有他们的父母的平均身高高;身材较矮的父母,他们的孩子也较矮,但这些孩子的平均身高却比他们的父母的平均身高高。这反映了一个规律,即儿子的身高,有向他们父母的平均身高回归的趋势。对于这个结论的一般解释是:大自然具有一种约束力,使人类身高的分布相对稳定而不产生两极分化。

1855 年,高尔顿将上述结果发表在论文《遗传的身高向平均数方向的回归》中,这就是统计学上“回归”定义的第一次出现。虽然“回归”的初始含义与线性关系拟合的一般规则无关(“线性”和“回归”是研究父代与子代身高得出的两个方面的结论),但“线性回归”的术语

因此沿用下来，作为根据一种变量预测另一种变量或多种变量关系的描述方法。

3.8　本章小结

本章介绍了线性回归和分类算法，包括线性回归算法、逻辑回归方法以及基于距离分类的算法和基于概率论的分类方法。回归与分类问题是机器学习的基础和常用工具，理解和掌握回归和分类对后续机器学习内容学习和日后工程需求解决都具有重要的意义。

习题

1. 已知 X、Y 值为(1,1)，(2,2)，(4,5)，(100,99)，(200,202)，使用线性回归思想建模，当 $X=15$ 时，预测 Y 是多少？

2. 已知学生每日学习时间与毕业通过情况之间的关系如下：

学生学习时间：[0.50，0.75，1.00，1.25，1.50，1.75，1.75，2.00，2.25，2.50，2.75，3.00，3.25，3.50，4.00，4.25，4.50，4.75，5.00，5.50]，对应顺利毕业（通过答辩毕业为 1，不通过为 0）：[0，0，0，0，0，0，1，0，1，0，1，0，1，0，1，1，1，1，1，1]。

使用逻辑回归预测平均学习 3h 通过答辩顺利毕业的概率。

3. 使用 KNN 算法对手写字体库 MNIST 的数字分类。

第 4 章

决 策 树

学习目标

- 理解决策树分类的基本原理；
- 理解概念学习系统(CLS)算法的基础知识；
- 熟练掌握 scikit-learn 决策树分类函数的使用。

本章主要介绍用于分类的决策树。首先介绍决策树模型的发端概念学习系统(CLS)算法；其次基于最大化信息增益建立特征选择的基本原则，并推导出经典的决策树算法 ID3 和 C4.5；然后针对决策树建立过程中的过拟合现象，介绍决策树的修剪方法；最后基于 scikit-learn 库，以案例的方式介绍决策树在分类任务中的应用。

4.1 概述

决策树是一类常用于分类和回归的监督型机器学习方法。决策树模型呈树状结构，其学习流程可以看作在最小化损失函数的原则下对特征空间进行划分和归类的过程，具体可以理解为一组 if-then 规则的集合体。在预测时，对新的数据利用建立好的决策树模型，也就是一整套 if-then 规则进行分类决策。决策树模型具有可解释性强、分类速度快的优点。

一般地，每棵决策树都包含一个根节点、若干内部节点和若干叶节点。根节点对应于样本全体，内部节点对应于属性测试，二者一般用椭圆框表示；叶节点对应于决策结果，常用矩形框表示。从根节点到每个叶节点的路径对应于一条判定测试序列，即 if-then 规则。一个完整的决策树建模流程包括特征选择、决策树生成和决策树修剪三部分。

4.2 CLS 算法

决策树的最早算法是心理学家兼计算机科学家 E. B. Hunt 于 1962 年在研究人类的概念学习过程中提出的 CLS 算法。CLS 算法确立了决策树“分而治之”的学习策略，其主要思想是选择特征，根据特征值将当前样本集合划分为类别较单一的子集，从而递归地建立决策树，实现数据分类的目的。

CLS 算法流程见算法 4.1。

算法 4.1 CLS 算法流程

输入： K 类样本构成的数据集 D

输出： 决策树

过程：

1. 以当前样本集合作为根节点，开始构造决策树
2. 判断当前节点的样本类别：若当前节点的所有样本属于同一类别，则将该节点设为叶节点；若当前节点的样本属于多个类别，则选择一个特征，以该特征的不同取值将样本划分为多个子集，并为当前节点建立相应的子节点
3. 对每个子节点，重复步骤 2，直到所有样本都被分类至叶节点

通过 CLS 算法构建的决策树，可以从根节点到叶节点的路径构建判定规则。其中，内部节点对应判定条件，叶节点对应判定结果。对于一个新样本，可以根据这些规则进行分类，判定其类别。

例 4.1 假设某学校羽毛球队需要考虑天气、温度、湿度和风速等因素来决定是否开展室外集训。表 4.1 列出了 14 天的训练情况，包括天气、温度、湿度、风速和打球与否的记录。CLS 算法将根据这些记录构建决策树，并生成相应的分类规则。

表 4.1 14 天集训情况统计

序号	天气	温度	湿度	风速	打球与否
1	晴天	炎热	高	弱	不打
2	晴天	炎热	高	强	不打
3	阴天	炎热	高	弱	打
4	下雨	适中	高	弱	打
5	下雨	凉爽	正常	弱	打
6	下雨	凉爽	正常	强	不打
7	阴天	凉爽	正常	强	打
8	晴天	适中	高	弱	不打
9	晴天	凉爽	正常	弱	打
10	下雨	适中	正常	弱	打
11	晴天	适中	正常	强	打
12	阴天	适中	高	强	打
13	阴天	炎热	正常	弱	打
14	下雨	适中	高	强	不打

由于特征选择的任意性，基于 CLS 算法构建的决策树并不唯一。图 4.1 和图 4.2 展示了两种决策树结果。由此可以看出，特征选择顺序对决策树的最终形态有显著影响。

CLS 算法虽然简单，但缺乏明确的特征选择依据、方法及先后顺序，这对决策树的学习效果有较大影响。因此，后续研究中提出了许多改进方法，如 ID3 算法，以克服 CLS 算法的这些缺点。

通过学习 CLS 算法，可以初步了解决策树构建的基本过程和原理，为进一步学习更复杂的决策树算法打下基础。

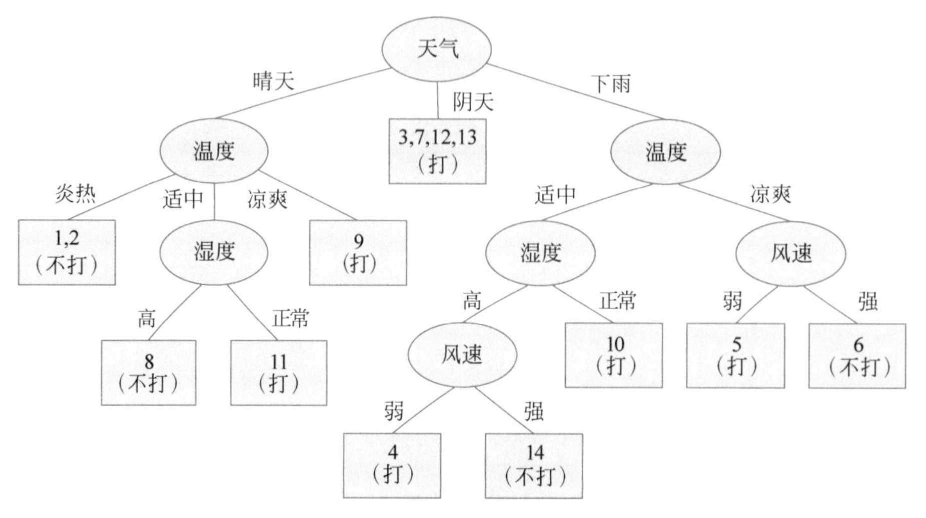

图 4.1 决策树分类结果(一)

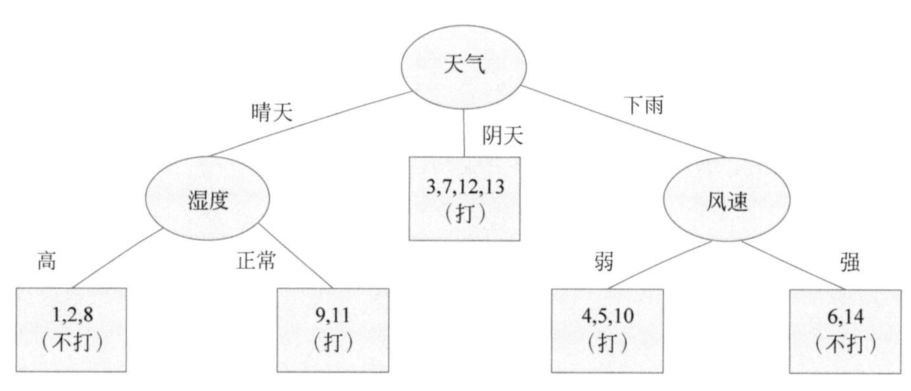

图 4.2 决策树分类结果(二)

4.3 ID3 算法和 C4.5 算法

为了有效解决决策树建模中的特征选择问题,Quinlan 在 1979 年提出了决策树 ID3 算法。ID3 算法的核心是,在决策树各级节点上选择特征时,使用信息增益作为特征的选择标准,从而确保在每个非叶节点进行测试时,能够获得关于被测试样本的最大类别信息。

为了阐明信息增益的原理和计算方法,对待分类数据进行如下具体描述:假设训练数据样本集合为 D,$|D|$ 表示样本个数。D 由 K 个子类构成,即 $D=\bigcup_{k=1}^{K} C_k$,$|C_k|$ 表示子类 C_k 的样本个数,因此 $|D|=\sum_{k=1}^{K}|C_k|$ 成立。设特征 A 有 n 个不同的取值 $\{a_1,a_2,\cdots,a_n\}$,根据 A 的取值又可将 D 划分为 n 个子集 $D_1,D_2,\cdots,D_n$,其中 $|D_i|$ 表示 D_i 的样本个数,同样 $|D|=\sum_{i=1}^{n}|D_i|$ 成立。记 D_i 中属于类别 C_k 的样本集合为 D_{ik},同样 $|D_{ik}|$ 表示 D_{ik} 的样本个数。

在信息论中,信息熵是表示随机变量不确定性程度的度量。在没有先验信息的条件下,状态越多,信息熵越大。将这一概念迁移到分类问题,可以用信息熵来表示分类的纯度,纯度越高,信息熵越小。当利用某种特征对数据进行划分后,数据分类的纯度会有所提高,自然希望选择的特征能够最大限度地提高纯度。Quinlan 将这种纯度的提高称为信息增益,ID3 算法正是基于上述思想提出的。信息增益计算流程见算法 4.2。

算法 4.2　信息增益计算流程

设当前非叶节点对应的数据样本集合为 D,待考察的特征为 A

1. 计算数据样本集合 D 的经验熵:

$$H(D)=-\sum_{k=1}^{K}\frac{|C_k|}{|D|}\log_2\frac{|C_k|}{|D|}$$

2. 选取特征 A 后,计算样本集合 D 的经验条件熵:

$$H(D\mid A)=\sum_{i=1}^{n}\frac{|D_i|}{|D|}H(D_i)$$

3. 计算信息增益:

$$g(D,A)=H(D)-H(D\mid A)$$

由上述计算可以发现,信息增益 $g(D,A)$ 即对应于信息论中数据样本集合 D 和特征 A 的平均互信息。将在 4.6 节简要介绍信息论的基本概念。

ID3 算法不同于 CLS 算法,每次在选择特征时,以信息增益最大为基本原则,能保证选取的特征具有局部最优的分类能力。ID3 算法流程见算法 4.3。

算法 4.3　ID3 算法流程

输入:数据样本集合、特征集合以及阈值

输出:决策树

过程:

1. 计算 A 中各特征对 D 的信息增益,选择信息增益最大的特征 A_g
2. 若 A_g 的信息增益小于 ε,则输出单节点树,并将 D 中实例最大的类作为该节点的类别标签;否则,对 A_g 的每个可能取值,将数据样本集合 D 划分为相应的子集,并以其建立当前节点的子节点
3. 对每个子节点,以该子节点数据样本集合为训练集,以 $A-\{A_g\}$ 为特征集,递归调用步骤 1~3,直到所有特征的信息增益均小于 ε 或没有特征可以选择为止
4. 得到一棵决策树

例 4.2　对例 4.1 用 ID3 算法建立决策树。

对于表 4.1 中的 14 条样本数据,有 9 条标签为"打",5 条标签为"不打",因此可以计算经验熵为

$$H(D)=-\frac{9}{14}\log_2\frac{9}{14}-\frac{5}{14}\log_2\frac{5}{14}=0.940$$

然后计算每个特征对数据 D 的信息增益。假设 A_1、A_2、A_3 和 A_4 分别表示特征天气、温度、湿度和风速,则每个特征的信息增益计算如下:

$$\begin{aligned}g(D,A_1)&=H(D)-\left(\frac{5}{14}H(D_1)+\frac{4}{14}H(D_2)+\frac{5}{14}H(D_3)\right)\\&=0.940-\left(\frac{5}{14}\left(-\frac{3}{5}\log_2\frac{3}{5}-\frac{2}{5}\log_2\frac{2}{5}\right)+\frac{4}{14}\times 0+\frac{5}{14}\left(-\frac{3}{5}\log_2\frac{3}{5}-\frac{2}{5}\log_2\frac{2}{5}\right)\right)\\&=0.940-0.694=0.246\end{aligned}$$

式中：D_1、D_2 和 D_3 分别是 D 中特征 A_1 取值为晴天、阴天和下雨的样本子集。

$$g(D,A_2)=H(D)-\left(\frac{4}{14}H(D_1)+\frac{6}{14}H(D_2)+\frac{4}{14}H(D_3)\right)$$

$$=0.940-\left(\frac{4}{14}\left(-\frac{1}{2}\log_2\frac{1}{2}-\frac{1}{2}\log_2\frac{1}{2}\right)+\frac{6}{14}\left(-\frac{1}{3}\log_2\frac{1}{3}-\frac{2}{3}\log_2\frac{2}{3}\right)+\frac{4}{14}\left(-\frac{3}{4}\log_2\frac{3}{4}-\frac{1}{4}\log_2\frac{1}{4}\right)\right)=0.940-0.911=0.029$$

式中：D_1、D_2 和 D_3 分别是 D 中特征 A_2 取值为炎热、适中和凉爽的样本子集。

$$g(D,A_3)=H(D)-\left(\frac{1}{2}H(D_1)+\frac{1}{2}H(D_2)\right)$$

$$=0.940-\left(\frac{1}{2}\left(-\frac{3}{7}\log_2\frac{3}{7}-\frac{4}{7}\log_2\frac{4}{7}\right)+\frac{1}{2}\left(-\frac{1}{7}\log_2\frac{1}{7}-\frac{6}{7}\log_2\frac{6}{7}\right)\right)$$

$$=0.940-0.789=0.151$$

式中：D_1、D_2 和 D_3 分别是 D 中特征 A_3 取值为高和正常的样本子集。

$$g(D,A_4)=H(D)-\left(\frac{8}{14}H(D_1)+\frac{6}{14}H(D_2)\right)$$

$$=0.940-\left(\frac{8}{14}\left(-\frac{1}{4}\log_2\frac{1}{4}-\frac{3}{4}\log_2\frac{3}{4}\right)+\frac{6}{14}\left(-\frac{1}{2}\log_2\frac{1}{2}-\frac{1}{2}\log_2\frac{1}{2}\right)\right)$$

$$=0.940-0.892=0.048$$

式中：D_1、D_2 和 D_3 分别是 D 中特征 A_4 取值为弱和强的样本子集。

最后，比较各特征的信息增益可得特征 A_1，即天气属性，具有最大的信息增益，因此选择 A_1 为当前节点，即根节点的最优分类特征。

根据特征 A_1 划分出的三个子集分别为 $D_1=\{1,2,8,9,11\}$，$D_2=\{3,7,12,13\}$ 和 $D_3=\{4,5,6,10,14\}$，其中子集 D_2 包含的数据样本都具有相同的样本标签，因此 D_2 无需继续划分，其对应的节点即为叶节点。对于子集 D_1 和 D_2，重复上述操作，在剩余特征 A_2、A_3 和 A_4 中分别选取最优特征。过程省略，仅给出计算结果：

$$g(D_1,A_2)=H(D_1)-H(D_1\mid A_2)=0.571$$

$$g(D_1,A_3)=H(D_1)-H(D_1\mid A_3)=0.971$$

$$g(D_1,A_4)=H(D_1)-H(D_1\mid A_4)=0.020$$

$$g(D_3,A_2)=H(D_3)-H(D_3\mid A_2)=0.020$$

$$g(D_3,A_3)=H(D_3)-H(D_3\mid A_3)=0.020$$

$$g(D_3,A_4)=H(D_3)-H(D_3\mid A_4)=0.971$$

从计算结果可以看出：对于子集 D_1 而言，特征 A_3，即湿度具有最大的信息增益；对于子集 D_3 而言，特征 A_4，即风速具有最大的信息增益。并且 $H(D_1|A_3)$和 $H(D_3|A_4)$同时为零，说明特征 A_3 和 A_4 能够分别对数据集 D_1 和 D_3 实现正确分类。至此，完成决策树建立，结果如图 4.3 所示。

ID3 的信息增益准则对可取值数目较多的特征有所偏好，并且趋向于对数据的细分容易造成过拟合。C4.5 算法以信息增益率为特征选择依据，克服了 ID3 算法对特征数目偏好的缺点。信息增益率定义如下：

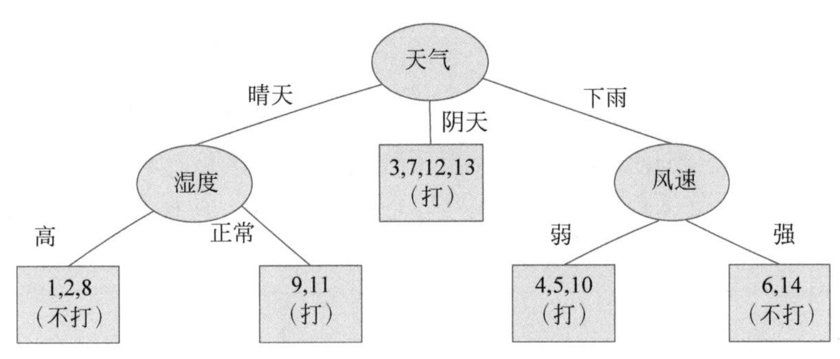

图 4.3　ID3 分类结果

$$g_{\mathrm{R}}(D,A)=\frac{g(D,A)}{H_A(D)} \tag{4.1}$$

其中：$g(D,A)$为信息增益；$H_A(D)$为训练数据集 D 关于特征 A 划分后的信息熵，即

$$H_A(D)=-\sum_{i=1}^{n}\frac{|D_i|}{|D|}\log_2\frac{|D_i|}{|D|} \tag{4.2}$$

将 ID3 算法中的信息增益改为信息增益率即可得到决策树 C4.5 算法。

C4.5 算法流程见算法 4.4。

算法 4.4　C4.5 算法流程

输入：数据样本集合 D，特征集合 A 以及阈值 ε

输出：决策树

过程：

1. 计算 A 中各特征对 D 的信息增益率，选择信息增益率最大的特征 A_g

2. 若信息增益率 A_g 小于 ε，则输出单节点树，并将 D 中实例最大的类作为该节点的类别标签；否则，对 A_g 的每个可能取值，将数据样本集合 D 划分为相应的子集，并以其建立当前节点的子节点

3. 对每个子节点，以该子节点数据样本集合为训练集，以 $A-\{A_g\}$为特征集，递归调用步骤 1～3，直到所有特征的信息增益率均小于 ε 或没有特征可以选择为止

4. 得到一棵决策树

4.4　决策树的修剪

在学习过程中，决策树算法为了尽可能准确地分类训练样本，会不断对节点进行划分，从而导致树的分枝过多，容易引发过拟合问题。为了解决这个问题，可以对决策树进行剪枝，以简化树的结构，提高其泛化能力。剪枝的目的是通过删除部分子树或叶节点，将其父节点或根节点作为新的叶节点来减少模型复杂度。

假设当前的决策树为 T，其中$|T|$表示叶节点的个数，每个叶节点的索引为 $t=1,2,\cdots,|T|$。D_t 表示第 t 个叶节点上的数据样本集合，且$|D_t|$为其样本容量，则当前树 T 的整体损失函数定义为

$$C_\alpha(T)=-\sum_{t=1}^{|T|}|D_t|H(D_t)+\alpha|T| \tag{4.3}$$

式中：$H(D_t)$为节点样本集合 D_t 关于数据类别的信息熵。如果某个节点的数据被正

确分类，即该节点的所有数据具有相同的类别标签，则 $H(D_t)=0$，因此，式(4.2)中的 $\sum_{t=1}^{|T|}|D_t|H(D_t)$ 表示决策树对训练数据样本的预测误差，$\alpha|T|$ 用来刻画决策树模型的复杂程度，其中 α 为正则化参数，用来权衡预测误差和模型复杂度。

剪枝是基于极小化整体损失函数，并以递归方式实现的。剪枝算法流程见算法4.5。

算法4.5 剪枝算法流程

输入：待剪枝的决策树 T 及正则化参数 α

输出：剪枝后的决策树

过程：

1. 计算当前决策树 T 的整体损失函数 $C_\alpha(T)$
2. 设将当前决策树的叶节点回缩到其父节点所构成的树为 T'，并计算其整体损失函数 $C_\alpha(T')$
3. 若 $C_\alpha(T)<C_\alpha(T')$，则剪枝终止
4. 若 $C_\alpha(T')\leqslant C_\alpha(T)$，则令 $T=T'$ 并返回步骤1，重复上述流程
5. 输出 T 即为剪枝后的决策树

4.5 案例分析：决策树

4.5.1 scikit-learn中的决策树

本节使用scikit-learn库中的决策树分类器来完成分类任务。scikit-learn与传统的ID3和C4.5算法不同，使用了能够同时实现分类和回归任务的CART算法。CART算法适用于数值型变量，在每个非叶节点生成两个分支，构成一棵二叉树。为了进行分类任务，首先需要将特征变量从字符串类型转换为数值类型。

将原始特征以英文字符串形式存储在txt文档中，每行包括四个输入特征(天气、温度、湿度、风速)和一个标签(打球与否)。数据以英文字符串形式存储，每个特征和标签的取值如下：天气(outlook)，sunny、overcast、rain；温度(temperature)，hot、mild、cool；湿度(humidity)，high、normal；风速(windy)，true、false；标签(play)，yes、no。利用sklearn.preprocessing中的LabelEncoder命令可以将字符型特征变量转换成数值型变量。例如，某特征具有 n 种取值，则按字符串首字母顺序将其编码成 $0,1,\cdots,n-1$ 的数值型变量。

4.5.2 实例参考解决方案

首先将字符串类型的特征和标签转换为数值类型。为实现这一目标，可以使用scikit-learn的LabelEncoder类对每个特征进行编码；然后将数据集分为训练集和测试集，使用训练集来训练决策树分类器，使用测试集来评估模型的性能。训练过程包括特征选择、树的构建以及剪枝等。完成模型训练后，可以使用训练好的模型对新数据进行分类预测。

代码实现部分详细展示如何使用scikit-learn库进行数据预处理、模型训练和评估，具体包括数据加载与预处理、特征编码、训练集与测试集划分、模型训练、预测以及模型评估。

使用scikit-learn实现决策树分类的具体代码示例：

```
#导入必要的库
import pandas as pd
from sklearn.model_selection import train_test_split
from sklearn.preprocessing import LabelEncoder
from sklearn.tree import DecisionTreeClassifier
from sklearn.metrics import accuracy_score, classification_report

#数据加载
data = {
  'outlook': ['sunny', 'sunny', 'overcast', 'rain', 'rain', 'rain', 'overcast', 'sunny', 'sunny', 'rain',
'sunny', 'overcast', 'overcast', 'rain'],
  'temperature': ['hot', 'hot', 'hot', 'mild', 'cool', 'cool', 'cool', 'mild', 'cool', 'mild', 'mild',
'mild', 'hot', 'mild'],
  'humidity': ['high', 'high', 'high', 'high', 'normal', 'normal', 'normal', 'high', 'normal','normal',
'normal', 'high', 'normal', 'high'],
  'windy': ['false', 'true', 'false', 'false', 'false', 'true', 'true', 'false', 'false', 'false','true',
'true', 'false', 'true'],
  'play': ['no', 'no', 'yes', 'yes', 'yes', 'no', 'yes', 'no', 'yes', 'yes', 'yes', 'yes', 'yes', 'no']
}
df = pd.DataFrame(data)
#特征和标签编码
label_encoder = LabelEncoder()
for column in df.columns:
  df[column] = label_encoder.fit_transform(df[column])
#特征和标签分离
X = df.drop('play', axis = 1)
y = df['play']
#训练集和测试集划分
X_train, X_test, y_train, y_test = train_test_split(X, y, test_size = 0.2, random_state = 42)
#决策树模型训练
clf = DecisionTreeClassifier(criterion = 'entropy', random_state = 42)
clf.fit(X_train, y_train)

#模型预测
y_pred = clf.predict(X_test)
#模型评估
accuracy = accuracy_score(y_test, y_pred)
report = classification_report(y_test, y_pred)
print(f'准确率: {accuracy}')
print('分类报告:')
print(report)
```

在上述代码中，首先加载数据并使用 LabelEncoder 对特征和标签进行编码；然后将数据分为训练集和测试集，并使用训练集来训练决策树分类器。训练完成后，使用测试集进行预测，并通过准确率和分类报告对模型进行评估。通过这种方式可以有效地应用决策树分类器进行分类任务，并对模型的性能进行评估。

图 4.4 展示了 scikit-learn 决策树分类结果。在程序中设置树的最大深度为 4，可以看出所有样本都得到了正确分类。最后测试一个新的样本，其特征取值为 rain、hot、normal、false，对应的数值型变量为 [1,1,1,0]，输入命令 print(clf.predict([[1,1,1,0]]))后，得到不打的结果['no']。

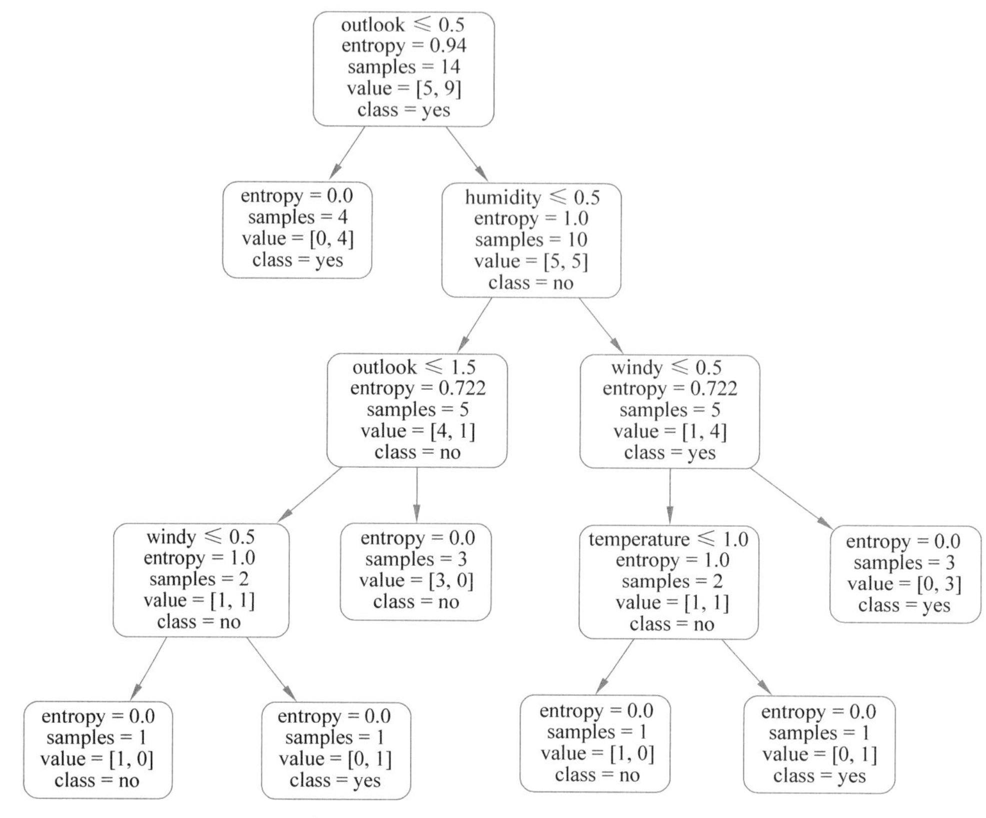

图 4.4 scikit-learn 决策树分类结果

4.6 阅读材料

信息论的创始人香农(Shannon)最早提出了关于信息的量化、存储、传输和加密的理论。信息论横跨数学、物理学、统计学和计算机科学等多个领域,并在机器学习中得到了广泛应用。本节将介绍一些信息论的基本概念和理论,以帮助人们理解其在机器学习中的应用。

信息论研究的对象可以抽象为随机事件及其对应的随机变量。主要关注离散型随机变量。假设随机变量 X 的取值空间为$\mathcal{X}$,概率分布为 $p(x)$,其中 $x\in\mathcal{X}$。定义 $I(x)$为 $X=x$ 时的自信息,即

$$I(x)=-\log p(x)$$

自信息量表示随机变量 $X=x$ 时所携带的信息量,反映了其不确定性程度。自信息量是概率分布的单调递减函数,概率越小,自信息量越大;反之,概率越大,自信息量越小。当概率为 1 时,自信息量为零,即必然事件不包含任何不确定性。自信息量的对数底数可以是任意正数,不同底数只影响单位,如以 2 为底时,单位为比特(bit)。

自信息量仅考察了随机变量特定取值时的信息量,通过对概率分布进行期望求取即可得到随机变量 X 的整体不确定性,即信息熵(或称香农熵)。信息熵定义如下:

$$H(X)=E_X(I(x))=-\sum_{x\in\mathcal{X}}p(x)\log p(x)$$

信息熵具有两个重要性质：一是取值空间容量固定时，均匀分布的熵最大；二是当且仅当 $p(x)$ 是确定性分布时，信息熵为零。对应到决策树分类，当节点样本都具有相同类别标签时，该节点的信息熵为零。

假设 Y 是另一个随机变量，其取值空间为 $\mathcal{Y}$，概率分布为 $p(y)$，且二维随机变量 (x,y) 的联合概率分布为 $p(x,y)$。类似信息熵，X 和 Y 的联合熵为

$$H(x,y)=-\sum_{x\in\mathcal{X}}\sum_{y\in\mathcal{Y}}p(x,y)\log p(x,y)$$

由于随机变量 X 和 Y 之间可能存在关联，可以考察在已知 Y 的条件下，X 的整体不确定性，即条件熵为

$$\begin{aligned}H(X,Y)&=\sum_{y\in\mathcal{Y}}p(y)H(X\mid y)=-\sum_{y\in\mathcal{Y}}p(y)\sum_{x\in\mathcal{X}}p(x\mid y)\log p(x\mid y)\\&=-\sum_{x\in\mathcal{X}}\sum_{y\in\mathcal{Y}}p(x,y)\log\frac{p(x,y)}{p(y)}\end{aligned}$$

式中：$H(X\mid y)=-\sum_{x\in\mathcal{X}}p(x\mid y)\log p(x\mid y)$，为已知 $Y=y$ 时，X 的后验熵。

条件熵 $H(X|Y)$ 也可以看成在 Y 已知的条件下，X 剩余的那部分不确定性：

$$H(X\mid Y)=H(X,Y)-H(Y)$$

同理，可以计算另一个条件熵 $H(Y|X)$：

$$H(Y\mid X)=H(X,Y)-H(X)$$

既然 $H(X)$ 和 $H(X|Y)$ 分别表示 X 的先验不确定性和基于 Y 的后验不确定性，那么两者的差值可以看成由于 Y 的引入，使得 X 消除的那部分不确定性，也就是 Y 中所包含 X 的那部分信息。将其称为平均互信息，用 $I(X,Y)$ 表示，即

$$I(X,Y)=H(X)-H(X\mid Y)$$

同样，可以证明下式成立：

$$I(X,Y)=H(Y)-H(Y\mid X)$$

因此，Y 中所包含 X 的那部分信息在数量上等于 X 中所包含 Y 的那部分信息。熵、联合熵、条件熵和平均互信息的关系如图 4.5 所示。

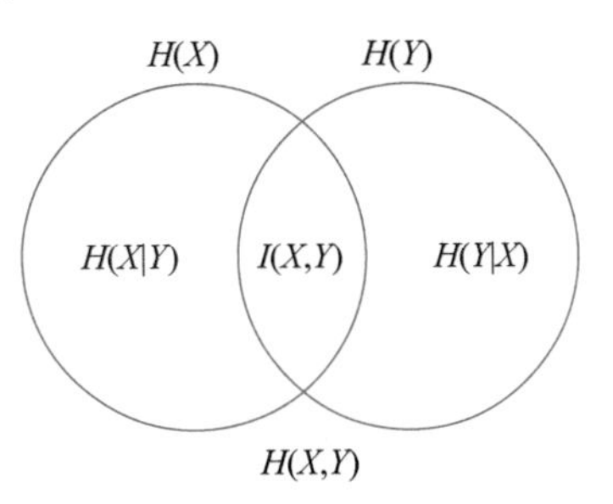

图 4.5　信息量间的关系

平均互信息就是决策树中的信息增益。若 X 表示类别，Y 表示某特征属性，则 $I(X,Y)$ 就是引入特征属性 Y 后，节点样本分类确定性得到提升程度。

通过对上述概念的理解，可以更好地应用信息论的原理来进行机器学习中的特征选择、模型评估等任务，提高模型的性能和准确性。

4.7　本章小结

本章介绍了决策树分类的基本概念及其实现方法，重点讲解了 ID3 和 C4.5 两种经典算法。决策树模型是一种常用的非参数学习方法，具有易于理解和解释、构建速度快等优点。然而，由于其基于局部最优的启发式算法构建决策树，学习到的决策树未必是全局最优

的。此外，决策树模型对数据中的微小变化较敏感，可能会导致生成完全不同的树结构。解决这些问题可以采用随机森林和梯度提升树等集成学习的方法，以提升模型的稳定性和泛化能力。在实践中，决策树在分类和回归任务中均有广泛应用，其直观的模型结构和良好的性能使其成为机器学习领域中的重要工具。

习题

一、选择题

以下关于决策树的描述中，哪项是正确的？

A. 决策树只能用于分类任务

B. 决策树模型不具备可解释性

C. 决策树的构建不涉及特征选择

D. 决策树模型可以通过剪枝来避免过拟合

二、填空题

1. 决策树的根节点对应于________。

2. ID3 算法在选择特征时，以________最大为基本原则。

3. 决策树模型的剪枝是为了减少模型的________，提高其泛化能力。

三、简答题

简述信息增益在决策树特征选择中的作用，并说明信息增益的计算步骤。

第 5 章

支持向量机

学习目标

- 理解支持向量机分类的基本原理；
- 熟练掌握支持向量机的算法流程；
- 熟练掌握 scikit-learn 支持向量机分类函数的使用。

本章首先介绍线性可分数据的硬间隔 SVM；接着通过引入松弛变量，将硬间隔 SVM 推广到软间隔 SVM，从而解决部分非线性可分的数据分类问题；随后针对复杂的非线性可分数据，通过核函数的引入，将数据特征隐式映射到高维空间，并在此空间中执行硬间隔 SVM 以完成数据分类，进一步探讨 SVM 在多类分类问题中的应用，包括 one-vs-all 和 one-vs-one 策略；最后给出 SVM 对手写体数字识别的案例。

5.1 概述

支持向量机(Support Vector Machine，SVM)是一种有监督学习模型，最初用于解决数据二分类问题，如今已广泛应用于计算机视觉、自然语言处理和数据挖掘等机器学习领域。与基于似然概率的逻辑回归不同，SVM 从几何的角度出发，寻找特征空间中能够最大化两类样本间隔的分类器。

为了更好地理解支持向量机的基本原理和实际应用，首先从线性可分数据的硬间隔 SVM 开始，通过具体案例和代码实现，逐步深入探讨这一强大工具在各种机器学习任务中的作用。

5.2 硬间隔 SVM 与软间隔 SVM

5.2.1 硬间隔 SVM

SVM 最初是为了解决线性可分数据的二分类问题。为了理解这一模型，首先了解什么是线性可分数据。假设要分类的 d 维数据集 $\boldsymbol{X}$ 由正、负两类样本构成，分别用 $\boldsymbol{X}^+=\{(\boldsymbol{x}_i^+, y_i^+)\}$ 和 $\boldsymbol{X}^-=\{(\boldsymbol{x}_i^-, y_i^-)\}$ 表示，其中 $\boldsymbol{X}=\boldsymbol{X}^+\cup\boldsymbol{X}^-$，$y_i^+=1$ 和 $y_i^-=-1$ 分别是正、负样本

标签。若 d 维数据空间存在超平面 $\boldsymbol{\omega}^{\mathrm{T}}\boldsymbol{x}+b=0$ 能将正、负两类样本分隔开，则称数据集 $\boldsymbol{X}$ 是线性可分的。数学上的表述是，存在超平面 $\boldsymbol{\omega}^{\mathrm{T}}\boldsymbol{x}+b=0$，对于正样本满足 $\boldsymbol{\omega}^{\mathrm{T}}\boldsymbol{x}_i^{+}+b>0$，对于负样本满足 $\boldsymbol{\omega}^{\mathrm{T}}\boldsymbol{x}_i^{-}+b<0$。当 $d=2$ 时，分类超平面对应于二维平面中的一条直线。图 5.1 是二维线性可分数据集的示例。

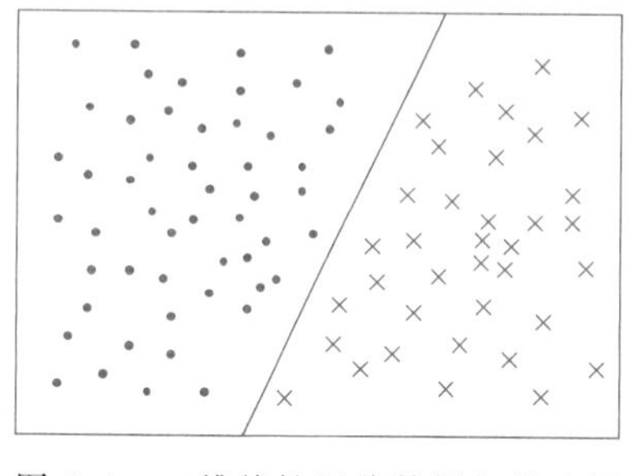
图 5.1 二维线性可分数据集的示例

由图 5.1 可以发现，对线性可分数据集而言，分类超平面并不唯一。此外，线性可分数据集中，样本离分类超平面的远近直观上可以表示为分类准确的置信程度。样本离分类超平面越远，分类准确的置信度越高；样本离分类超平面越近，分类准确的置信度就越低。SVM 就是从此几何直观出发，以每类样本离分类超平面距离最大，即两类样本的间隔最大为准则，从而确定的一种二分类模型。

SVM 的推导过程。对于线性可分数据集 X，假设包含 N 个样本点，且分类超平面为 $\boldsymbol{\omega}^{\mathrm{T}}\boldsymbol{x}+b=0$，其中 b 为偏置，$\dfrac{\boldsymbol{\omega}}{\|\boldsymbol{\omega}\|}$ 为单位法向量。根据向量几何的知识，超平面上任意一点 $\boldsymbol{x}_0$ 到法向量的投影长度为

$$\frac{\boldsymbol{\omega}^{\mathrm{T}}\boldsymbol{x}_0}{\|\boldsymbol{\omega}\|}=\frac{-b}{\|\boldsymbol{\omega}\|}$$

数据集 X 中任意一点 $\boldsymbol{x}$ 到法向量的投影长度为 $\dfrac{\boldsymbol{\omega}^{\mathrm{T}}\boldsymbol{x}}{\|\boldsymbol{\omega}\|}$。因此，$\boldsymbol{x}$ 到超平面的距离，即上述两个投影长度的差值为

$$\left|\frac{\boldsymbol{\omega}^{\mathrm{T}}\boldsymbol{x}}{\|\boldsymbol{\omega}\|}-\frac{\boldsymbol{\omega}^{\mathrm{T}}\boldsymbol{x}_0}{\|\boldsymbol{\omega}\|}\right|=\frac{|\boldsymbol{\omega}^{\mathrm{T}}\boldsymbol{x}+b|}{\|\boldsymbol{\omega}\|} \tag{5.1}$$

由线性可分的定义，不失一般性，假设该分类超平面对于正样本满足 $\boldsymbol{\omega}^{\mathrm{T}}\boldsymbol{x}_i^{+}+b>0$，且 $y_i^{+}=1$，而对于负样本满足 $\boldsymbol{\omega}^{\mathrm{T}}\boldsymbol{x}_i^{-}+b<0$，且 $y_i^{-}=-1$。因此，对于任意$(\boldsymbol{x}_i,y_i)\in X$，该点到分类超平面的距离可以表示为 $\dfrac{y_i(\boldsymbol{\omega}^{\mathrm{T}}\boldsymbol{x}_i+b)}{\|\boldsymbol{\omega}\|}$，称其为该点的几何间隔。其可表示为

$$\gamma_i=\frac{y_i(\boldsymbol{\omega}^{\mathrm{T}}\boldsymbol{x}_i+b)}{\|\boldsymbol{\omega}\|} \tag{5.2}$$

令 $\gamma=\min\limits_i\gamma_i$，为所有样本的最小几何间隔，SVM 的目标就是寻找具有最大几何间隔的分类超平面。因此，约束优化目标可以表示为

$$\begin{cases}\max\limits_{\boldsymbol{\omega},b}\ \gamma \\ \text{s.t.}\quad \dfrac{y_i(\boldsymbol{\omega}^{\mathrm{T}}\boldsymbol{x}_i+b)}{\|\boldsymbol{\omega}\|}\geqslant\gamma\end{cases} \tag{5.3}$$

超平面的函数间隔 $\hat{\gamma}_i=y_i(\boldsymbol{\omega}^{\mathrm{T}}\boldsymbol{x}_i+b)$，最小函数间隔 $\hat{\gamma}=\min\limits_i\{\hat{\gamma}_i\}$。那么上述约束优化目标可以改写为

$$\begin{cases}\max\limits_{\boldsymbol{\omega},b}\ \dfrac{\gamma}{\|\boldsymbol{\omega}\|} \\ \text{s.t.}\quad y_i(\boldsymbol{\omega}^{\mathrm{T}}\boldsymbol{x}_i+b)\geqslant\hat{\gamma}\end{cases} \tag{5.4}$$

注意到对超平面$\boldsymbol{\omega}^{\mathrm{T}}\boldsymbol{x}+b=0$两边同时乘以一个常系数$\lambda$，得到$\lambda\boldsymbol{\omega}^{\mathrm{T}}\boldsymbol{x}+\lambda b=0$。此时超平面保持不变，因此样本点的几何间隔也不变，但函数间隔相应乘以一个常系数λ。不妨假设最小函数间隔$\hat{\gamma}=1$，此刻约束优化目标约简为

$$\begin{cases}\max\limits_{\boldsymbol{\omega},b}\dfrac{1}{\|\boldsymbol{\omega}\|}\\ \text{s.t.}\quad y_i(\boldsymbol{\omega}^{\mathrm{T}}\boldsymbol{x}_i+b)\geqslant 1\end{cases}\tag{5.5}$$

由于在相同的约束条件下，$\max\limits_{\boldsymbol{\omega},b}\dfrac{1}{\|\boldsymbol{\omega}\|}$等价于$\min\limits_{\boldsymbol{\omega},b}\dfrac{1}{2}\|\boldsymbol{\omega}\|^2$，式(5.5)习惯表述为

$$\begin{cases}\max\limits_{\boldsymbol{\omega},b}\dfrac{1}{2}\|\boldsymbol{\omega}\|^2\\ \text{s.t.}\quad y_i(\boldsymbol{\omega}^{\mathrm{T}}\boldsymbol{x}_i+b)\geqslant 1\end{cases}\tag{5.6}$$

以上完成了SVM的建模。在该模型中假设分类超平面的最小函数间隔$\hat{\gamma}=1$，因此最小几何间隔为$\gamma=\dfrac{1}{\|\boldsymbol{\omega}\|}$，即正、负样本中到分类超平面的最近距离为$\dfrac{1}{\|\boldsymbol{\omega}\|}$。将这些满足最近距离的样本点称为支持向量。

SVM的求解。式(5.6)是带不等式约束的优化问题，利用拉格朗日乘子法将其转换为非约束优化问题，再转换为其对偶问题，通过求解与SVM等价的对偶问题得到式(5.6)的最优解。关于约束优化与对偶问题的初步介绍详见5.6节。

式(5.6)对应的拉格朗日函数为

$$\begin{cases}L(\boldsymbol{\omega},b,\alpha)=\dfrac{1}{2}\|\boldsymbol{\omega}\|^2-\sum\limits_{i=1}^{N}\alpha_i(y_i(\boldsymbol{\omega}^{\mathrm{T}}\boldsymbol{x}_i+b)-1)\\ \text{s.t.}\quad \alpha_i\geqslant 0\end{cases}\tag{5.7}$$

根据约束优化理论，式(5.6)等价于

$$\begin{cases}\min\limits_{\boldsymbol{\omega},b}\max\limits_{\alpha\geqslant 0}L(\boldsymbol{\omega},b,\alpha)\\ \text{s.t.}\quad \alpha_i\geqslant 0,\end{cases}\tag{5.8}$$

如果$\boldsymbol{\omega}^*$、b^*、α^*是式(5.8)的最优解，则需要满足KKT(Karush-Kuhn-Tucker)条件：

$$\left.\frac{\partial L}{\partial\boldsymbol{\omega}}\right|_{\boldsymbol{\omega}=\boldsymbol{\omega}^*}=\boldsymbol{\omega}^*-\sum_{i=1}^{N}\alpha_i^*y_i\boldsymbol{x}_i=0\tag{5.9}$$

$$\left.\frac{\partial L}{\partial b}\right|_{b=b^*}=-\sum_{i=1}^{N}\alpha_i^*y_i=0\tag{5.10}$$

$$\alpha_i^*[y_i(\boldsymbol{\omega}^{*\mathrm{T}}\boldsymbol{x}_i+b^*)-1]=0\tag{5.11}$$

$$y_i(\boldsymbol{\omega}^{*\mathrm{T}}\boldsymbol{x}_i+b^*)-1\geqslant 0\tag{5.12}$$

$$\alpha_i^*\geqslant 0\tag{5.13}$$

式(5.11)称为对偶互补条件。若$\alpha_i^*>0$，则$y_i(\boldsymbol{\omega}^{*\mathrm{T}}\boldsymbol{x}_i+b^*)=1$，此刻$\boldsymbol{x}_i$到分类超平面的函数间隔为1，即$\boldsymbol{x}_i$是支持向量。若$\alpha_i^*=0$，则$y_i(\boldsymbol{\omega}^{*\mathrm{T}}\boldsymbol{x}_i+b^*)>1$，此刻$\boldsymbol{x}_i$不是支持向量。根据SVM的定义，支持向量必定存在，且由式(5.10)可知支持向量同时来源于正、负两类样本。

KKT 条件是模型取得最优解的必要条件，也是求解条件，但考虑采用以下更为简单的对偶方法对该模型进行求解。假设式(5.6)的最优解为 p^*，则根据式(5.8)有如下等价关系成立：

$$\min_{\boldsymbol{\omega},b}\max_{\alpha\geqslant 0} L(\boldsymbol{\omega},b,\alpha)=p^* \tag{5.14}$$

通过交换极小极大顺序，得到如下原始问题的对偶问题，并假设其解为 d^*，即

$$\max_{\alpha\geqslant 0}\min_{\boldsymbol{\omega},b} L(\boldsymbol{\omega},b,\alpha)=d^* \tag{5.15}$$

一般而言，原始问题和其对偶问题的解满足 $d^*\leqslant p^*$，即对偶问题的解 d^* 为原始问题的解 p^* 提供了一个下界。由于 SVM 属于凸优化问题，满足强对偶 $d^*=p^*$，可以通过求解式(5.15)得到式(5.14)的解。分为 min 和 max 两部分来分别进行求解：

首先求解 $\min\limits_{\boldsymbol{\omega},b} L(\boldsymbol{\omega},b,\alpha)$。将 $L(\boldsymbol{\omega},b,\alpha)$ 分别对 $\boldsymbol{\omega}$ 和 b 求偏导数，并令其为零，可得

$$\frac{\partial L}{\partial \boldsymbol{\omega}}=0 \Rightarrow \boldsymbol{\omega}=\sum_{i=1}^{N}\alpha_i y_i \boldsymbol{x}_i \tag{5.16}$$

$$\frac{\partial L}{\partial b}=0 \Rightarrow \sum_{i=1}^{N}\alpha_i y_i=0 \tag{5.17}$$

将上述结果代入式(5.17)，可得

$$\begin{aligned} L(\boldsymbol{\omega},b,\alpha) &= \frac{1}{2}\|\boldsymbol{\omega}\|^2-\sum_{i=1}^{N}a_i(y_i(\boldsymbol{\omega}^{\mathrm{T}}\boldsymbol{x}_i+b)-1) \\ &= \frac{1}{2}\left(\sum_{i=1}^{N}a_i y_i \boldsymbol{x}_i\right)^{\mathrm{T}}\left(\sum_{j=1}^{N}a_j y_j \boldsymbol{x}_j\right)-\sum_{i=1}^{N}a_i y_i \boldsymbol{\omega}^{\mathrm{T}}\boldsymbol{x}_i-\sum_{i=1}^{N}a_i y_i b+\sum_{i=1}^{N}a_i \\ &= -\frac{1}{2}\sum_{i=1}^{N}\sum_{j=1}^{N}a_i a_j y_i y_j \boldsymbol{x}_i^{\mathrm{T}}\boldsymbol{x}_j+\sum_{i=1}^{N}a_i \end{aligned} \tag{5.18}$$

然后求解 $\max\limits_{\alpha\geqslant 0} L(\boldsymbol{\omega},b,\alpha)$，即

$$\begin{cases} \max\limits_{\alpha\geqslant 0}\left(-\dfrac{1}{2}\sum\limits_{i=1}^{N}\sum\limits_{j=1}^{N}\alpha_i\alpha_j y_i y_j \boldsymbol{x}_i^{\mathrm{T}}\boldsymbol{x}_j+\sum\limits_{i=1}^{N}\alpha_i\right) \\ \text{s. t.}\quad \sum\limits_{i=1}^{N}\alpha_i y_i=0,\quad \alpha_i\geqslant 0 \end{cases} \tag{5.19}$$

上式是关于非负拉格朗日乘子的约束二次规划问题，具有成熟的求解方法，常用的方法是序列最小优化(SMO)算法。

当最优拉格朗日乘子 α_i^* 求解得到后，根据式(5.9)可知最优法向量为

$$\boldsymbol{\omega}^*=\sum_{i=1}^{N}\alpha_i^* y_i \boldsymbol{x}_i \tag{5.20}$$

从上式可知，$\boldsymbol{\omega}^*$ 是样本特征的加权组合，权重为最优拉格朗日乘子和样本标签的乘积。又由于非支持向量的拉格朗日乘子为零，$\boldsymbol{\omega}^*$ 仅是支持向量样本特征的加权组合。假设 $\boldsymbol{x}_j$ 是其中一个支持向量，则根据式(5.11)可知，$y_j(\boldsymbol{\omega}^{*\mathrm{T}}\boldsymbol{x}_j+b^*)=1$，即最优偏置为

$$b^*=y_j-\boldsymbol{\omega}^{*\mathrm{T}}\boldsymbol{x}_j=y_j-\sum_{i=1}^{N}\alpha_i^* y_i \boldsymbol{x}_i^{\mathrm{T}}\boldsymbol{x}_j \tag{5.21}$$

当分类超平面的最优模型参数$\boldsymbol{\omega}^*$和b^*确定后，就可以开始模型预测。将新的样本$\boldsymbol{x}$代入超平面公式，当$\boldsymbol{\omega}^{*\mathrm{T}}\boldsymbol{x}+b^*>0$时，判定样本标签为$y=1$；当$\boldsymbol{\omega}^{*\mathrm{T}}\boldsymbol{x}+b^*<0$时，判定样本标签为$y=-1$；即$y=\mathrm{sign}(\boldsymbol{\omega}^{*\mathrm{T}}\boldsymbol{x}+b^*)$。

在上述 SVM 的建模和求解中，假设数据集X是线性可分的，并且所有样本到分类超平面的函数间隔都不小于 1，这种 SVM 模型称为硬间隔 SVM 模型。

硬间隔 SVM 算法流程见算法 5.1。

算法 5.1 硬间隔 SVM 算法流程

输入：线性可分数据集$X=\{(\boldsymbol{x}_i,y_i)\mid y_i=1\text{ 或 }-1\}$

输出：预测值

过程：

1. 构造对偶优化问题

$$\begin{cases}\max\limits_{\alpha\geqslant 0}-\dfrac{1}{2}\sum\limits_{i=1}^{N}\sum\limits_{j=1}^{N}\alpha_i\alpha_j y_i y_j\boldsymbol{x}_i^{\mathrm{T}}\boldsymbol{x}_j+\sum\limits_{i=1}^{N}\alpha_i\\ \text{s. t.}\quad\sum\limits_{i=1}^{N}\alpha_i y_i=0,\quad\alpha_i\geqslant 0\end{cases}$$

2. 求解最优拉格朗日乘子α^*(SMO 算法)
3. 由 KKT 条件可得

$$\boldsymbol{\omega}^*=\sum_{i=1}^{N}\alpha_i^* y_i\boldsymbol{x}_i,\quad b^*=y_j-\sum_{i=1}^{N}\alpha_i^* y_i\boldsymbol{x}_i^{\mathrm{T}}\boldsymbol{x}_j$$

式中：$\boldsymbol{x}_j$为任意支持向量

4. 分类超平面为

$$\boldsymbol{\omega}^{*\mathrm{T}}\boldsymbol{x}+b^*=0$$

5. 对于新来样本$\boldsymbol{x}$，模型预测为

$$y=\mathrm{sign}(\boldsymbol{\omega}^{*\mathrm{T}}+b^*)$$

5.2.2 软间隔 SVM

硬间隔 SVM 中假设数据集是线性可分的。但在现实场景中数据更多是非线性可分的，或者即使是线性可分的，但存在个别异常点，使得最小几何间隔过分狭窄，严重影响分类器的预测性能，图 5.2(a)是存在异常点时的分类器及其间隔的示例。若允许异常点误分，更准确地说允许异常点突破函数间隔不小于 1 的限制，则得到的分类器能够拉开两类样本的间隔，有望提升分类器的预测泛化能力，图 5.2(b)是克服异常点影响的分类器及其间隔的示例。

回顾硬间隔 SVM 基本模型式(5.6)，其中约束条件$y_i(\boldsymbol{\omega}^{\mathrm{T}}\boldsymbol{x}_i+b)\geqslant 1$要求所有样本的函数间隔不小于 1。为了克服异常点的影响，对每个样本$(\boldsymbol{x}_i,y_i)$引入一个松弛变量$\xi_i\geqslant 0$，使得约束条件修改为$y_i(\boldsymbol{\omega}^{\mathrm{T}}\boldsymbol{x}_i+b)\geqslant 1-\xi_i$，即样本的函数间隔加上一个松弛变量后不小于 1 即可。这种 SVM 称为软间隔 SVM。

从上述讨论可以发现，当ξ_i取值充分大时，约束条件恒成立。但仅希望少量异常点满足软间隔 SVM 的约束条件，而大量正常样本点依旧满足原始的硬间隔 SVM 约束条件。因

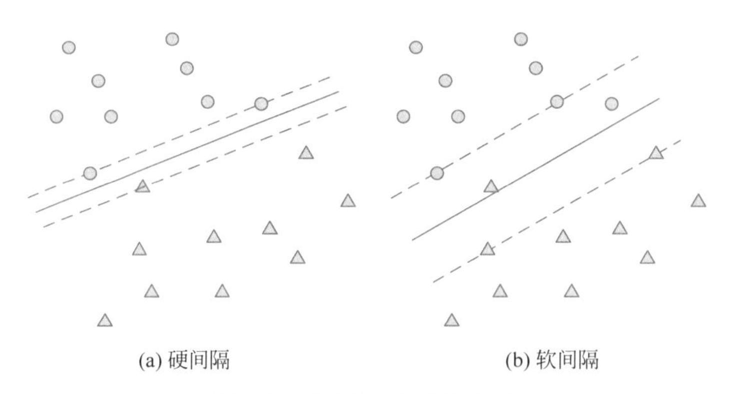

图 5.2 硬间隔和软间隔比较

此，松弛变量的引入需要付出代价，这样就导出了如下软间隔 SVM，即

$$\begin{cases}\min\limits_{\boldsymbol{\omega},b,\xi} \dfrac{1}{2}\|\boldsymbol{\omega}\|^2+C\sum\limits_{i=1}^{N}\xi_i \\ \text{s.t.}\quad y_i(\boldsymbol{\omega}^{\mathrm{T}}\boldsymbol{x}_i+b)\geqslant 1-\xi_i,\quad \xi_i\geqslant 0\end{cases} \tag{5.22}$$

上述模型的目标函数由两部分组成，即原始目标 $\frac{1}{2}\|\boldsymbol{\omega}\|^2$ 和正则化的惩罚项 $C\sum\limits_{i=1}^{N}\xi_i$。此刻，在要求 $\frac{1}{2}\|\boldsymbol{\omega}\|^2$ 尽量小的同时，希望误分类点或分类准确置信度较低的点也尽可能少。式(5.22)中 C 为正则化参数，$C>0$。显然，C 越大，对误分类的惩罚越大，当 C 趋于无穷时，迫使所有 $\xi_i=0$，即模型退化为硬间隔 SVM；C 越小，对误分类的惩罚越小，所有样本都有被误分类的倾向，因此，过小的正则化参数 C 对分类任务没有意义。

仿照硬间隔 SVM，以下简要推导软间隔 SVM 的求解过程。软间隔 SVM 式(5.22)对应的拉格朗日函数：

$$\begin{cases}L(\boldsymbol{\omega},b,\alpha,\xi,\mu)=\dfrac{1}{2}\|\boldsymbol{\omega}\|^2+C\sum\limits_{i=1}^{N}\xi_i-\sum\limits_{i=1}^{N}\alpha_i[y_i(\boldsymbol{\omega}^{\mathrm{T}}\boldsymbol{x}_i+b)-1+\xi_i]-\sum\limits_{i=1}^{N}\mu_i\xi_i \\ \text{s.t.}\quad \alpha_i\geqslant 0,\xi_i\geqslant 0,\mu_i\geqslant 0\end{cases} \tag{5.23}$$

则软间隔 SVM 式(5.22)等价于如下拉格朗日优化问题：

$$\begin{cases}\min\limits_{\boldsymbol{\omega},b,\xi}\ \max\limits_{\alpha\geqslant 0,\mu\geqslant 0} L(\boldsymbol{\omega},b,\alpha,\xi,\mu) \\ \text{s.t.}\quad \alpha_i\geqslant 0,\xi_i\geqslant 0,\mu_i\geqslant 0\end{cases} \tag{5.24}$$

若 $\boldsymbol{\omega}^*$、b^*、α^*、ξ^*、μ^* 是式(5.24)的最优解，则需要满足如下 KKT 条件：

$$\left.\frac{\partial L}{\partial \boldsymbol{\omega}}\right|_{\boldsymbol{\omega}=\boldsymbol{\omega}^*}=\boldsymbol{\omega}^*-\sum_{i=1}^{N}\alpha_i^* y_i\boldsymbol{x}_i=0 \tag{5.25}$$

$$\left.\frac{\partial L}{\partial b}\right|_{b=b^*}=-\sum_{i=1}^{N}\alpha_i^* y_i=0 \tag{5.26}$$

$$\left.\frac{\partial L}{\partial \xi_i}\right|_{\xi_i=\xi_i^*}=C-\alpha_i^*-\mu_i^*=0 \tag{5.27}$$

$$\alpha_i^*[y_i(\boldsymbol{\omega}^{*\mathrm{T}}\boldsymbol{x}_i+b^*)-1+\xi_i^*]=0 \tag{5.28}$$

$$\mu_i^*\xi_i^*=0 \tag{5.29}$$

$$y_i(\boldsymbol{\omega}^{*\mathrm{T}}\boldsymbol{x}_i+b^*)-1+\xi_i^*\geqslant 0 \tag{5.30}$$

$$\xi_i^*\geqslant 0 \tag{5.31}$$

$$\alpha_i^*\geqslant 0 \tag{5.32}$$

$$\mu_i^*\geqslant 0 \tag{5.33}$$

式(5.28)和式(5.29)是软间隔 SVM 的对偶互补条件。以下仍利用对偶方法求解式(5.24),具体分为以下两部分:

(1) min 部分。由 $L(\boldsymbol{\omega},b,\alpha,\xi,\mu)$对$\boldsymbol{\omega}$、$b$ 和 ξ_i 求偏导数,并令其为零,可得

$$\frac{\partial L}{\partial \boldsymbol{\omega}}=0\Rightarrow \boldsymbol{\omega}=\sum_{i=1}^{N}\alpha_i y_i \boldsymbol{x}_i \tag{5.34}$$

$$\frac{\partial L}{\partial b}=0\Rightarrow \sum_{i=1}^{N}\alpha_i y_i=0 \tag{5.35}$$

$$\frac{\partial L}{\partial \xi_i}=0\Rightarrow C=\alpha_i+\mu_i \tag{5.36}$$

(2) max 部分。将式(5.34)~式(5.36)代入拉格朗日函数,可得最大化问题:

$$\begin{cases}\max\limits_{\alpha\geqslant 0}\left(-\dfrac{1}{2}\sum\limits_{i=1}^{N}\sum\limits_{j=1}^{N}\alpha_i\alpha_j y_i y_j \boldsymbol{x}_i^{\mathrm{T}}\boldsymbol{x}_j+\sum\limits_{i=1}^{N}\alpha_i\right)\\ \text{s.t.}\quad \sum\limits_{i=1}^{N}\alpha_i y_i=0,\quad 0\leqslant\alpha_i\leqslant C\end{cases} \tag{5.37}$$

上式是关于非负有界拉格朗日乘子 α 的约束二次规划问题,仍可以利用 SMO 算法求解。

当最优拉格朗日乘子 α_i^* 求解得到后,根据式(5.25)可知最优法向量为

$$\boldsymbol{\omega}^*=\sum_{i=1}^{N}\alpha_i^* y_i \boldsymbol{x}_i \tag{5.38}$$

该结果与硬间隔 SVM 一致。分类超平面最优模型参数 b^* 的确定需要进一步细分支持向量的种类,此刻暂时假设 b^* 已经求得,这时就可以开始模型预测。与硬间隔 SVM 一样,新的样本 $\boldsymbol{x}$ 代入超平面公式,当$\boldsymbol{\omega}^{*\mathrm{T}}\boldsymbol{x}+b^*>0$ 时,判定样本标签为 $y=1$;当$\boldsymbol{\omega}^{*\mathrm{T}}\boldsymbol{x}+b^*<0$ 时,判定样本标签为 $y=-1$;即 $y=\mathrm{sign}(\boldsymbol{\omega}^{*\mathrm{T}}\boldsymbol{x}+b^*)$。

考察拉格朗日乘子 α_i^*:当 $\alpha_i^*=0$ 时,$y_i(\boldsymbol{\omega}^{*\mathrm{T}}\boldsymbol{x}_i+b^*)>1-\xi_i^*$,其中 $\boldsymbol{x}_i$ 不是支持向量;当 $\alpha_i^*>0$ 时,$y_i(\boldsymbol{\omega}^{*\mathrm{T}}\boldsymbol{x}_i+b^*)=1-\xi_i^*$,$\boldsymbol{x}_i$ 为支持向量。

对于支持向量又可以分为以下两种情况:

(1) 若 $\alpha_i^*<C$,则由式(5.27)得 $\mu_i^*>0$,进而根据式(5.29)得到 $\xi_i^*=0$,即 $y_i(\boldsymbol{\omega}^{*\mathrm{T}}\boldsymbol{x}_i+b^*)=1$。此刻,$\boldsymbol{x}_i$ 位于函数间隔为 1 的最大间隔边界上,如图 5.3(a)所示。

(2) 若 $\alpha_i^*=C$,则由式(5.27)得 $\mu_i^*=0$,进而根据式(5.29)得到 $\xi_i^*\geqslant 0$。此时可分为两种情况:

若 $\xi_i^*\leqslant 1$,则 $y_i(\boldsymbol{\omega}^{*\mathrm{T}}\boldsymbol{x}_i+b^*)=1-\xi_i^*\geqslant 0$,此刻样本点函数间隔 $0\leqslant\hat{\gamma}_i\leqslant 1$,仍能被正确

分类，如图 5.3(b)所示。

若 $\xi_i^*>1$，则 $y_i(\boldsymbol{\omega}^{*\mathrm{T}}\boldsymbol{x}_i+b^*)=1-\xi_i^*<0$，此刻样本点函数间隔 $\hat{\gamma}_i<0$，表明被错误分类，如图 5.3(c)所示。

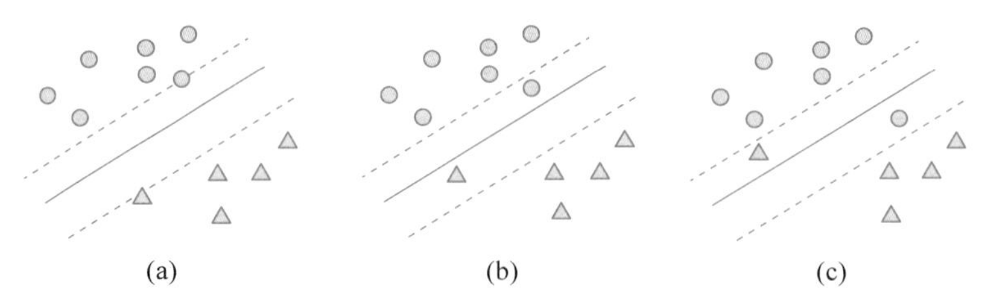

图 5.3 支持向量的三种情况

现在来解决上面遗留的问题，确定最优模型参数 b^*。对于任一 $\alpha_j^*<C$ 的支持向量，此刻样本点 $\boldsymbol{x}_j$ 在函数间隔为 1 的最大间隔边界上，因此松弛变量 $\xi_j^*=0$，进而 $y_j(\boldsymbol{\omega}^{*\mathrm{T}}\boldsymbol{x}_j+b^*)=1$ 成立。由此闭式条件即可求得 b^* 为

$$b^*=y_j-\boldsymbol{\omega}^{*\mathrm{T}}\boldsymbol{x}_j=y_j-\sum_{i=1}^{N}\alpha_i^*y_i\boldsymbol{x}_i^{\mathrm{T}}\boldsymbol{x}_j \tag{5.39}$$

软间隔 SVM 算法流程见算法 5.2。

算法 5.2 软间隔 SVM 算法流程

输入：线性可分数据集 $X=\{(\boldsymbol{x}_i,y_i)\mid y_i=1 \text{ 或 } -1\}$

输出：**预测值**

过程：

1. 构造对偶优化问题：

$$\begin{cases}\max\limits_{\alpha\geqslant 0}-\dfrac{1}{2}\sum\limits_{i=1}^{N}\sum\limits_{j=1}^{N}\alpha_i\alpha_j y_i y_j\boldsymbol{x}_i^{\mathrm{T}}\boldsymbol{x}_j+\sum\limits_{i=1}^{N}\alpha_i \\ \text{s.t.}\quad \sum\limits_{i=1}^{N}\alpha_i y_i=0,\quad 0\leqslant\alpha_i\leqslant C\end{cases}$$

2. 求解最优拉格朗日乘子 α^*（SMO 算法）

3. 由 KKT 条件可得

$$\boldsymbol{\omega}^*=\sum_{i=1}^{N}\alpha_i^*y_i\boldsymbol{x}_i,\quad b^*=y_j-\sum_{i=1}^{N}\alpha_i^*y_i\boldsymbol{x}_i^{\mathrm{T}}\boldsymbol{x}_j$$

式中：$\boldsymbol{x}_j$ 为任意一个满足 $\alpha_j^*<C$ 的支持向量。

4. 分类超平面为

$$\boldsymbol{\omega}^{*\mathrm{T}}\boldsymbol{x}+b^*=0$$

5. 对于新样本 $\boldsymbol{x}$，模型预测为

$$y=\mathrm{sign}(\boldsymbol{\omega}^{*\mathrm{T}}+b^*)$$

5.3 核函数与非线性 SVM

硬间隔和软间隔 SVM 都是线性模型，仅适用于线性可分数据集或轻度非线性可分数据集，而对于高度复杂的非线性可分数据集效果不佳，可以采用核方法将线性模型非线性化

解决这一问题。

如图 5.4 所示，核方法的本质是通过核函数将原始样本特征点隐式地映射到一个高维空间，然后在该高维空间操作硬间隔 SVM 或软间隔 SVM，从而达到分类数据的目的。理论表明，任何数据集映射到一个充分高维或无限维空间后都可实现线性可分，这称为维度祝福。

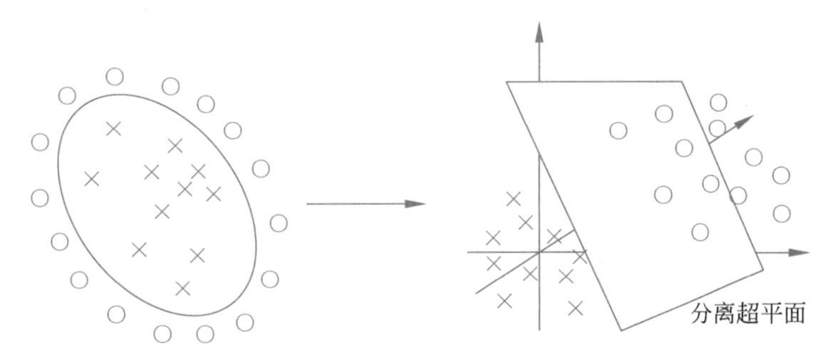

图 5.4 核方法特征映射示例

5.3.1 核函数的定义

假设非线性映射 $\varphi(\boldsymbol{x})$将所有数据点 $\boldsymbol{x}$ 隐式地映射成某高维空间中的特征向量。在该高维空间中，假设这些映射后的特征向量是近似线性可分的，因此可以构造分类超平面，即

$$\boldsymbol{\omega}^{*}\varphi(\boldsymbol{x})+b=0 \tag{5.40}$$

由于基本假设完全一样，经过比较不难发现，将 5.2 节中的数据点 $\boldsymbol{x}$ 替换为 $\varphi(\boldsymbol{x})$，就可得到隐式高维空间的硬间隔 SVM，即

$$\begin{cases}\min\limits_{\boldsymbol{\omega},b} \dfrac{1}{2}\|\boldsymbol{\omega}\|^{2} \\ \text{s.t.}\quad y_i(\boldsymbol{\omega}^{\mathrm{T}}\varphi(\boldsymbol{x}_i)+b)\geqslant 1\end{cases} \tag{5.41}$$

需要注意的是，虽然式(5.6)和式(5.41)中的模型参数$\boldsymbol{\omega}$ 和 b 形式相同，但由于空间维度不同，它们是不一样的。

5.3.2 核函数的应用

模型(5.39)的求解过程同 5.2 节，忽略中间过程，仅考察最后一步优化问题：

$$\begin{cases}\max\limits_{\alpha\geqslant 0}\left(-\dfrac{1}{2}\sum\limits_{i=1}^{N}\sum\limits_{j=1}^{N}\alpha_i\alpha_j y_i y_j \varphi(\boldsymbol{x}_i)^{\mathrm{T}}\varphi(\boldsymbol{x}_j)+\sum\limits_{i=1}^{N}\alpha_i\right) \\ \text{s.t.}\quad \sum\limits_{i=1}^{N}\alpha_i y_i=0,\quad \alpha_i\geqslant 0\end{cases} \tag{5.42}$$

式(5.40)表明，可以不用关心特征映射 $\varphi(\boldsymbol{x})$的具体表达式，而只要知道原始样本点映射到高维特征空间后的内积表达即可，即

$$\varphi(\boldsymbol{x}_i)^{\mathrm{T}}\varphi(\boldsymbol{x}_j)=\langle\varphi(\boldsymbol{x}_i),\varphi(\boldsymbol{x}_j)\rangle$$

设 $\boldsymbol{X}$ 是低维输入空间，$\boldsymbol{H}$ 是高维内积空间(希尔伯特空间)，若存在映射 $\varphi(\boldsymbol{x})$：$\boldsymbol{X}\rightarrow\boldsymbol{H}$，对于任意 $\boldsymbol{x},\boldsymbol{y}\in\boldsymbol{X}$，二元函数 $\kappa(\boldsymbol{x},\boldsymbol{y})$满足条件 $\kappa(\boldsymbol{x},\boldsymbol{y})=\langle\varphi(\boldsymbol{x}),\varphi(\boldsymbol{y})\rangle$，则称 $\kappa(\boldsymbol{x},\boldsymbol{y})$为核函数，$\varphi(\boldsymbol{x})$为特征映射。

这样，在核函数给定的条件下，对应有一个隐含的特征映射 $\varphi(\boldsymbol{x})$，而且该特征映射一般是非线性的。所以，可以利用求解线性可分 SVM 的方法求解非线性可分的 SVM。整个学习过程是隐式地在特征空间进行的，不需要显式构造特征映射，这种技巧称为核技巧。式(5.42)采用核函数可以改写为

$$\begin{cases}\max\limits_{\alpha\geqslant 0}\left(-\dfrac{1}{2}\sum\limits_{i=1}^{N}\sum\limits_{j=1}^{N}\alpha_i\alpha_j y_i y_j \kappa(\boldsymbol{x}_i,\boldsymbol{x}_j)+\sum\limits_{i=1}^{N}\alpha_i\right)\\ \text{s.t.}\quad \sum\limits_{i=1}^{N}\alpha_i y_i=0,\quad \alpha_i\geqslant 0\end{cases}\tag{5.43}$$

借助 SMO 算法，假设已经求得上述优化问题的最优拉格朗日乘子为 α_i^*，并且仅当 $\boldsymbol{x}_i$ 是支持向量时，满足 $\alpha_i^*>0$。然后仿照式(5.20)和式(5.21)，可得分类超平面的最优模型参数：

$$\boldsymbol{\omega}^*=\sum_{i=1}^{N}\alpha_i^* y_i\varphi(\boldsymbol{x}_i)\tag{5.44}$$

$$b^*=y_j-\langle\boldsymbol{\omega}^*,\varphi(\boldsymbol{x}_j)\rangle=y_j-\sum_{i=1}^{N}\alpha_i^* y_i\kappa(\boldsymbol{x}_i,\boldsymbol{x}_j)\tag{5.45}$$

式中：$\boldsymbol{x}_j$ 为任意一个支持向量。

5.3.3 常用核函数

以下定理给出了判定二元函数 $\kappa(\boldsymbol{x},\boldsymbol{y})$是核函数的方法。

定理 5.1 令 $\boldsymbol{X}$ 是输入空间，κ 是定义在 $\boldsymbol{X}\times\boldsymbol{X}$ 上的二元对称函数，则 κ 是核函数当且仅当对于任意 $\boldsymbol{X}$ 中的样本点$\{\boldsymbol{x}_1,\boldsymbol{x}_2,\cdots,\boldsymbol{x}_N\}$，其核矩阵如下：

$$K=\begin{bmatrix}k(\boldsymbol{x}_1,\boldsymbol{x}_1) & k(\boldsymbol{x}_1,\boldsymbol{x}_2) & \cdots & k(\boldsymbol{x}_1,\boldsymbol{x}_N)\\ k(\boldsymbol{x}_2,\boldsymbol{x}_1) & k(\boldsymbol{x}_2,\boldsymbol{x}_2) & \cdots & k(\boldsymbol{x}_2,\boldsymbol{x}_N)\\ \vdots & \vdots & & \vdots\\ k(\boldsymbol{x}_N,\boldsymbol{x}_1) & k(\boldsymbol{x}_N,\boldsymbol{x}_2) & \cdots & k(\boldsymbol{x}_N,\boldsymbol{x}_N)\end{bmatrix}\tag{5.46}$$

都是半正定的。

三种常用的核函数：

线性核函数：

$$\kappa(\boldsymbol{x},\boldsymbol{y})=\langle\boldsymbol{x},\boldsymbol{y}\rangle\tag{5.47}$$

对应 5.2 节中的线性 SVM。

多项式核函数：

$$\kappa(\boldsymbol{x},\boldsymbol{y})=(\gamma\langle\boldsymbol{x},\boldsymbol{y}\rangle+r)^d\tag{5.48}$$

式中：d 为多项式的阶数。阶数越高，决策边界越复杂，会产生过拟合倾向。

高斯核函数：也称径向基函数(RBF)，有

$$\kappa(\boldsymbol{x},\boldsymbol{y})=\exp(-\gamma\|\boldsymbol{x}-\boldsymbol{y}\|^2)\tag{5.49}$$

式中：γ 为高斯核函数的形状参数。γ 越大，决策边界越复杂，会产生过拟合倾向。

5.3.4 非线性 SVM 算法

非线性 SVM 算法流程见算法 5.3。

算法 5.3 非线性 SVM 算法流程

输入： 线性可分数据集 $X=\{(\boldsymbol{x}_i,y_i)\mid y_i=1$ 或 $-1\}$

输出：预测值

过程：

1. 构造对偶优化问题：

$$\begin{cases}\max\limits_{\alpha\geqslant 0}-\dfrac{1}{2}\sum\limits_{i=1}^{N}\sum\limits_{j=1}^{N}\alpha_i\alpha_j y_i y_j\kappa(\boldsymbol{x}_i,\boldsymbol{x}_j)+\sum\limits_{i=1}^{N}\alpha_i \\ \text{s.t.}\quad \sum\limits_{i=1}^{N}\alpha_i y_i=0,\quad \alpha_i\geqslant 0\end{cases}$$

2. 求解最优拉格朗日乘子 α^*(SMO 算法)
3. 由 KKT 条件可得

$$\boldsymbol{\omega}^*=\sum_{i=1}^{N}\alpha_i^* y_i\varphi(\boldsymbol{x}_i),\quad b^*=y_j-\sum_{i=1}^{N}\alpha_i^* y_i\kappa(\boldsymbol{x}_i,\boldsymbol{x}_j)$$

式中：$\boldsymbol{x}_j$ 为任意一个支持向量

4. 分类超平面为

$$\langle\boldsymbol{\omega}^*,\varphi(\boldsymbol{x})\rangle+b^*=0$$

即

$$\sum_{i=1}^{N}\alpha_i^* y_i\kappa(\boldsymbol{x}_i,\boldsymbol{x})+b^*=0$$

5. 对于新样本 $\boldsymbol{x}$，模型预测为

$$y=\operatorname{sign}\left(\sum_{i=1}^{N}\alpha_i^* y_i\kappa(\boldsymbol{x}_i,\boldsymbol{x})+b^*\right)$$

5.4 多类分类 SVM

SVM 最初是针对二分类问题提出的，然而在实际应用中待分类的目标不仅局限于两类，如手写数字识别是十类分类问题。本节介绍两种基本策略，将二分类 SVM 方法扩展到多类分类情形。

假设现有 c 类样本需要分类，$\boldsymbol{X}_j$ 表示第 j 类样本集合，而所有样本是这 c 类样本集合的并集，用 $\boldsymbol{X}=\bigcup\limits_{j=1}^{c}\boldsymbol{X}_j$ 表示。以下通过 one-vs-all 和 one-vs-one 策略将 c 类分类问题转换为二分类问题。

5.4.1 one-vs-all 策略

one-vs-all 策略也称为一对多策略，是指对任意 j，构造 X_j 和 X/X_j 正、负两类样本集合，其中将集合 X_j 的样本标签设置为+1，而其余样本集合 X/X_j 的标签设置为−1。这

样，原始的多类分类问题就被转换为多个二分类问题。具体步骤如下：

(1) 对每一类 j，构造二分类 SVM，训练数据为 X_j 和 X/X_j，并得到分类函数 $f_j(\boldsymbol{x})=\boldsymbol{\omega}_j^{*\mathrm{T}}\boldsymbol{x}+b_j^*$。

(2) 对于新样本 $\boldsymbol{x}$，计算其在每个分类函数上的输出值，选择输出值最大的类别作为预测标签，即 $y=\underset{j=1,2,\cdots,c}{\operatorname{argmax}} f_j(\boldsymbol{x})$。

这种策略的优点是实现简单；缺点是在处理类别数量较多的情况时，训练时间和计算复杂度较高。

5.4.2 one-vs-one 策略

one-vs-one 策略也称为一对一策略，是指对任意两类样本集合 X_i 和 X_j，构建一个二分类 SVM，这样总的模型数量为 $c(c-1)/2$。对于任意一个待分类样本 $\boldsymbol{x}$，代入所有分类模型，共得到 $c(c-1)/2$ 个分类标签。这种方法将多类分类问题转换为多个二分类问题，并为每对类别构建一个分类器。具体步骤如下：

(1) 对每对类别 i 和 j，训练一个二分类 SVM，分类函数为 $f_{ij}(\boldsymbol{x})$。

(2) 对于新样本 $\boldsymbol{x}$，计算其在每个分类函数上的输出值，并进行投票，将其归类到票数最多的类别。

这种策略的优点是处理类别之间可直接对比；缺点是分类器数量较多，增加了计算开销。

比较上述两种策略可知，one-vs-all 较 one-vs-one 只需少量的判别步骤就可完成样本的分类，但是 one-vs-all 策略中每次分类的两类样本 X_j 和 X/X_j 的分布极度不均，因此可能影响模型的判别准确率。更为一般的多类分类方法可以参看基于多项分布的 softmax 算法。

5.5 案例分析：手写数字数据集

5.5.1 手写数字数据集

1. 问题描述

手写体数字识别被广泛应用于机器学习和深度学习领域，是测试算法效果的常见任务。MNIST 数据集是其中一个经典的数据集，包含 60000 个训练样本和 10000 个测试样本，每个样本是一个 28×28 像素的灰度图像，表示数字 0～9。本案例利用支持向量机来实现手写体数字识别，如图 5.5 所示。

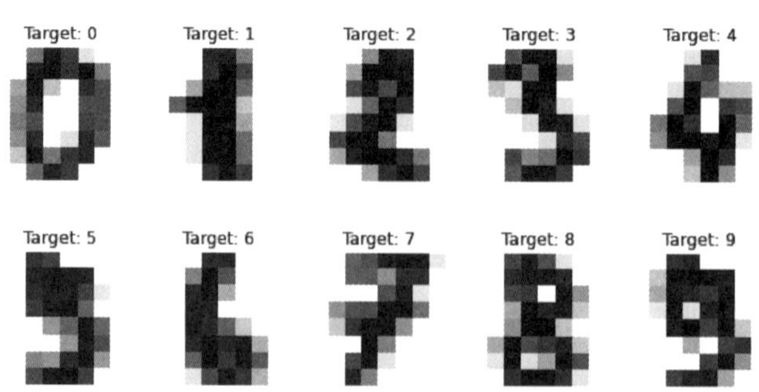

图 5.5 手写数字示例

2. 解题思路

(1) 数据预处理。将 MNIST 数据集加载到内存中，并将每个图像展平成一维数组，以便输入到 SVM 中。

(2) 模型训练。使用训练数据集训练 SVM。为了提高分类效果，使用交叉验证的方法调整模型参数。

(3) 模型评估。在测试数据集上评估训练好的模型，并使用混淆矩阵和分类报告展示模型的性能。

(4) 结果可视化。可视化部分测试样本的预测结果，并通过混淆矩阵展示分类的具体情况。

5.5.2 基于 scikit-learn 库实现的手写体数字识别实例

以下代码演示了如何使用支持向量机对手写数字数据集进行分类。通过将图像数据展平成一维数组并使用 GridSearchCV 进行超参数调优，可以找到最佳的模型参数。随后，代码展示了预测结果、分类报告和混淆矩阵，以评估模型的性能。基于 scikit-learn 库实现手写体数字识别的完整代码示例：

```
#导入必要的库
import matplotlib.pyplot as plt
from sklearn import datasets, svm, metrics
from sklearn.model_selection import train_test_split, GridSearchCV
#加载数据集
digits = datasets.load_digits()
#展平数据,将每个图像展平成一维数组
n_samples = len(digits.images)
data = digits.images.reshape((n_samples, -1))

#将数据集划分为训练集和测试集
X_train, X_test, y_train, y_test = train_test_split(data, digits.target, test_size=0.5,
shuffle=False)
#创建 SVM 模型并使用 GridSearchCV 进行参数调优
param_grid = {'C': [0.1, 1, 10, 100], 'gamma': [0.001, 0.01, 0.1, 1]}
svc = svm.SVC(kernel='rbf')
clf = GridSearchCV(svc, param_grid)
clf.fit(X_train, y_train)
#在测试集上进行预测
predicted = clf.predict(X_test)

#显示前 10 个测试样本及其预测标签
nrows, ncols = 2, 5
fig, axes = plt.subplots(nrows=nrows, ncols=ncols, figsize=(10, 5))
for i in range(10):
  image = X_test[i].reshape(8, 8)
  label = predicted[i]
  ax = axes[i // 5, i % 5]
  ax.set_axis_off()
  ax.imshow(image, cmap=plt.cm.gray_r, interpolation='nearest')
  ax.set_title(f'Prediction: {label}')
plt.show()
```

```
#打印分类报告和混淆矩阵
print(f"Classification report for classifier {clf.best_estimator_}:\n"
  f"{metrics.classification_report(y_test, predicted)}\n")
disp = metrics.ConfusionMatrixDisplay.from_estimator(clf, X_test, y_test)
disp.figure_.suptitle("Confusion Matrix")
print(f"Confusion matrix:\n{disp.confusion_matrix}")
plt.show()
```

识别结果示例如图 5.6 所示。识别结果的混淆矩阵如图 5.7 所示。

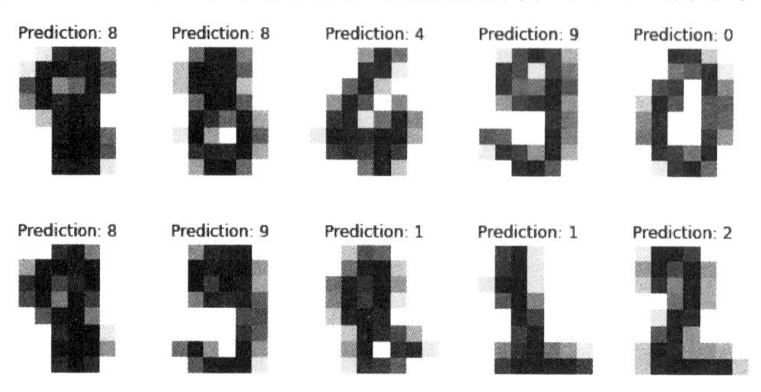

图 5.6 识别结果示例

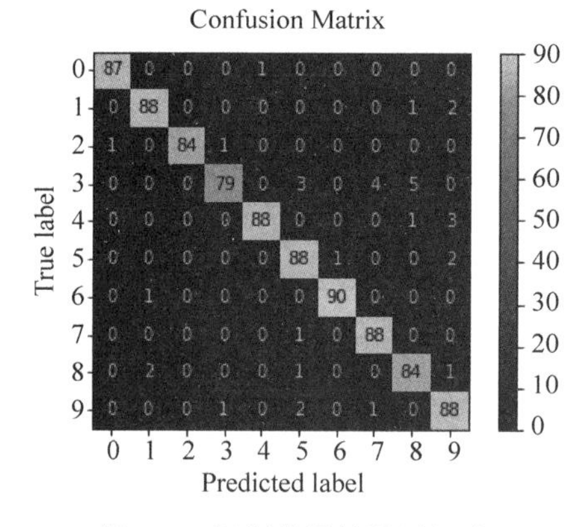

图 5.7 识别结果的混淆矩阵

表 5.1 列出了 0～9 每个数字的识别精确率、召回率及 f_1 值，而模型的整体分类准确率为 0.96。注意，在创建 SVM 实例时，采用了默认的模型参数配置，通过修改这些参数值，可以获得不同的模型预测指标。

表 5.1 SVC 分类器分类报告

数字	精确率	召回率	f_1 值	支持度
0	0.99	0.99	0.99	88
1	0.97	0.97	0.97	91
2	1.00	0.98	0.99	86
3	0.98	0.87	0.92	91
4	0.99	0.96	0.97	92
5	0.93	0.97	0.95	91

续表

数字	精确率	召回率	f_1 值	支持度
6	0.99	0.99	0.99	91
7	0.95	0.99	0.97	89
8	0.92	0.95	0.94	88
9	0.92	0.96	0.94	92
准确率			0.96	899
宏平均	0.96	0.96	0.96	899
加权平均	0.96	0.96	0.96	899

5.6 阅读材料

本节是对约束优化问题及拉格朗日对偶的简单介绍。

考虑如下优化问题：

$$\begin{cases} \min\limits_{x\in\mathbf{R}^N} f(\boldsymbol{x}) \\ \text{s.t.} \quad h_i(\boldsymbol{x})=0, \quad i=1,2,\cdots,m \\ g_j(\boldsymbol{x})\leqslant 0, \quad j=1,2,\cdots,n \end{cases} \tag{5.50}$$

式中：$f(\boldsymbol{x})$、$h_i(\boldsymbol{x})$和 $g_j(\boldsymbol{x})$为连续可微函数。

这是一个混合优化问题，既包括等式约束，也包括不等式约束。通过适当的操作，任意约束优化问题都可以转换为上述形式。式(5.50)称为原始优化问题。

考虑上式的拉格朗日函数：

$$L(\boldsymbol{x},\boldsymbol{\alpha},\boldsymbol{\beta})=f(\boldsymbol{x})+\sum_{i=1}^{m}\alpha_i h_i(\boldsymbol{x})+\sum_{j=1}^{n}\beta_j g_j(\boldsymbol{x}) \tag{5.51}$$

式中：$\boldsymbol{\alpha}=(\alpha_1,\alpha_2,\cdots,\alpha_m)^{\mathrm{T}}$ 和$\boldsymbol{\beta}=(\beta_1,\beta_2,\cdots,\beta_n)^{\mathrm{T}}$ 是拉格朗日乘子且 $\beta_j\geqslant 0(j=1,2,\cdots,n)$。

对任意 $\boldsymbol{x}$，考察如下函数：

$$\max_{\boldsymbol{\alpha},\boldsymbol{\beta}:\,\boldsymbol{\beta}\geqslant 0} L(\boldsymbol{x},\boldsymbol{\alpha},\boldsymbol{\beta})$$

当 $\boldsymbol{x}$ 满足原始问题的约束条件时，式(5.51)等号右边对任意 i 和 j 成立 $\alpha_i h_i(\boldsymbol{x})=0$ 和 $\beta_j g_j(\boldsymbol{x})\leqslant 0$，因此 $\max\limits_{\boldsymbol{\alpha},\boldsymbol{\beta}:\,\boldsymbol{\beta}\geqslant 0} L(\boldsymbol{x},\boldsymbol{\alpha},\boldsymbol{\beta})=f(\boldsymbol{x})$，此时只要 $\beta_j g_j(\boldsymbol{x})=0$ 即可，而这总是可以满足的。当 $\boldsymbol{x}$ 不满足原始问题的约束条件时，有 $\max\limits_{\boldsymbol{\alpha},\boldsymbol{\beta}:\,\boldsymbol{\beta}\geqslant 0} L(\boldsymbol{x},\boldsymbol{\alpha},\boldsymbol{\beta})=+\infty$。进而考察 $\min\limits_{\boldsymbol{x}}\max\limits_{\boldsymbol{\alpha},\boldsymbol{\beta}:\,\boldsymbol{\beta}\geqslant 0} L(\boldsymbol{x},\boldsymbol{\alpha},\boldsymbol{\beta})$，为了避免取值 $+\infty$，强制式(5.50)中的约束条件得到满足。因此，如果考虑如下优化问题：

$$\min_{\boldsymbol{x}}\max_{\boldsymbol{\alpha},\boldsymbol{\beta}:\,\boldsymbol{\beta}\geqslant 0} L(\boldsymbol{x},\boldsymbol{\alpha},\boldsymbol{\beta}) \tag{5.52}$$

由上述分析可知，式(5.51)所示的优化问题和式(5.52)所示的优化问题等价。引入拉格朗日函数的优点是可以将式(5.51)所示的原始的有约束优化问题转换为式(5.52)所示的无约束拉格朗日优化问题。

若 $\boldsymbol{x}^*$、$\boldsymbol{\alpha}^*=(\alpha_1^*,\alpha_2^*,\cdots,\alpha_m^*)^{\mathrm{T}}$ 和$\boldsymbol{\beta}^*=(\beta_1^*,\beta_2^*,\cdots,\beta_n^*)^{\mathrm{T}}$ 是优化问题(5.52)的最优解，则

必须满足如下条件：

$$\nabla_x L(\boldsymbol{x}^*,\boldsymbol{\alpha}^*,\boldsymbol{\beta}^*)=0 \tag{5.53}$$

$$\beta_j g_j(\boldsymbol{x})=0,\quad j=1,2,\cdots,n \tag{5.54}$$

$$h_i(\boldsymbol{x})=0,\quad i=1,2,\cdots,m \tag{5.55}$$

$$g_j(\boldsymbol{x})\leqslant 0,\quad j=1,2,\cdots,n \tag{5.56}$$

$$\beta_j \geqslant 0,\quad j=1,2,\cdots,n \tag{5.57}$$

式(5.53)～式(5.57)就是 KKT 条件，其中式(5.53)为拉格朗日函数的极值条件，式(5.54)为对偶互补条件，式(5.55)和式(5.56)为原始问题的约束条件，式(5.57)为拉格朗日乘子的非负条件。对于一般的优化问题而言，KKT 条件是使一组解成为最优解的必要条件，当原问题是凸问题时，KKT 条件也是充分条件。SVM 就是一个凸优化问题，因此，KKT 条件对 SVM 模型的求解也是充分的。

有时候直接利用 KKT 条件求解比较困难，可以考虑对原始问题的对偶问题进行求解。定义

$$\max_{\boldsymbol{\alpha},\boldsymbol{\beta}:\,\boldsymbol{\beta}\geqslant 0}\ \min_{x} L(\boldsymbol{x},\boldsymbol{\alpha},\boldsymbol{\beta}) \tag{5.58}$$

为式(5.50)或式(5.52)所示的原始问题的对偶问题。比较可知，式(5.52)和式(5.58)所示的优化问题的区别仅在于交换了 max 和 min 两个算子的位置。假设两个优化问题的最优解分别为

$$\min_{x}\ \max_{\boldsymbol{\alpha},\boldsymbol{\beta}:\,\boldsymbol{\beta}\geqslant 0} L(\boldsymbol{x},\boldsymbol{\alpha},\boldsymbol{\beta})=p^* \tag{5.59}$$

$$\max_{\boldsymbol{\alpha},\boldsymbol{\beta}:\,\boldsymbol{\beta}\geqslant 0}\ \min_{x} L(\boldsymbol{x},\boldsymbol{\alpha},\boldsymbol{\beta})=d^* \tag{5.60}$$

对任意的 $\boldsymbol{x}$、$\boldsymbol{\alpha}$ 和 $\boldsymbol{\beta}$，有

$$\min_{x} L(\boldsymbol{x},\boldsymbol{\alpha},\boldsymbol{\beta})\leqslant L(\boldsymbol{x},\boldsymbol{\alpha},\boldsymbol{\beta})\leqslant \max_{\boldsymbol{\alpha},\boldsymbol{\beta}:\,\boldsymbol{\beta}\geqslant 0} L(\boldsymbol{x},\boldsymbol{\alpha},\boldsymbol{\beta}) \tag{5.61}$$

可得

$$d^*=\max_{\boldsymbol{\alpha},\boldsymbol{\beta}:\,\boldsymbol{\beta}\geqslant 0}\ \min_{x} L(\boldsymbol{x},\boldsymbol{\alpha},\boldsymbol{\beta})\leqslant \min_{x}\ \max_{\boldsymbol{\alpha},\boldsymbol{\beta}:\,\boldsymbol{\beta}\geqslant 0} L(\boldsymbol{x},\boldsymbol{\alpha},\boldsymbol{\beta})=p^* \tag{5.62}$$

即 d^* 提供了 p^* 的一个下界。关心 $d^*=p^*$ 的情形，这称为强对偶，此刻 $\boldsymbol{x}^*$、$\boldsymbol{\alpha}^*$ 和 $\boldsymbol{\beta}^*$ 分别为原始问题和对偶问题的最优解，因此可以通过对偶问题的求解达到解决原始优化问题的目的。

定理 5.2　若式(5.50)所示的原始优化问题是一个凸优化问题，并且满足 Slater 条件，即存在可行解 $\boldsymbol{x}$，对任意 j 有 $g_j(\boldsymbol{x})<0$，则强对偶成立，并且 $\boldsymbol{x}^*$、$\boldsymbol{\alpha}^*$ 和 $\boldsymbol{\beta}^*$ 分别是原始问题和对偶问题的最优解的充要条件是 $\boldsymbol{x}^*$、$\boldsymbol{\alpha}^*$ 和 $\boldsymbol{\beta}^*$ 满足 KKT 条件(式(5.53)～式(5.57))。

SVM 是一个凸优化问题，且显然满足 Slater 条件，因此采用的就是这种对偶优化的方法进行求解的。

5.7 本章小结

本章主要探讨了 SVM 的基本理论及其应用。从线性可分数据的硬间隔 SVM 和软间隔 SVM 模型出发，详细讲解了拉格朗日对偶与 KKT 条件的求解过程。通过引入核函数，将 SVM 扩展到非线性分类问题，并介绍了几种常用的核函数及其应用。此外，探讨了多类

分类问题的解决策略，如 one-vs-all 和 one-vs-one 方法，并结合实际案例展示了 SVM 在手写体数字识别中的应用。通过这些内容，对 SVM 的理论基础和实用技巧有了全面的理解。

习题

一、选择题

以下关于支持向量机的描述中，哪项是正确的？（　　）

A. 支持向量机只能于线性可分的数据集

B. 支持向量机是通过最小化样本间的距离来构建的

C. 支持向量机通过最大化分类超平面与支持向量之间的间隔来进行分类

D. 支持向量机不适用于多类分类问题

二、填空题

1. 在支持向量机中，支持向量是指________。

2. 支持向量机的目标是找到一个分类超平面，使得分类间隔________。

3. 当数据集是线性不可分时，可以通过引入________来解决分类问题。

三、简答题

1. 简述软间隔 SVM 的基本思想，并说明其与硬间隔 SVM 的主要区别。

2. 已知一个线性可分的数据集：正样本为(2,3)、(3,3)、(4,5)，负样本为(1,1)、(2,1)、(3,2)。通过 SVM 方法确定分类超平面，假设最小函数间隔为 1。

第6章

聚　　类

学习目标

- 了解聚类理论；
- 熟悉聚类分析的步骤；
- 掌握k均值聚类算法。

聚类源于很多领域，如数学、计算机科学、统计学、生物学和经济学等。聚类分析是指将物理或抽象对象的集合分组为由类似的对象组成的多个类的分析过程，它是一种重要的人类行为。本章主要介绍聚类分析的理论基础、常用算法及其实现。

6.1 概述

聚类分析也称为群分析或点群分析，是通过得到的类来发现数据的特点或者对数据进行处理的一种方法，广泛应用于数据挖掘和模式识别领域。聚类分析是将数据对象划分成子集的过程，每个子集称为一个簇，同一簇中的对象相似，但与其他簇中的对象不相似。由聚类分析产生的一组簇的集合称为聚类，属于无监督学习范畴。例如，可以根据各个银行网点的储蓄量、人力资源状况、营业面积、特色功能、网点级别和所处功能区域等因素将网点分为几个等级，再比较各银行之间不同等级网点的数量情况。

在聚类分析中，通过研究样本或指标(变量)之间的相似性来进行分类。具体来说，通过一批样本的多个观测指标找出能够度量样本或指标之间相似程度的统计量，并以这些统计量为依据进行划分。相似程度较大的样品(或指标)聚合为一类，相似程度较小的样品(或指标)聚合为另一类，直到所有样品(或指标)都被聚合完毕，满足“类内差异小，类间差异大”的原则，体现了“物以类聚”的思想。层次聚类和k均值聚类是两种常用的聚类算法。

6.2 聚类基本思想和算法分类及分析

6.2.1 聚类的基本思想

聚类可以形式化地描述为：设有对象集合$D=\{o_1,o_2,\cdots,o_n\}$，其中o_i表示第i个对象($i=1,2,\cdots,n$),C_x 表示第 x 个簇($x=1,2,\cdots,k$),用 $\mathrm{sim}(o_i,o_j)$表示对象 o_i 与对象 o_j 之间的相似度。

聚类分析的特征包括:

(1) 分组:聚类分析的过程就是将数据对象分成若干组(或簇)的过程。

(2) 相似:组内的对象具有较高的相似性,而不同组之间的对象尽可能不相似。

(3) 评估:聚类完成后,需要一些评价函数来度量聚类结果的质量,通常涉及距离度量。

6.2.2 聚类分析的分类

聚类根据分类对象不同,可分为以下两种:

(1) R 型聚类分析:对指标变量进行分类。其基本思想是通过研究变量的相关系数矩阵,找出能够控制所有变量的少数随机变量,以描述多个随机变量之间的相关关系。根据相关性的大小将变量分组,使同组内的变量之间的相关性较高,不同组之间的变量相关性较低。

R 型聚类分析的优点如下:

① 该方法不仅可以了解个别变量之间的亲疏关系,还可以了解各变量组合之间的亲疏程度。

② 根据变量的分类结果以及它们之间的关系,可以选择主要变量进行回归分析或 Q 型聚类分析。

(2) Q 型聚类分析:对样本进行分类。其基本思路与 R 型聚类分析相同,但计算中是从样本的相似系数矩阵出发,而 R 型聚类分析在计算中是从样本的相关系数矩阵出发。

Q 型聚类分析的优点如下:

① 可以综合利用多个变量的信息对样本进行分类。

② 分类结果直观,聚类谱系图清晰地表现其数值分类结果。

③ 聚类分析所得结果比传统分类方法更细致、全面与合理。

通过这些分类方法,聚类分析能够灵活地应用于不同的数据集和研究需求,从而揭示数据内部的结构和规律。

6.2.3 聚类分析的步骤

聚类分析的步骤如下:

(1) 选择聚类分析变量。选择聚类分析变量是聚类分析的首要任务,变量应具备的特点:相关性,与聚类分析的目标相关;代表性,能够反映要分类对象的特征;差异性,不同对象的值之间具有明显差异;低相关性,变量之间不应高度相关。

对于变量高度相关的情况,有两种处理办法:一是聚类分析前处理,即在对案例进行聚类分析之前先对变量进行聚类分析,从各类中选择具有代表性的变量作为聚类变量;二是因素分析,即对变量做因素分析,产生一组不相关变量作为聚类变量。

(2) 计算相似性。相似性是聚类分析的一个基本概念,反映了研究对象之间的亲疏程度。聚类分析就是根据研究对象之间的相似性来进行分类的。常见的相似性度量方法包括距离度量和相关系数等。

(3) 聚类。选定合适的聚类方法,并确定聚类的数量。聚类方法有很多种,常用的包括层次聚类和 k 均值聚类等。应根据数据特点和分析目标选择聚类方法。

（4）解释聚类结果。得到聚类结果后，需要对结果进行验证和解释，以保证聚类结果的可信度。

通过上述步骤，能够系统地进行聚类分析，揭示数据结构，挖掘潜在信息，为实际问题的解决提供科学依据。

6.3 聚类算法中相似性度量

相似性度量是聚类分析中的关键概念，主要用于衡量样本或变量之间的相似程度。相似性度量标准一般有距离和相似性系数。距离通常用于度量样本之间的相似性，相似性系数用于度量变量之间的相似性。

采用何种方法计算距离直接关系到分类的准确性。首先需要定义样本间的距离。每个样本有 p 个指标（变量），因此每个样本可以看作 p 维空间中的一个点，n 个样本组成 p 维空间中的 n 个点，用距离来度量样本之间的接近程度。

6.3.1 距离度量

1. 曼哈顿距离

对于平面上的两个点 $a(x_1,y_1)$、$b(x_2,y_2)$，其曼哈顿距离（Manhattan distance，也称绝对值距离）定义为 $d_{ab}=|x_1-x_2|+|y_1-y_2|$。对于具有 p 个维度的两个样本，其曼哈顿距离为

$$d(x_i,x_j)=\sum_{k=1}^{p}|x_{ik}-x_{jk}| \tag{6.1}$$

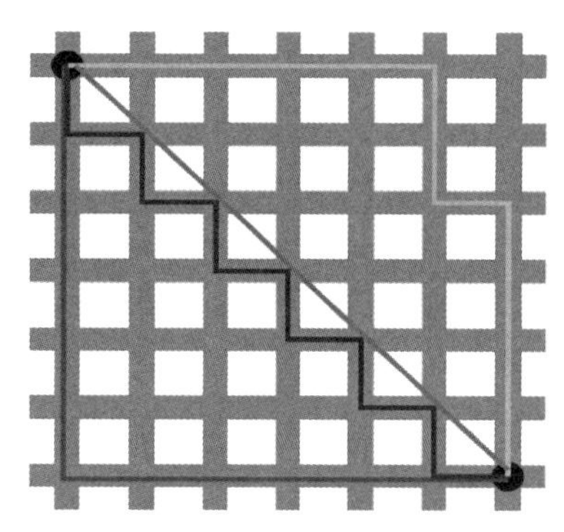

图 6.1 曼哈顿距离示意

曼哈顿距离是所有维度上距离的绝对值之和。它最早用于计算从一个位置到另一个位置的出租车经过的街区数目，因为出租车从一街区到另一街区时，不能走两点之间的直线，只能沿街区的边行驶，如图 6.1 所示。

2. 欧几里得距离

欧几里得距离（Euclidean distance，简称欧氏距离）的计算公式为

$$d(x_i,x_j)=\sqrt{\sum_{k=1}^{p}(x_{ik}-x_{jk})^2} \tag{6.2}$$

欧氏距离虽然简单，但存在明显的缺点：它将样本的不同属性（各指标或各变量）之间的差别等同看待。

在基于地图的导航等应用中，欧氏距离的表现理想和现实的距离相差较大。曼哈顿距离在这些情况下较为适用，因为欧氏距离根据各个维度上的距离自动地给每个维度计算了一个贡献权重，这个权重会因为各个维度上距离的变化而动态地发生变化，而曼哈顿距离的每个维度对最终的距离都有相同的贡献权重。

为了克服简单欧氏距离的缺点，可以使用标准化欧氏距离。当样本的各个维度量纲不一致时，简单的欧氏距离求出的值可能非常大且没有实际意义，因此需要对样本的各个分量进行标准化。

假设样本集 X 的均值为 m，标准差为 S，那么 X 的标准化变量表示为

$$X^* = \frac{X - m}{S} \tag{6.3}$$

标准化欧氏距离的计算公式为

$$d(x_i, x_j) = \sqrt{\sum_{k=1}^{n} \left(\frac{x_{ik} - x_{jk}}{S_k} \right)^2} \tag{6.4}$$

这种距离也称为加权欧氏距离，因为它考虑了各维度之间的权重差异。标准化欧氏距离通过消除不同量纲之间的影响，使得计算结果更具有实际意义。

3. 闵可夫斯基距离

闵可夫斯基距离（Minkowski distance）是一种广义的距离度量方法，其计算公式为

$$d(x_i, x_j) = \left(\sum_{k=1}^{p} | x_{ik} - x_{jk} |^q \right)^{1/q}, \quad q \geqslant 1 \tag{6.5}$$

特别地，当 $q=1$ 时，闵可夫斯基距离即为曼哈顿距离，当 $q=2$ 时，闵可夫斯基距离即为欧氏距离。

闵可夫斯基距离的使用情况较为特殊，由于使用曼哈顿距离、欧氏距离和切比雪夫距离时，存在一个明显的缺点：这些距离度量方法将各个分量的量纲视为相同，没有考虑各个分量的分布（如期望和方差）可能不同。

假设要描述一个人，并将其数据表示为二维样本（身高，体重）。身高的范围为 150～190cm，体重的范围为 50～60kg。现有三个样本：$a(180,50)$，$b(190,50)$，$c(180,60)$。在这种情况下，无论使用曼哈顿距离、欧氏距离或切比雪夫距离，样本 a 与 b 之间的距离都等于 a 与 c 之间的距离。然而，身高相差 10cm 与体重相差 10kg 在实际中是不可等同的。

为了解决这个问题，当各指标的测量值相差悬殊时，通常需要先对数据进行标准化。标准化的过程是将每个指标转换为零均值和单位方差，从而消除不同量纲之间的影响。这样，计算得到的距离更具有实际意义。

4. 马哈拉诺比斯距离

马哈拉诺比斯距离（Mahalanobis distance，简称马氏距离）表示数据的协方差距离，是一种有效计算两个未知样本集相似度的方法。与欧氏距离不同的是，马氏距离考虑了各个特性之间的联系（如身高和体重之间的关联），并且是尺度无关的，即独立于测量尺度。假设有 $\boldsymbol{M}$ 个样本向量（$\boldsymbol{x}_1, \boldsymbol{x}_2, \cdots, \boldsymbol{x}_m$），协方差矩阵记为 $\boldsymbol{S}$，均值记为向量 $\boldsymbol{\mu}$。样本向量 $\boldsymbol{X}$ 到 μ 的马氏距离表示为

$$d(\boldsymbol{X}) = \sqrt{(\boldsymbol{X} - \mu)^{\mathrm{T}} \boldsymbol{S}^{-1} (\boldsymbol{X} - \mu)} \tag{6.6}$$

向量 $\boldsymbol{x}_i$ 与 $\boldsymbol{x}_j$ 之间的马氏距离为

$$d(\boldsymbol{x}_i, \boldsymbol{x}_j) = \sqrt{(\boldsymbol{x}_i - \boldsymbol{x}_j)^{\mathrm{T}} \boldsymbol{S}^{-1} (\boldsymbol{x}_i - \boldsymbol{x}_j)} \tag{6.7}$$

若协方差矩阵是单位矩阵（各个样本向量之间独立同分布），则公式变为欧氏距离，即

$$d(\boldsymbol{x}_i, \boldsymbol{x}_j) = \sqrt{(\boldsymbol{x}_i - \boldsymbol{x}_j)^{\mathrm{T}} (\boldsymbol{x}_i - \boldsymbol{x}_j)} \tag{6.8}$$

马氏距离的优点是与量纲无关，相当于对数据进行了标准化；同时，它排除了变量之间的相关性干扰，相当于排除了向量线性相关部分。马氏距离的缺点是可能会夸大变化微小变量的作用。此外，在计算马氏距离过程中，要求总体样本数必须大于样本的维数，否则得

到的协方差矩阵的逆矩阵将不存在。通过这些特点，马氏距离在实际应用中能够有效地考虑数据的内在结构，尤其适用于多维数据的相似性分析和分类任务。

6.3.2 相似性系数度量

1. 夹角余弦

在几何学中，夹角余弦用于衡量两个向量方向之间的差异。机器学习借用这一概念来衡量样本之间的相似度，即余弦相似度。通过计算两个向量的夹角余弦值，可以评估它们的相似性。余弦相似度的计算公式为

$$\cos\theta = \frac{a \cdot b}{|a||b|} \tag{6.9}$$

夹角余弦的取值范围为[−1,1]。夹角余弦越大，表示两个向量的夹角越小；夹角余弦越小，表示两个向量的夹角越大。当两个向量方向完全相同时，夹角余弦取最大值1；当两个向量方向完全相反时，夹角余弦取最小值−1；当两个向量近乎正交时，夹角余弦接近0。

余弦相似度在文本分析、推荐系统等领域有广泛应用，尤其适用于高维空间中数据的相似性评估。通过这种方法可以更有效地比较样本之间的相似性，而不受样本大小的影响。

2. 相关系数

相关系数是用于衡量两个变量之间线性关系的统计指标。它不受量纲的影响，取值范围为−1～1（$-1 \leqslant \mathrm{cor}(y,x) \leqslant 1$）。相关系数的绝对值越接近1，表示变量之间的线性相关性越强。其符号反映了 y 和 x 之间关系的方向。当 $\mathrm{cor}(y,x) > 0$ 时，y 和 x 正相关；当 $\mathrm{cor}(y,x) < 0$ 时，y 和 x 负相关。

$$\mathrm{cor}(y,x) = \frac{\mathrm{cov}(y,x)}{\sigma x \cdot \sigma y}$$

其中，$\mathrm{cov}(\cdot,\cdot)$是变量 y 和 x 之间的协方差；$\sigma(\cdot)$是标准差。

注意，相关系数仅刻画线性关系的大小。当 $\mathrm{cor}(y,x) = 0$ 时，并不表示没有相关性，而是 y 和 x 之间不存在线性相关性，但可能存在非线性关系。通过计算相关系数，可以有效地评估变量之间的关系，并在数据分析和建模中提供有价值的指导。

6.4 聚类算法

根据原理不同，聚类算法可分为以下五类：

（1）划分聚类法：聚类分析中最简单且最基本的方法。它采取互斥簇的划分，即每个对象必须恰好属于一个组。划分方法基于距离，给定要构建的分区数 k，首先创建一个初始划分，然后采用迭代的重定位技术，通过将对象从一个组移动到另一个组来改进划分。好的划分准则是同一个簇中的相关对象尽可能相互“接近”或相关，不同簇中的对象尽可能“远离”或不同。常见的划分聚类法包括 k 均值和 k 中心点方法。

（2）层次聚类：创建给定数据对象集的层次分解。层次方法分为两种方法：凝聚方法（自底向上），即开始时将每个对象作为单独的一组，然后逐次合并相近的对象或组，直到所有的组合并成为一个组；分裂方法（自顶向下），即开始时将所有对象置于一个簇中，每次迭代中将一个簇划分为更小的簇，直到每个对象最终在单独的一个簇中。

（3）基于密度的聚类：大部分划分方法基于对象之间的距离进行聚类，这些方法只能

发现球状簇，而在发现任意形状簇时遇到困难。基于密度的聚类方法的主要思想是只要“邻域”中的密度(对象或数据点的数目)超过某个阈值(用户自定义)，就继续增加给定的簇。通过判断样本点是否紧密相连来确定其是否属于一个簇。代表性的算法是 DBSCAN。

(4) 基于网络的方法：将对象空间量化为有限个单元，形成一个网格结构，所有的聚类操作都在这个网格上进行。其主要优点是处理速度快。

(5) 基于模型的方法：假设数据由某种概率模型生成，并通过模型参数的估计来进行聚类。例如，神经网络聚类算法中的自组织映射(SOM)和模糊聚类的模糊 C 均值(FCM)算法。

这些不同类型的聚类算法各有优缺点，选择合适的方法需要根据具体的数据特点和分析目标进行权衡。

6.4.1 划分聚类法中的 k 均值算法

k 均值算法是一种经典的基于划分的聚类方法，被誉为十大经典数据挖掘算法之一。其基本思想是以空间中 k 个点为中心进行聚类，将最靠近这些中心的对象归类到对应的簇中。通过迭代的方法，逐次更新各聚类中心的值，直至得到最优的聚类结果，如图 6.2 所示。

最终的 k 个聚类具有以下特点：各聚类本身尽可能紧凑，而各聚类之间尽可能分开，即簇内相似度高，簇间相似度低。该算法的最大优势是简洁和快速，关键在于预测可能分类的数量以及初始中心和距离公式的选择。

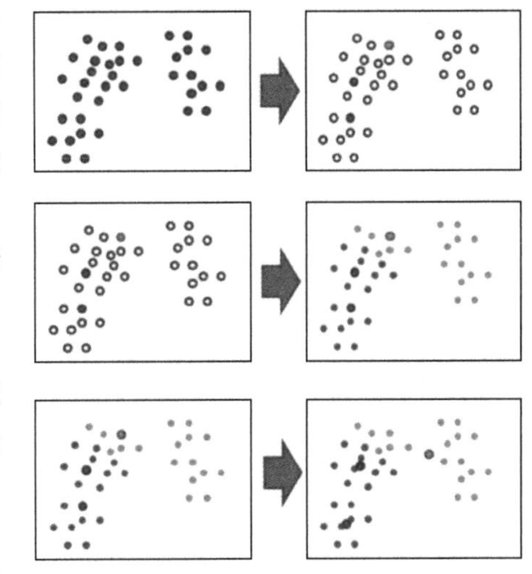

图 6.2 k 均值算法示意图

假设要将样本集分为 C 个类别，k 均值算法的步骤如下：

(1) 选择 C 个类的初始中心。

(2) 在第 k 次迭代中，对任意一个样本，计算其到 C 个中心的距离，将该样本归到距离最短的中心所在的类。

(3) 利用均值等方法更新该类的中心值。

(4) 对于所有的 C 个聚类中心，如果通过步骤(2)和(3)的迭代法更新后，中心值保持不变或变化很小，则迭代结束；否则，继续迭代。

k 均值算法的实现方法有很多，例如在选择初始质心时，可以随机选择 k 个点，也可以选择离得最远的 k 个点，具体方法各不相同。

k 均值算法中常用的邻近度、质心和目标函数的组合如下：

(1) 邻近度函数：曼哈顿距离。质心：中位数。目标函数：最小化对象到其簇质心的距离和。

(2) 邻近度函数：平方欧氏距离。质心：均值。目标函数：最小化对象到其簇质心的距离的平方和。

(3) 邻近度函数：余弦相似度。质心：均值。目标函数：最大化对象与其质心的余弦相似度和。

通过合理选择上述参数和方法，k 均值算法能够快速且高效地进行聚类分析，适用于各种不同类型的数据集。

6.4.2 层次聚类法中的层次聚类

根据原理不同，产生层次聚类的基本方法有凝聚层次聚类和分裂层次聚类。

1. 凝聚层次聚类

凝聚层次聚类从每个点作为一个个体簇开始，每一步合并两个最接近的簇。这需要定义簇的邻近性概念，通常采用的是距离。凝聚层次聚类技术是最常见的层次聚类方法。

基本凝聚层次聚类算法的过程如下：

(1) 计算邻近度矩阵(如果需要)。

(2) 合并最接近的两个簇，合并原则是选择距离最小的簇对。

(3) 更新邻近度矩阵，以反映新的簇与原来的簇之间的邻近性。

(4) 重复步骤(2)、(3)直到仅剩下一个簇为止。

在凝聚层次聚类中，计算簇与簇之间的距离可以采用以下三种方式：

(1) 单链法：定义不同簇中的两个最近的点之间的距离作为簇的邻近度。

(2) 全链法：定义不同簇中的两个最远的点之间的距离作为簇的邻近度。

(3) 组平均法：取自不同簇的所有点对距离的平均值作为簇的邻近度。

2. 分裂层次聚类

分裂层次聚类从包含所有点的一个簇开始，每一步分裂一个簇，直到仅剩下单点簇。在这种情况下，需要确定每一步分裂哪个簇，以及如何分裂。

通过合理选择这些距离计算方法，可以更准确地反映簇内和簇间的相似性，从而得到更有意义的聚类结果。

6.4.3 基于密度的DBSCAN算法

密度聚类方法的基本思想是通过样本点之间的紧密相连来判断是否属于同一个簇，这种方法更符合人类的思维模式。DBSCAN是其中的代表性算法，基于一组邻域参数(ε，MinPts)来表征某处样本是否密集。用户先指定一个参数ε($\varepsilon>0$)来定义每个对象的邻域半径。对象o的ε邻域是以o为中心、半径为ε的空间。DBSCAN是一种基于高密度连通区域的聚类算法，能够将具有足够高密度的区域划分为簇，并在具有噪声的数据中发现任意形状的簇。

DBSCAN算法的步骤如下：

(1) 输入两个参数：半径ε和邻域内最少点的数量(MinPts)。

(2) 标记所有对象为“未探索”。

(3) 随机选择一个未探索的对象p，并标记为“已探索”。

(4) 若p的ε邻域内至少有MinPts个对象，则创建一个新的簇C，并将p添加到C中，记作N。

(5) 遍历N中的每个成员p'，若p'的邻域内也至少有MinPts个对象，则保留；否则，将p'从N中删除。

(6) 若p的ε邻域内的对象数少于MinPts，则将p标记为噪声。

(7) 继续迭代，直到所有对象都被遍历完。

DBSCAN算法的优点如下：

(1) 不需要指定簇的数量。

(2) 能够处理具有噪声的数据，且适用于发现任意形状的簇。

(3) 对于较大的数据集，速度较快。

DBSCAN算法的缺点如下：

(1) 簇之间密度差距过大时效果不好，因为对整个数据集使用的是一组邻域参数。

(2) 数据集较大时内存消耗较大。

(3) 对高维数据距离计算复杂，容易造成“维数灾难”。

通过合理设置邻域参数(ε，MinPts)，DBSCAN算法能够在许多实际应用中有效地进行聚类分析，特别是在处理复杂和噪声数据时表现优异。DBSCAN算法的结果不受初始值的影响，只要数据输入顺序不变，结果就是确定的。

6.5 聚类评估

聚类评估是评估在数据集上进行聚类的可行性以及所使用聚类方法所产生结果质量的重要工具，主要包括以下三方面。

6.5.1 估计聚类趋势

聚类趋势评估的目的是确定给定的数据集是否包含有意义的聚类的非随机结构。对于一个没有任何非随机结构的数据集，例如数据空间中均匀分布的点，尽管聚类算法可以为该数据集返回簇，但这些簇是随机的，没有实际意义。

霍普金斯统计量(Hopkins statistic)是一种用于检验空间分布变量空间随机性的空间统计量。它可以用于评估数据集是否均匀分布的概率，给定数据集 D，它可以看作是随机变量 o 的一个样本，确定 o 在多大程度上不同于数据空间中的均匀分布。霍普金斯统计量的计算步骤如下：

(1) 从数据集 D 中随机选择 n 个对象(样本点)。

(2) 计算每个选择的对象与数据集中最近邻对象的距离。

(3) 在数据空间中随机生成 n 个点，计算每个随机点与数据集中最近邻对象的距离。

(4) 计算霍普金斯统计量 H。

若 H 接近于1，则表明数据集具有聚类趋势；若 H 接近于0.5，则表明数据集接近均匀分布，没有明显的聚类趋势。

通过聚类趋势评估可以有效判断数据集中是否存在潜在的聚类结构，从而决定是否进行进一步的聚类分析，这对于确保聚类结果的有效性和合理性具有重要意义。

6.5.2 确定数据集中的簇数

确定数据集中“正确的”簇数是聚类分析中的关键任务，这不仅是因为像 k 均值这样的聚类算法需要预先指定簇的数量，而且适当的簇数可以控制聚类分析的粒度，从而在可压缩性与准确性之间找到最佳平衡点。簇数的确定直接影响聚类结果的质量和实际应用的有效性。在聚类分析中，适当的簇数能够使数据分布更为合理，聚类结果更具解释性和应用价值。通过合理评估和确定簇数，可以在保证聚类准确性的同时，避免过度聚类或不足聚类，提升数据分析的精度和效率。

例如，使用霍普金斯统计量等方法可以评估数据集的聚类趋势，结合聚类质量测度，如轮廓系数等，可以有效地帮助确定适当的簇数。通过这些方法可以在不同的数据集和应用场景中找到最符合实际需求的聚类数量，为数据分析提供科学依据。

6.5.3 测定聚类质量

在数据集上使用聚类方法后，评估结果簇的质量是非常重要的。聚类结果的评价标准是“簇内相似度”高，而“簇间相似度”低。聚类评估主要分为以下两类：

(1) 外部评估：将聚类结果与某个“参考模型”进行比较，也称为无监督方法。外部评估方法通过比较聚类结果和基准数据来评估聚类质量。如果有可用的基准数据，外部评估方法可以有效地使用这些信息来评估聚类的准确性。

(2) 内部评估：直接考虑聚类结果本身，而不依赖任何参考模型，也称为监督方法。内部评估方法通过计算簇内相似度和簇间相似度等指标来评估聚类的质量。

若有可用的基准，则首选的是外部评估方法。外部评估方法通过与基准数据进行比较，可以更准确地反映聚类结果的质量。若没有基准数据可用，则可以使用内部评估方法。内部评估方法通过分析聚类结果的内部结构，同样可以提供有效的质量评估。综合使用外部评估和内部评估方法可以全面评估聚类结果的质量，从而保证聚类分析的科学性和可靠性。

6.6 案例分析：scikit-learn 中的聚类算法实践

6.6.1 距离计算的实现

在数据分析和机器学习中，距离计算是一个基础操作。常见的距离计算方法在 Python 中的实现：

```
import numpy as np
#曼哈顿距离
def manhattan_distance(a, b):
  return np.sum(np.abs(a - b))

#欧氏距离
def euclidean_distance(a, b):
  return np.sqrt(np.sum(np.square(a - b)))

#标准化欧氏距离
def normalized_euclidean_distance(a, b):
  distance = 0
  for i in range(len(a)):
    avg = (a[i] + b[i]) / 2
    si = ((a[i] - avg) **2 + (b[i] - avg) **2) **0.5 #样本方差除以 N-1 就等于 1
    distance += ((a[i] - b[i]) / si) **2
  return distance **0.5

#切比雪夫距离
def chebyshev_distance(a, b):
  return np.max(np.abs(a - b))
```

```
#距离计算方法的引用实例
a = np.asarray([2, 2, 3])
b = np.asarray([1, 4, 5])
c = np.asarray([2000, 2, 3])
d = np.asarray([1000, 4, 5])

print("Manhattan Distance between a and b:", manhattan_distance(a, b))
print("Euclidean Distance between a and b:", euclidean_distance(a, b))
print("Euclidean Distance between c and d:", euclidean_distance(c, d))
print("Normalized Euclidean Distance between c and d:", normalized_euclidean_distance(c, d))
print("Chebyshev Distance between a and b:", chebyshev_distance(a, b))
```

代码说明：

(1) 曼哈顿距离：计算两个向量之间各元素绝对差之和。

(2) 欧氏距离：计算两个向量之间平方差之和的平方根。

(3) 标准化欧氏距离：考虑各维度的不同量纲，通过标准化消除量纲差异。

(4) 切比雪夫距离：计算两个向量之间各元素绝对差的最大值。

通过这些函数，可以在不同场景下灵活地选择合适的距离计算方法来进行数据分析和处理。

6.6.2 scikit-learn 中的 k 均值算法

本节通过实例展示如何使用 k 均值和 DBSCAN 算法进行聚类分析。

首先准备数据集并进行可视化。

```
import numpy as np
import matplotlib.pyplot as plt
from sklearn.datasets import make_blobs

#生成样本数据
X, y = make_blobs(n_samples = 1000, n_features = 2, centers = [[ - 1, - 1], [0, 0], [1, 1], [2,
2]], cluster_std = [0.4, 0.2, 0.2, 0.2], random_state = 9)
plt.scatter(X[:, 0], X[:, 1], marker = 'o')
plt.show()
```

样本分布情况见图 6.3。

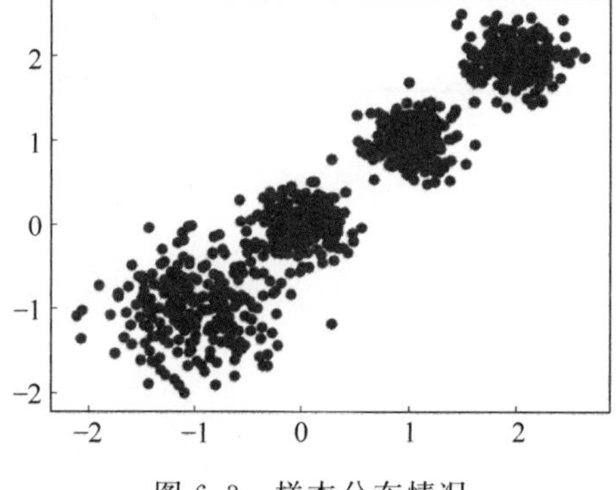

图 6.3 样本分布情况

然后使用 k 均值和 MiniBatchKMeans 进行聚类，并用 Calinski-Harabasz Index 评估聚类效果。

```
from sklearn.cluster import KMeans, MiniBatchKMeans
from sklearn import metrics

#进行k均值聚类
for index, k in enumerate((2, 3, 4, 5)):
    plt.subplot(2, 2, index + 1)
    y_pred = MiniBatchKMeans(n_clusters = k, batch_size = 200, random_state = 9).fit_predict(X)
    score = metrics.calinski_harabasz_score(X, y_pred)

    plt.scatter(X[:, 0], X[:, 1], c = y_pred)
    plt.text(.99, .01, ('k = %d, score: %.2f' % (k, score)),
            transform = plt.gca().transAxes, size = 10,
            horizontalalignment = 'right')
plt.show()
```

运行结果如图 6.4 所示。

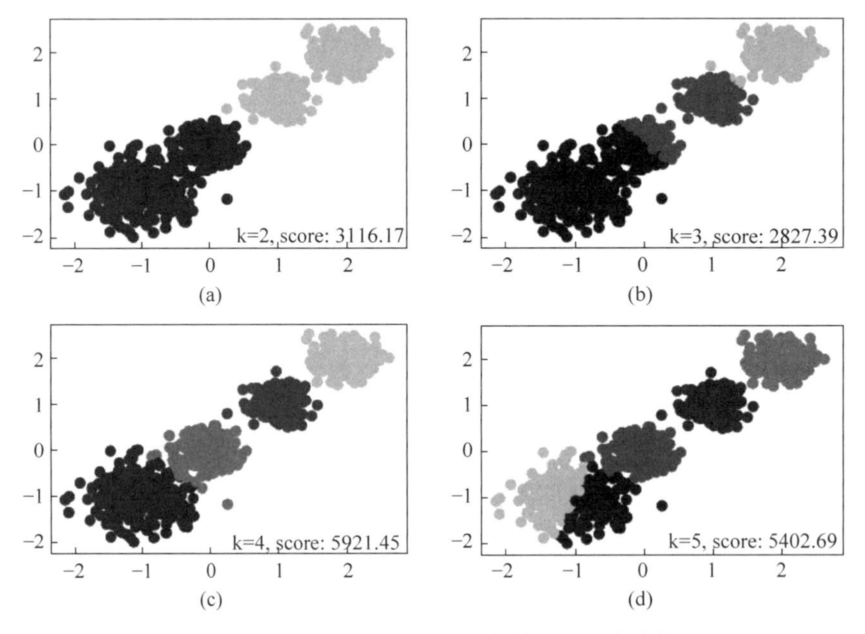

图 6.4　k 为 2、3、4、5 时的聚类结果及聚类分数

6.6.3　scikit-learn 中的 DBSCAN 算法

(1) 为了展示 DBSCAN 算法在非凸数据聚类中的优势，生成包含三个簇的随机数据，其中两组数据是非凸的。

```
import numpy as np
import matplotlib.pyplot as plt
from sklearn import datasets

#生成有三个簇的随机数据,两组是非凸的
```

```
X1, y1 = datasets.make_circles(n_samples = 5000, factor = .6, noise = .05)
X2, y2 = datasets.make_blobs(n_samples = 1000, n_features = 2, centers = [[1.2, 1.2]],
                cluster_std = [[.1]], random_state = 9)
X = np.concatenate((X1, X2))
plt.scatter(X[:, 0], X[:, 1], marker = 'o')
plt.show()
```

数据的分布情况如图 6.5 所示。

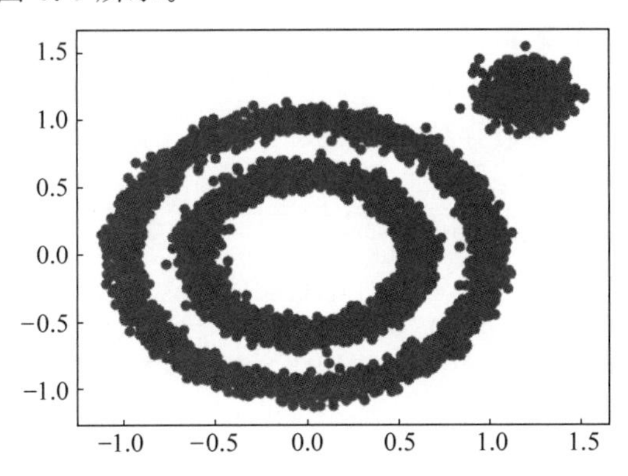

图 6.5 用于 DBSCAN 算法的数据集

（2）使用 k 均值的聚类。

```
from sklearn.cluster import KMeans
y_pred = KMeans(n_clusters = 3, random_state = 9).fit_predict(X)
plt.scatter(X[:, 0], X[:, 1], c = y_pred)
plt.show()
```

输出聚类的结果如图 6.6 所示。从输出的聚类效果图可以看出，k 均值对于非凸数据集的聚类表现不好。

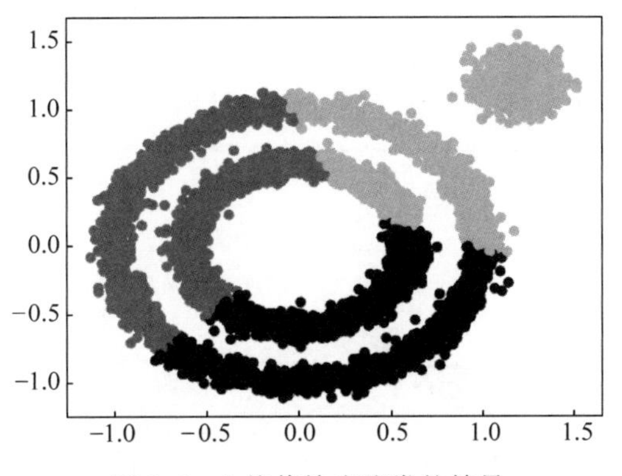

图 6.6 k 均值输出聚类的结果

（3）使用 DBSCAN 算法进行聚类。

```
from sklearn.cluster import DBSCAN

# 使用默认参数进行 DBSCAN 聚类
```

```
y_pred = DBSCAN().fit_predict(X)
plt.scatter(X[:, 0], X[:, 1], c = y_pred)
plt.show()

# 调整参数进行 DBSCAN 聚类
y_pred = DBSCAN(eps = 0.1, min_samples = 10).fit_predict(X)
plt.scatter(X[:, 0], X[:, 1], c = y_pred)
plt.show()
```

在使用默认参数进行聚类后，发现 DBSCAN 算法将所有数据都归为一类，这显然不符合实际需求，需要调整参数改进聚类效果。

从图 6.7 可以看出，默认参数导致类别数太少。为了解决这个问题，需要减少 ε 邻域的大小，默认值是 0.5，将其减少到 0.1，同时增加 min_samples 到 10。

```
# 调整参数进行 DBSCAN 聚类
y_pred = DBSCAN(eps = 0.1, min_samples = 10).fit_predict(X)
plt.scatter(X[:, 0], X[:, 1], c = y_pred)
plt.title('DBSCAN with eps = 0.1, min_samples = 10')
plt.show()
```

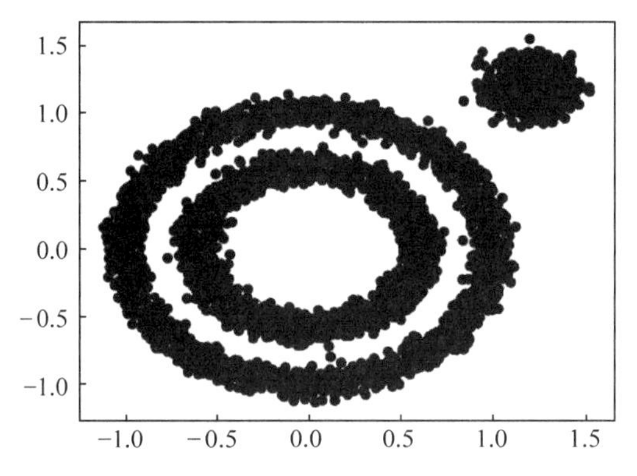

图 6.7 默认参数的 DBSCAN 输出聚类的结果

通过调整参数可以看到聚类效果显著改善，如图 6.8 所示。上面这个例子只是帮助大家理解 DBSCAN 算法调参的基本思路。在实际运用中需要考虑更多的问题和参数组合，以获得最优的聚类结果。

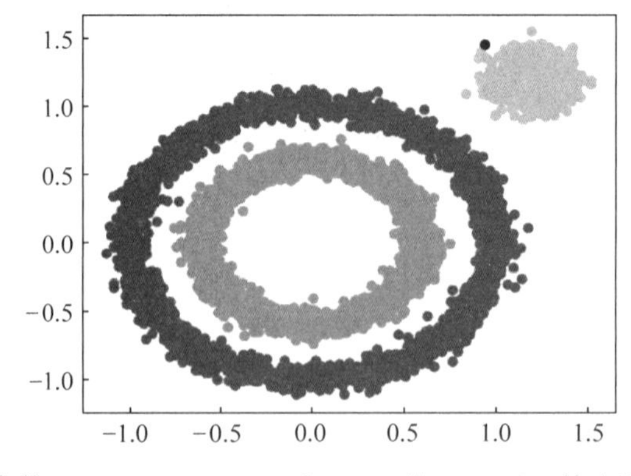

图 6.8 参数 eps=0.1，min_samples=10 的 DBSCAN 输出聚类的结果

6.7 阅读材料

某科技公司的李明热衷于通过数据挖掘和机器学习来解决各种复杂的问题。李明为公司开发一个推荐系统，帮助用户找到喜欢的产品。为了实现这一目标，他决定使用聚类分析技术。

李明回顾了在大学时学习的聚类理论。他想起了聚类分析的定义：将数据对象分成多个子集，每个子集称为一个簇，簇中的对象彼此相似，但与其他簇中的对象不相似。聚类分析属于无监督学习，通过这种方法可以发现数据中的隐藏模式和结构。

在项目的初始阶段，李明需要选择合适的聚类算法，他想到了常用的方法 k 均值、层次聚类和 DBSCAN。由于 k 均值算法简单且计算速度快，他决定先用 k 均值来进行初步的聚类分析。于是李明使用 Python 编写了 k 均值聚类的代码，导入了所需的库并生成了一个模拟数据集，通过可视化工具清晰地看到了数据的分布情况。接下来，他对数据进行了 k 均值聚类，并计算了轮廓系数来评估聚类效果。结果显示，k 均值算法很好地将数据分成了几个簇，每个簇内的对象具有很高的相似度。

尽管 k 均值在初步分析中表现良好，李明仍然发现了一些不足，例如，k 均值无法很好地处理非凸形状的簇。于是，他决定尝试 DBSCAN 算法。DBSCAN 是一种基于密度的聚类算法，能够发现任意形状的簇，并且对噪声数据有很好的处理能力。李明调整了 DBSCAN 的参数，发现该算法能够有效地识别出数据中的不同簇，即使这些簇具有复杂的形状。

李明通过这次聚类“探险”，不仅掌握了选择和应用不同的聚类算法，还学会了通过调整参数来优化聚类效果。他成功地将这些算法应用到推荐系统中，为用户提供了更加精准的推荐。李明的故事展示了聚类分析在数据科学中的强大作用，通过不断探索和实践，他不仅解决了实际问题，还深化了对聚类算法的理解，为未来的项目打下了坚实的基础。

6.8 本章小结

本章从聚类分析的理论入手，详细介绍聚类的意义、基本原理、相似性度量方法，以及常用的聚类算法。通过深入探讨各种距离计算方法，帮助读者更好地理解样本间的相似性度量。随后，通过实际案例展示了如何使用 scikit-learn 库中的 k 均值和 DBSCAN 算法进行聚类分析，并详细阐述了调整 DBSCAN 参数的方法。

本章为读者提供了全面的聚类分析基础知识和实践技能，帮助读者在实际数据分析中有效应用这些方法，从而揭示数据中的潜在结构和规律。通过本章的学习，读者不仅能够掌握聚类分析的理论知识，还能在实践中灵活应用这些算法，解决实际问题。

习题

一、选择题

1. 聚类分析属于哪种学习范畴？（　　）

A. 有监督学习　　B. 无监督学习　　C. 半监督学习　　D. 强化学习

2. 下列哪种算法不能处理非凸形状的簇？（　　）

A. k 均值　　B. 层次聚类　　C. DBSCAN　　D. 高斯混合模型

3. 在聚类分析中，类内差异应当如何？（　　）

A. 尽可能大　　B. 尽可能小

C. 与类间差异相等　　D. 不确定

二、填空题

1. 聚类分析是将数据对象分成多个子集，每个子集称为一个________。

2. k 均值算法的主要优点是简单且计算速度快，但它无法很好地处理非________形状的簇。

3. DBSCAN 是一种基于________的聚类算法，能够发现任意形状的簇，并且对噪声数据有很好的处理能力。

三、简答题

1. 解释什么是聚类分析，并简要描述其应用领域。

2. 比较 k 均值算法和 DBSCAN 算法的优、缺点。

四、编程题

1. 使用 Python 语言编写 k 均值聚类的代码，并对给定的数据集进行聚类分析。计算并评估聚类效果。

2. 使用 Python 语言编写 DBSCAN 聚类的代码，并对同一数据集进行聚类分析。调整参数并评估聚类效果。

第 7 章

反向传播神经网络

学习目标

- 掌握神经网络概念；
- 掌握反向传播算法；
- 实现基于 Python 的 BP 神经网络。

本章首先介绍神经网络结构，然后介绍反向传播算法，最后利用 Python 实现反向传播(Back Propagation，BP)神经网络并使用。BP 神经网络是人工神经网络的一种，主要用于处理非线性问题。本章详细介绍 BP 神经网络的基本概念、模型结构、训练算法及其在实际中的应用，并通过 Python 语言实现具体示例，使读者能够掌握该算法在模式识别和分类等领域中的应用技巧。

7.1 概述

在第 4 章和第 6 章中分别介绍了线性回归和支持向量机模型，并详细阐述了这些模型的形式和训练方法。这些模型通过训练算法，调整输入单元与输出单元之间的权重系数。本章将围绕常见的前馈神经网络模型展开讨论，涵盖神经网络的结构、表达式、训练算法及其模型的局限性。

多层前馈神经网络(包含三层或更多层)在原理上提供了一种解决任意分类问题的有效方法。事实上，多层神经网络基本操作仍是线性判别，只是在输入数据的非线性映射空间中进行。这类网络的主要优势在于提供了简单的算法，使非线性函数的具体形式可以通过训练样本得出。因此，神经网络功能强大，理论基础扎实，广泛应用于实际问题中。

反向传播算法基于误差的梯度下降原则进行扩展。BP 算法不仅功能强大，易于理解，而且在训练包含成千上万个参数的复杂神经网络模型时也相对简单。此外，BP 算法具备直观的图形表示和模型设计，用户可以方便地应用。

神经网络的结构或拓扑在预测中起到至关重要的作用。最优的网络结构应与具体的实际问题密切相关。用户可以通过调整隐含层的数量、节点单元的数量以及反馈节点的数量来构建满足应用需求的神经网络。

此外，神经网络的训练还涉及正则化，即选择或调整网络的复杂度。尽管输入与输出节点的数量可以根据输入特征空间和类别数量确定，但网络中的总权重值或参数数量不一定如此。如果网络中含有过多的未知参数，网络的推广能力将会变差(出现过拟合)。如果网络参数过少，训练数据将得不到充分学习。如何调整网络的复杂度以达到最佳推广能力，一直是神经网络研究的难点。

7.2 反向传播神经网络模型

7.2.1 神经网络拓扑结构

图 7.1 展示了简单的三层前馈神经网络结构，由输入层、隐含层和输出层组成。各层之间通过可修正的权重值相互连接，这些权重值由层间的连线表示。除了连接输入单元外，每个单元还连接一个偏置。这些单元节点的功能近似于生物学上的神经元，因此它们也称为“神经元”。

接下来研究如何利用这种网络来进行模式识别。在模式识别中，输入单元提供特征向量，输出单元激发的信号用于生成分类判别函数的值。

一般情况下，神经网络中的每个神经元可以分解，如图 7.2 所示。每个输入变量对应一个神经元连接的权重值，并与其相乘加和，经过神经元的激活函数处理后，得到输出 y，其表达式为

$$y = f\left(\sum_{i=1}^{n} w_i x_i - \theta\right) \tag{7.1}$$

式中：θ 为偏置；w_i 为神经元的连接权重值。神经网络所学到的“知识”蕴含在这些连接权重和偏置中。

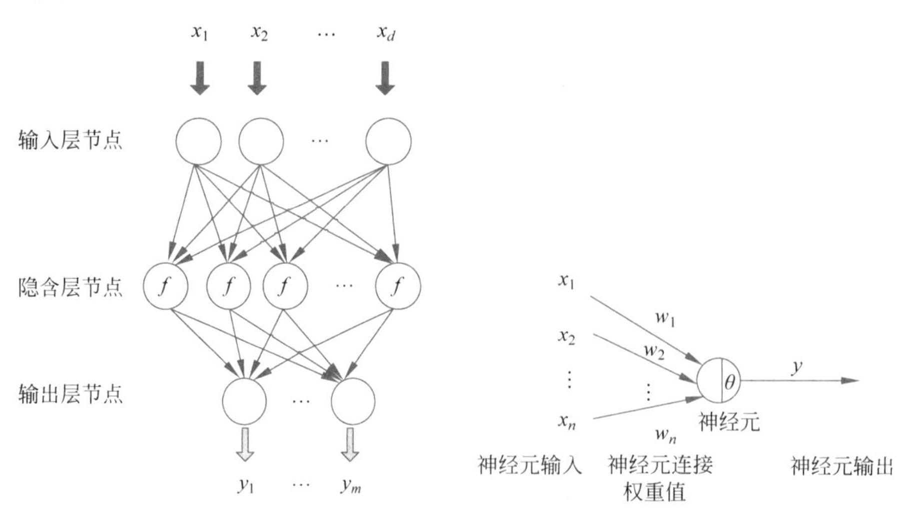

图 7.1 前馈神经网络结构　　图 7.2 神经元结构

7.2.2 神经网络的传递函数

BP 网络采用的传递函数是一种非线性变换函数，即 sigmoid 函数(又称 S 型函数)。其特点是函数本身及其导数都连续，因而在处理上十分方便。

单极性 S 型函数的表达式为

$$f(x) = \frac{1}{1 + e^{-x}} \tag{7.2}$$

其曲线如图 7.3 所示。

这种函数在神经网络中应用广泛，主要用来激活函数。它将输入值映射到一个特定范围（通常为 0～1），从而引入非线性，帮助神经网络更好地处理复杂的模式识别任务。

该函数曲线平滑过渡，能够有效地将输入空间中的信息进行非线性变换。这一特性使得神经网络在面对复杂数据时，能够更灵活地捕捉和学习数据中的隐含模式。

双极性 S 型函数的表达式为

$$f(x)=\frac{1-\mathrm{e}^{-x}}{1+\mathrm{e}^{-x}} \tag{7.3}$$

其曲线如图 7.4 所示。

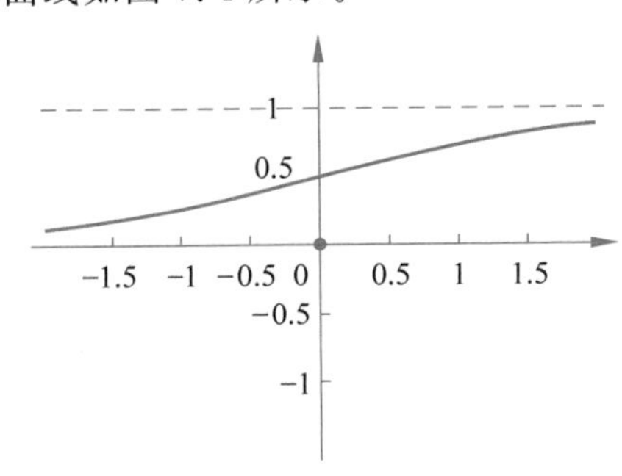

图 7.3　单极性 S 型函数曲线

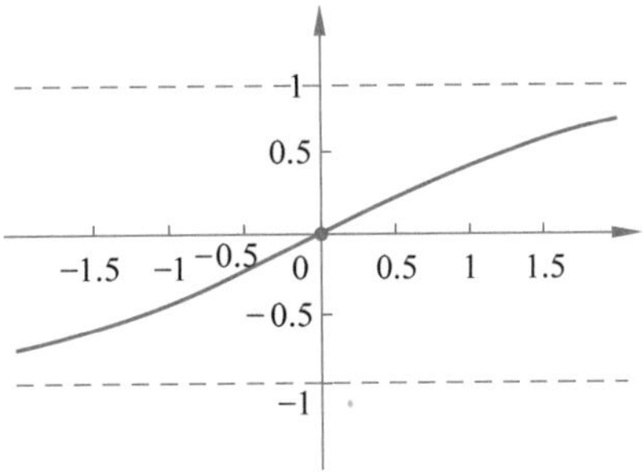

图 7.4　双极性 S 型函数曲线

通过对双极性 S 型函数进行分析，可以观察到其在神经网络中的重要性。这类函数不仅可以有效地处理非线性问题，还能够在训练过程中帮助网络更快地收敛。双极性 S 型函数的特点是其输出范围通常为 −1～1，这与单极性 S 型函数（输出范围为 0～1）有所不同。通过这种调整，网络在进行梯度下降时能够避免某些局部最小值的困扰，从而提高模型的性能和稳定性。

7.3 反向传播神经网络算法

神经网络的学习过程通常从一个未经过训练的网络开始，其网络中的权重值一般用较小的随机数（范围为 −1～1）进行初始化。下面以普通的三层神经网络为例，详细讲解 BP 算法的工作原理。

给定训练集 $D=\{(\boldsymbol{x}_1,\boldsymbol{y}_1),(\boldsymbol{x}_2,\boldsymbol{y}_2),\cdots,(\boldsymbol{x}_n,\boldsymbol{y}_n)\}$，$\boldsymbol{x}_i\in\mathbf{R}^{1\times d}$，$\boldsymbol{y}_i\in\mathbf{R}^{1\times m}$。模型输入的维度为 d，输出的维度为 m。图 7.5 给出了 BP 网络及权重变量。

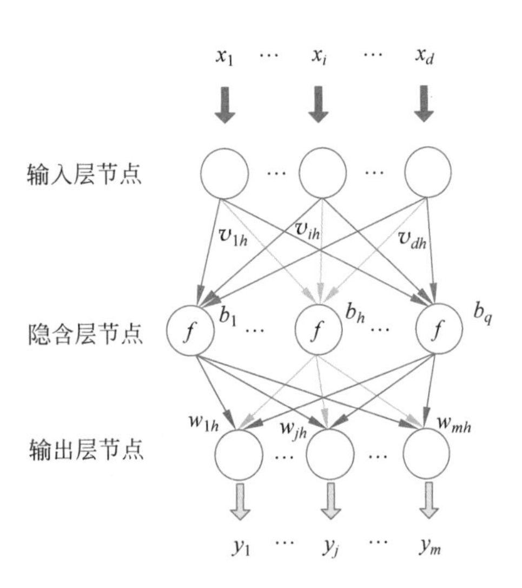

图 7.5　BP 网络及权重变量

神经网络的输入层包含 d 个节点，隐含层包含 q 个节点，输出层包含 m 个节点。输出层第 j 个神经元的偏置为 θ_j，隐含层第 h 个神经元的偏置为 γ_h。输入层第 i 个神经元与隐含层第 h 个神经元之间的连接权重值为 w_{ih}，隐含层第 h 神经元与输出层第 j 个神经元之间连接权重值为 w_{hj}。假设隐含层第 h 个神经元接受的输入为

$$\alpha_h = \sum_{i=1}^{d} w_{ih} x_i$$

输出层第 j 个神经元接受的输入为

$$\beta_j = \sum_{h=1}^{q} w_{hj} b_h$$

式中：b_h 为隐含层第 h 个神经元的输出。

假设隐含层的中神经元的激活函数为 sigmoid 函数。训练样本($\boldsymbol{x}_k$，$\boldsymbol{y}_k$)在神经网络模型的输出为

$$\boldsymbol{y}_k^* = (y_{k,1}^*, y_{k,2}^*, \cdots, y_{k,m}^*)$$

即

$$y_{k,j}^* = f(\beta_j - \theta_j) \tag{7.4}$$

其网络在该样本上的误差为

$$E_k = \frac{1}{2}\sum_{j=1}^{m}(y_{k,j}^* - y_{k,j})^2 \tag{7.5}$$

BP 算法主要利用梯度下降算法，在目标函数负梯度方向进行更改模型参数。对于式(7.5)，其调整值为

$$\Delta w_{hj} = -\eta \frac{\partial E_k}{\partial w_{hj}} \tag{7.6}$$

式中：η 为学习率，$\eta \in (0,1)$。

由于 w_{hj} 先影响第 j 个输出层神经元的输入 β_j，再影响其输出 $y_{k,j}^*$，即

$$\frac{\partial E_k}{\partial w_{hj}} = \frac{\partial E_k}{\partial y_{k,j}^*} \cdot \frac{\partial y_{k,j}^*}{\partial \beta_j} \cdot \frac{\partial \beta_j}{\partial w_{hj}} \tag{7.7}$$

由 β_j 得到

$$\frac{\partial \beta_j}{\partial w_{hj}} = b_h \tag{7.8}$$

sigmoid 函数性质如下：

$$f'(x) = f(x)(1 - f(x)) \tag{7.9}$$

根据式(7.4)和式(7.5)得到

$$\begin{aligned} g_j &= -\frac{\partial E_k}{\partial y_{k,j}^*} \cdot \frac{\partial y_{k,j}^*}{\partial \beta_j} = -(y_{k,j}^* - y_{k,j}) f'(\beta_j - \theta_j) \\ &= y_{k,j}^*(1 - y_{k,j}^*)(y_{k,j} - y_{k,j}^*) \end{aligned} \tag{7.10}$$

将式(7.10)与式(7.8)代入式(7.7)和式(7.6)，得到 w_{hj} 的更新公式，即

$$\Delta w_{hj} = \eta g_j b_h \tag{7.11}$$

此外，可以得到

$$\Delta \theta_j = -\eta g_j \tag{7.12}$$

$$\Delta w_{ih} = \eta e_h x_i \tag{7.13}$$

$$\Delta\gamma_h = -\eta e_h \tag{7.14}$$

式中

$$\begin{aligned} e_h &= -\frac{\partial E_k}{\partial b_h} \cdot \frac{\partial b_h}{\partial \alpha_h} = -\sum_{j=1}^{m} \frac{\partial E_k}{\partial \beta_j} \cdot \frac{\partial \beta_j}{\partial b_h} f'(\alpha_h - \gamma_h) \\ &= \sum_{j=1}^{m} w_{hj} g_j f'(\alpha_h - \gamma_h) = b_h(1-b_h)\sum_{j=1}^{m} w_{hj} g_j \end{aligned} \tag{7.15}$$

BP 算法流程见算法 7.1。

算法 7.1　BP 算法流程

输入：训练集合 $D=\{(\boldsymbol{x}_k,\boldsymbol{y}_k)\}_{k=1}^{m}$，隐含层神经元节点数量为 q，学习率为 η

输出：神经网络连接权重值和偏置

过程：

1. 随机初始化神经网络中的连接权重值和偏置
2. 进行如下重复
3. for $k=1$ to m
4. 　根据当前参数和式(7.4)计算该样本的输出 $\boldsymbol{y}_k^*$
5. 　根据式(7.10)计算输出层神经元梯度 g_i
6. 　根据式(7.15)计算隐含层神经元梯度 e_h
7. 　根据式(7.11)～式(7.14)更新连接权重值 w_{hj}、w_{ih} 和偏置 θ_j、γ_h
8. end for
9. until 停止循环

7.4　反向传播神经网络缺陷

反向传播算法采用梯度下降技术来调整模型参数，而非一种最优化技术。反向传播神经网络具有以下优点：

(1) 非线性映射能力。反向传播神经网络本质上实现了从输入到输出的非线性映射。数学理论证明，三层神经网络能够以任意精度逼近任何非线性连续函数。这使得反向传播神经网络特别适合求解内部机制复杂的问题，具有强大的非线性映射能力。

(2) 自学习和自适应能力。在训练过程中，反向传播神经网络能够通过学习自动提取输入和输出数据之间的"合理规则"，并将这些规则记忆在网络的权重值中，从而展现出高度的自学习和自适应能力。

(3) 泛化能力。泛化能力是指网络在正确分类训练样本的同时，是否能够对未见过的模式或有噪声污染的模式进行正确分类。反向传播神经网络具有将学习成果应用于新知识的能力。

(4) 容错能力。即使反向传播神经网络的部分神经元受到破坏，整体的训练结果也不会受到很大影响，这意味着系统在受到局部损伤时仍能正常工作，具有一定的容错能力。

然而，随着应用范围的逐步扩大，反向传播神经网络也暴露出了一些缺点：

(1) 局部极小化问题。从数学角度来看，传统的反向传播神经网络是一种局部搜索的优化方法，解决的是复杂非线性问题。网络的权重值通过沿局部改善的方向逐渐调整，这可能会导致算法陷入局部极值,使权重值收敛到局部极小点,从而导致训练失败。反向传播神经网络对初始权重非常敏感,以不同权重初始化网络,可能会收敛于不同的局部极小。

(2) 收敛速度慢。由于反向传播算法本质上是梯度下降法,其优化的目标函数非常复杂,可能出现"锯齿形现象",使得算法效率低下。在神经元输出接近 0 或 1 的情况下,目标函数会出现平坦区,使训练过程几乎停顿。此外,为了执行反向传播算法,网络无法使用传统的一维搜索法求每次迭代的步长,而必须预先赋予步长更新规则,这也会降低算法效率。

(3) 结构选择困难。至今尚无统一完整的理论指导如何选择反向传播神经网络的结构。结构过大,训练效率低,可能导致过拟合现象,影响网络性能和容错性;结构过小,可能导致网络无法收敛。因此,选择合适的网络结构在应用中是一个重要问题。

(4) 实例规模与网络规模的矛盾。反向传播神经网络难以解决应用实例规模和网络规模之间的矛盾,涉及网络容量的可能性与可行性问题,即学习复杂性问题。

(5) 预测能力和训练能力的矛盾。预测能力(泛化能力)和训练能力(逼近能力)往往存在矛盾。一般情况下,随着训练能力提高,预测能力也会提高,但达到某个极限后,过度训练可能导致预测能力下降,即过拟合现象。解决网络预测能力和训练能力间的矛盾是反向传播神经网络的重要研究内容。

(6) 样本依赖性问题。网络模型的逼近和推广能力与学习样本的典型性密切相关,从问题中选取典型样本实例组成训练集是一个困难的问题。

7.5 案例分析:scikit-learn 中反向传播神经网络应用

scikit-learn 0.17(及之前版本)对神经网络算法的支持仅限于 BernoulliRBM。从 scikit-learn 0.18 开始,神经网络算法增加了新模块 neural_network. BernoulliRBM、neural_network. MLPClassifier 以及 neural_network. MLPRegression。

下面是在 Python 中建立并使用神经网络模型的示例代码。首先,创建一个名为 NeuralNetwork. py 的文件,并添加以下代码:

```
#coding:utf-8
'''
Created on 2016/4/27
@author: Gamer Think
'''
import numpy as np

#定义双曲函数及其导数
def tanh(x):
  return np.tanh(x)
def tanh_deriv(x):
  return 1.0 - np.tanh(x)**2

#定义逻辑函数及其导数
def logistic(x):
  return 1 / (1 + np.exp(-x))
def logistic_derivative(x):
  return logistic(x) *(1 - logistic(x))
```

```
#定义神经网络算法
class NeuralNetwork:
  #初始化,layers表示层数和每层的神经元数量,例如[10, 10, 3]表示三层网络,分别有10个、10个
和3个神经元
  def __init__(self, layers, activation = 'tanh'):
    """
    layers: 包含每层单元数量的列表,至少应包含两个值
    activation: 激活函数,可选择"logistic"或"tanh"
    """
    if activation == 'logistic':
      self.activation = logistic
      self.activation_deriv = logistic_derivative
    elif activation == 'tanh':
      self.activation = tanh
      self.activation_deriv = tanh_deriv

    self.weights = []
    #从第二层开始初始化权重
    for i in range(1, len(layers) - 1):
      self.weights.append((2 *np.random.random((layers[i - 1] + 1, layers[i] + 1)) - 1) *0.25)
      self.weights.append((2 *np.random.random((layers[i] + 1, layers[i + 1])) - 1) *0.25)

  #训练函数,X为输入矩阵,每行为一个实例,y为每个实例对应的结果,learning_rate为学习率,
epochs为最大迭代次数
  def fit(self, X, y, learning_rate = 0.2, epochs = 10000):
    X = np.atleast_2d(X)                              #确保X至少是二维数据
    temp = np.ones([X.shape[0], X.shape[1] + 1])      #初始化输入矩阵
    temp[:, 0: - 1] = X                               #添加偏置单元
    X = temp
    y = np.array(y)                                   #将列表转换为数组

    for k in range(epochs):
      i = np.random.randint(X.shape[0])               #随机选取一行数据进行更新
      a = [X[i]]

      #正向传播
      for l in range(len(self.weights)):
        a.append(self.activation(np.dot(a[l], self.weights[l])))

      #计算误差并反向传播
      error = y[i] - a[ - 1]
      deltas = [error *self.activation_deriv(a[ - 1])]
      for l in range(len(a) - 2, 0, - 1):
        deltas.append(deltas[ - 1].dot(self.weights[l].T) *self.activation_deriv(a[l]))
      deltas.reverse()
      for i in range(len(self.weights)):
        layer = np.atleast_2d(a[i])
        delta = np.atleast_2d(deltas[i])
        self.weights[i] += learning_rate *layer.T.dot(delta)

  #预测函数
```

```
def predict(self, x):
  x = np.array(x)
  temp = np.ones(x.shape[0] + 1)
  temp[0: - 1] = x
  a = temp
  for l in range(len(self.weights)):
    a = self.activation(np.dot(a, self.weights[l]))
  return a
```

以下是使用反向传播神经网络实现 XOR(异或)功能的示例代码：

```
#coding:utf - 8
'''
Created on 2016/4/27
@author: Gamer Think
'''

import numpy as np
from NeuralNetwork import NeuralNetwork

#定义神经网络的结构,输入层、隐含层和输出层的神经元数量
nn = NeuralNetwork([2, 2, 1], 'tanh')
X = np.array([[0, 0], [0, 1], [1, 0], [1, 1]])
y = np.array([0, 1, 1, 0])

#训练神经网络
nn.fit(X, y)

#打印预测结果
for i in [[0, 0], [0, 1], [1, 0], [1, 1]]:
  print(i, nn.predict(i))
```

7.6 阅读材料

某科技公司 AI 研究员王欣,一直致力于通过神经网络来解决复杂的分类问题,最近她接到了一个新项目,需要利用反向传播神经网络来进行模式识别。这让她兴奋不已,因为反向传播神经网络是她研究生期间最感兴趣的领域之一。

王欣首先回顾了反向传播神经网络的基础知识。她知道反向传播神经网络是一种前馈神经网络,通过反向传播算法进行训练。这种网络结构能够处理复杂的非线性问题,并在很多实际应用中表现出色。她决定先从理论入手,再逐步进行实际操作。王欣在阅读了大量文献和案例后,掌握了反向传播神经网络的基本结构和工作原理,了解了如何通过调整网络层数、神经元数量以及激活函数来优化网络性能。她还特别注意到了网络的正则化问题,以避免过拟合和欠拟合。

接下来,王欣开始编写代码实现反向传播神经网络。她选择了 Python 作为开发语言,并使用了 Numpy 库来处理矩阵运算。她经过几天的努力编写了一个完整的反向传播神经网络模型,包括前向传播、误差计算和反向传播三个主要步骤。

王欣经过多次调试和优化，终于成功地训练了她的神经网络模型，将其应用于实际的数据集，结果令人满意。无论是图像分类、语音识别还是文本处理，反向传播神经网络都表现出了强大的学习和预测能力。王欣通过这次项目，不仅巩固了对反向传播神经网络的理解，还学会了如何在实际应用中灵活调整和优化模型。她深刻体会到，虽然神经网络看似复杂，但只要掌握了基本原理和方法，就能解决很多实际问题。她对未来的研究充满了信心，并计划将更多先进的AI技术应用到实际项目中。

7.7　本章小结

BP算法已经成为神经网络训练的标准算法，常作为其他学习算法的基础。BP算法通过网络的误差函数对其连接权重值和偏置的偏导数进行计算，误差信号由网络的一层层反向传播所决定。网络性能的影响因素主要包括学习率、网络结构(如网络层数和神经元节点数)以及样本的特性(如维度、噪声和数量)。

在本章中，深入探讨了BP算法的原理及其在神经网络训练中的应用。通过理解BP算法的工作流程和影响因素，能够更有效地设计和优化神经网络模型，以解决实际问题。

习题

一、填空题

1. 反向传播神经网络中的权重更新是通过________算法实现的，该算法的核心是基于损失函数的梯度来调整权重。

2. 在反向传播神经网络中，常用的损失函数有均方误差(MSE)和________，分别适用于回归和分类任务。

二、简答题

1. 试述式(7.6)中学习率的取值对神经网络训练的影响。

2. 在多层反向传播神经网络中，如何设计合适的权重初始化方法以加速收敛？为什么简单地使用随机小值初始化可能会导致训练困难？

第 8 章

卷积神经网络

学习目标

- 熟练掌握卷积神经网络的概念与发展过程；
- 了解卷积神经网络的基本结构；
- 熟悉卷积神经网络在不同现实领域中的应用。

本章首先介绍卷积神经网络的发展过程以及基本概念，然后详细解释卷积神经网络的设计原理与结构特征。通过对不同的卷积神经网络模型进行比较，可以了解到它们的适用范围。最后，基于常用的机器学习框架，结合经典的案例来介绍应用的实现过程。

8.1 概述

卷积神经网络(CNN)是一种根据生物视觉处理过程设计的深度学习模型。20 世纪 50 年代至 60 年代，Hubel 和 Wiesel 研究发现，猫和猴子的视觉皮层包含能够响应特定视觉区域的神经元。静止状态下，某一区域内的视觉刺激会激活单个神经元，该区域称为感受野。相邻细胞的感受野相似且重叠。1980 年，福岛邦彦提出了包含卷积层和池化层的神经网络结构。1988 年，Yann LeCun 将反向传播算法应用于这种结构的训练，形成了现代卷积神经网络的雏形。为优化性能并降低错误率，Hinton 引入了深层结构和 Dropout 方法。由于网络层数的增加，训练时容易出现梯度消失或爆炸问题。为解决这一问题，何凯明等提出了残差网络，加入了直接映射，使得卷积神经网络结构进一步加深，2015 年已达到 1202 层，错误率降低至 3.6%。

CNN 在实际应用中广泛用于图像识别、视频分析和自然语言处理等领域。例如，CNN 可以有效处理语义分析、搜索结果提取、句子建模、分类和预测等任务。更进一步地，CNN 还能预测分子与蛋白质之间的相互作用，寻找潜在的治疗方法。CNN 的基本结构包括卷积层、池化层和全连接层。卷积层通过卷积运算提取特征，池化层用于降维和抑制噪声，全连接层将特征映射到输出空间。随着层数的增加，CNN 能够提取越来越抽象的特征，并在多种任务中取得优异的表现。

8.2 卷积神经网络模型

在计算机视觉领域，CNN 作为一种深度学习算法得到了广泛应用，并在各种任务中表现优异。如图 8.1 所示，CNN 由一个或多个卷积层、顶端的全连接层以及关联权重和池化层组成。CNN 是一种前馈神经网络，每个神经元仅与前一层的神经元相连，数据单向传播，其输入数据为二维结构。CNN 与其他深度神经网络相比，所需的参数更少。以一张图像作为输入，CNN 会为图像的不同特征分配重要性权重，这些权重是 CNN 在训练过程中要学习的目标。训练完成后，可以根据图像的不同权重分布进行分类。

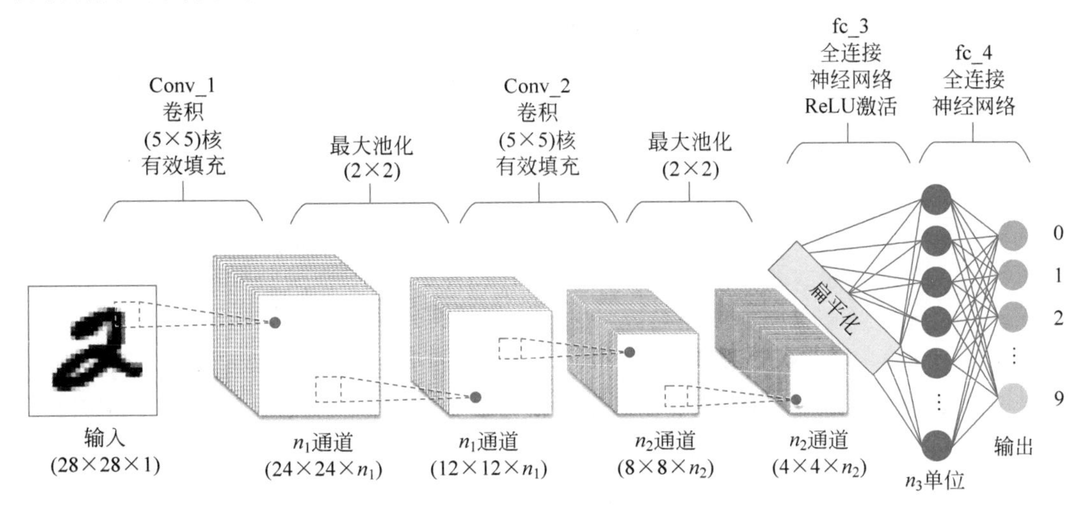

图 8.1 用于图像分类的卷积神经网络

CNN 的结构与人脑中的神经元连接相似，单个神经元只会对有限的视觉区域中的刺激作出反应，一系列这样的局部视觉区域共同作用构成了完整的视觉空间。一张图像可以表示为由所有像素值排列组成的二维矩阵。为了进行分类，一种直接的想法是对这个矩阵进行扁平化处理，将其拉伸为一维向量，然后通过多层感知机进行分类。然而，针对复杂图像这种方法很难取得较高的准确率，因为它忽略了像素之间的关联性。

CNN 通过一系列滤波器可以成功捕获图像中的时空特征。不同的图像处于不同的颜色空间，如灰度图、HSV、CMYK 等，常见的图像一般具有 R、G、B 三个通道。假设 W 和 H 分别代表图像的长和宽，一张图像的总像素数为 $W \times H \times 3$。当 W 和 H 的值较大时，像素处理所需的计算次数将十分庞大。CNN 的目的是在不丢失关键信息的基础上将图像转换为更容易处理的形式，减少计算量。

图 8.2 展示了卷积运算的直观过程。卷积核按照从上至下、从左至右的顺序移动，每次横向平移一列，纵向平移一行(此时步长 Stride=1)，直至完全覆盖输入数据矩阵。卷积核每移动到一个位置，其每个元素与覆盖的输入数据对应元素相乘，然后将卷积核内的积累加，结果填写到输出矩阵对应元素中。每次卷积核都针对某一局部的数据窗口进行卷积，这就是 CNN 中的局部感知机制。卷积核中的权重值固定不变，这也是 CNN 中的参数(权重)共享机制。当输入图像有多个通道时，卷积核的深度与通道数相等。

当 CNN 用于处理图像数据时，卷积层提取到的特征包括边缘、线条、角等，随着卷积层

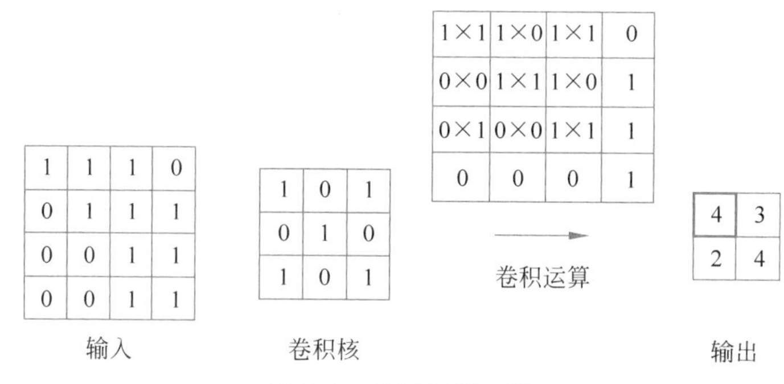

图 8.2 卷积运算过程

数的增加，提取到的特征更加抽象和复杂。假设输入的二维图像用矩阵 $\boldsymbol{X}$ 表示，经过第一次卷积之后，输出 $\boldsymbol{X}_1=\sigma(\boldsymbol{W}_1\boldsymbol{X}+\boldsymbol{b}_1)$，其中 $\boldsymbol{W}_1$ 表示输入层与第一卷积层之间的权重矩阵，$\boldsymbol{b}_1$ 表示偏置向量，$\sigma(\cdot)$是激活函数。权重对应两个神经元之间连接的重要程度，偏置项控制神经元的激活状态，提高拟合能力。在原始的感知机中，激活函数是线性的，表示能力较弱。因此，在神经网络的后续发展中引入了 sigmoid、tanh、ReLU 等非线性激活函数。sigmoid 和 tanh 常见于全连接层，ReLU 常见于卷积层。ReLU 是线性整流函数，定义为 $f(x)=\max(0,x)$。使用 ReLU 作为激活函数，具有收敛快、求解梯度简单的优点。一般卷积操作后的输出都需要经过一次激活函数，两者共同构成一个卷积层。

连续的卷积层之间通常会周期性地插入一个池化层，用来降低数据的空间尺寸，减少网络中参数的数量，加速训练过程的同时有效控制过拟合。池化层可以提取图像中主要的、与位置无关的特征。常见的池化方法包括平均池化、最大池化、L-2 范式池化。最大池化输出被卷积核覆盖的图像部分中的像素最大值，平均池化输出覆盖部分所有像素的平均值。最大池化在降维的同时可以抑制噪声，大量实验表明，最大池化性能优于平均池化。

经过一系列的卷积和池化后，CNN 能够学习到图像的各种特征。最后一层卷积输出的图像特征会经过一层或多层的全连接层，进行特征空间变换，对有用信息进行整合。全连接操作实际上执行的是矩阵乘法运算，多层全连接理论上可以模拟任意非线性变换。

CNN 模型的各层参数可以通过多次反向传播和梯度下降进行训练。经过多轮训练后，模型能够通过归一化指数函数(Softmax)对图像中的主要特征和底层特征进行很好的区分。Softmax 函数的定义为 $\boldsymbol{S}(\boldsymbol{x})=\mathbf{1}/(\mathbf{1}+\mathrm{e}^{-x})$，可以将 k 维向量映射到另一个 k 维向量，且向量每个元素都在(0,1)范围内，所有元素的和等于 1。Softmax 函数适用于多分类任务，映射后得到的向量的每个元素代表输入属于某个类别的概率。

8.3 典型的卷积神经网络模型

CNN 模型在计算机视觉和其他领域中得到了广泛应用。随着时间的推移，这些模型的结构逐渐加深，其表达能力也越来越强。然而，随着结构的复杂化，用户理解这些模型也变得越发困难。下面介绍一些经典的 CNN 模型，以帮助读者理解其发展过程和设计理念。

8.3.1 LeNet-5

1998 年，Yann LeCun 提出了 LeNet-5。LeNet-5 最早用于识别灰度图像中的数字，输入图像的大小为 32×32,输出为图像中数字属于各个类别的概率。LeNet-5 在 MNIST 数据集上进行训练,而该数据集中的图像大小为 28×28,因此需要对这些图像进行边界填充处理。此外,每张灰度图的像素值从[0, 255]归一化到[−0.1, 1.175],使得每批图像像素的均值为 0,标准差为 1。归一化可以缩短训练的时间。

LeNet-5 主要由卷积层和下采样层构成。如图 8.3 所示,C1、C3、C5 是卷积层,其中 C1 使用 5×5 的卷积核,并输出 6 张 28×28 的特征图。每个卷积层包含卷积、池化和非线性激活三个部分,其中激活函数采用 sigmoid 函数。网络中层与层之间的连接较为稀疏,可以有效降低计算复杂度。S2、S4 是采用了平均池化的下采样层。S2 层将输入的特征图的维度降至一半,并输出 6 张相应的采样后的特征图。利用局部信息之间的相关性,对图像采样后,可以在减少数据处理量的同时保留有用信息。最后的分类器为多层感知机结构,由 F6 及输出层这两个全连接层构成。输出层使用 Softmax 激活函数,包含 10 个神经元,分别对应 MNIST 数据集中的 10 个类别。

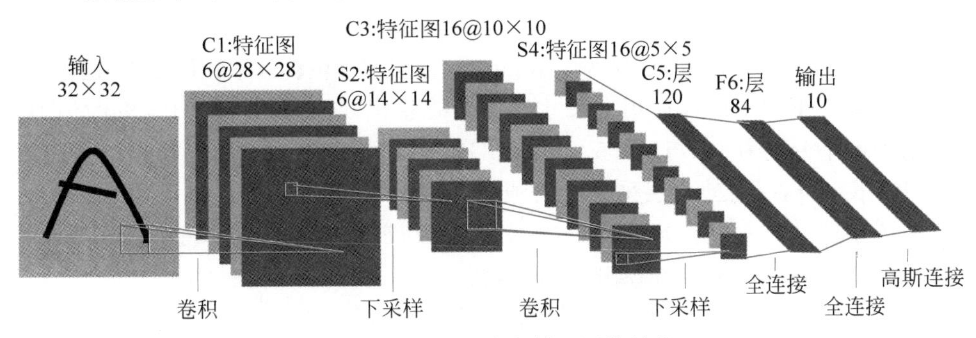

图 8.3 LeNet-5 卷积神经网络结构

8.3.2 AlexNet

传统卷积神经网络的性能与同等规模的标准前馈神经网络相似,比较容易控制和训练,常用于目标识别,但难以应用于高像素图像。AlexNet 引入了全新的深层结构来提升网络的表达能力。如图 8.4 所示,AlexNet 包含 5 个卷积层、3 个池化层和 3 个全连接层。其主要特点包括:

(1) 采用 ReLU 作为激活函数,并验证其在较深网络上效果优于 sigmoid 函数,有效解决了 sigmoid 梯度消失问题。此外,采用 ReLU 函数的 CNN 在 CIFAR-10 数据集上达到

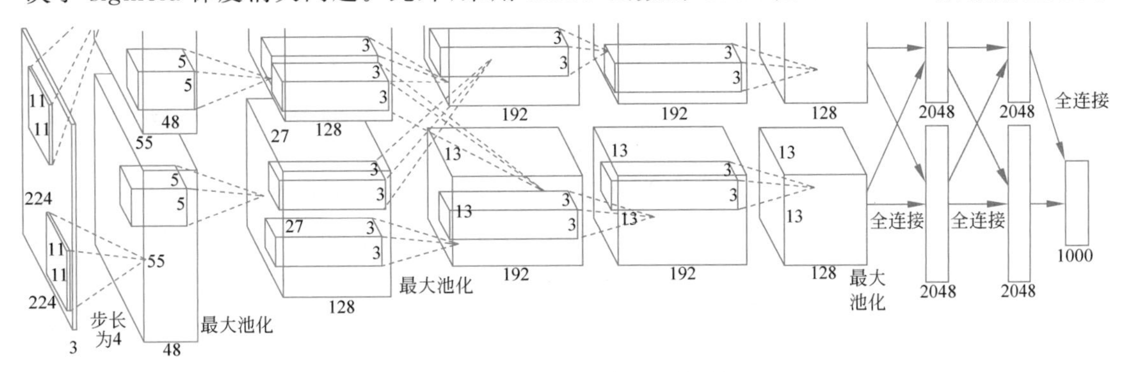

图 8.4 AlexNet 卷积神经网络结构

25%错误率的速度是采用 tanh 函数的 CNN 的 6 倍。

(2) 支持多 GPU 训练，AlexNet 模型分布在两个并行计算的 GPU 上，每个 GPU 的显存上存储了模型一半的参数量。

(3) 重叠池化，使得模型错误率下降 0.5%，且更不容易过拟合。同时，AlexNet 中的最大池化方法减轻了平均池化带来的模糊现象。

AlexNet 有约 6000 万个参数，为防止过拟合，采用了两种解决方案：一是数据增强，通过平移、水平翻转的方式增加训练样本的规模，并对样本像素进行主成分分析(PCA)以降低模型错误率；二是通过 dropout 随机忽略全连接层上的部分神经元，即让某些神经元的激活值以一定概率(如 50%)停止工作，避免模型过于依赖某些局部特征，但 dropout 可能增加模型收敛时间。

8.3.3 VGG16

VGG16 由牛津大学的 K. Simonyan 和 A. Zisserman 提出，并在 2014 年 ImageNetILSVRC 挑战赛上赢得了 92.7%的测试准确率。ImageNet 是一个包含 1000 个类别、超过 1400 万张图像的数据集。不同于以往使用大尺寸卷积核的卷积神经网络(如 AlexNet 的前两个卷积层的过滤器大小分别为 11×11 和 5×5)，VGG16 的独特之处在于所有卷积层都使用 3×3 的卷积核且步长为 1，所有池化层采用最大池化，核的尺寸为 2×2 且步长为 2。VGG16 中卷积层和全连接层共有 16 层，包含约 1.38 亿的参数，训练特征数量非常大。经过 NVIDIA Titan GPU 几周的训练，VGG16 模型才达到收敛。

一般认为，深度学习网络的深度越深，越能学习到更复杂的特征，分类和识别效果也越好。但事实并非如此。通过堆叠常规网络加深网络层数，模型效果会越来越差，主要原因是随着网络加深，梯度消失现象越来越明显，网络训练效果不佳。同时，现有浅层网络无法进一步明显提升识别效果。残差网络的出现解决了加深网络情况下的梯度消失问题。

8.3.4 ResNet

ResNet 由多个如图 8.5 所示的残差块构成。残差块是一个浅层网络叠加 $y=x$ 层的结构，其中 $y=x$ 层称为"恒等映射"，又称跳远连接。恒等映射层不包含任何参数，仅将上一层输出传递到下一层。许多情况下，x 和 $\mathcal{F}(x)$ 维度不相同，因此恒等映射需经过线性变换使两者通道数匹配，能够相加作为下一层输入，但这样的操作也会引入新的参数。添加恒等映射解决了梯度下降过程中的梯度消失问题，网络不会随着深度增加而退化。

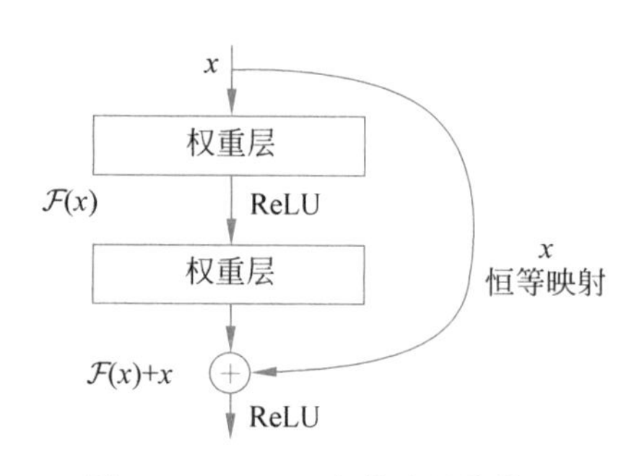

图 8.5 ResNet 中的残差块单元

ResNet 在 CIFAR-10 数据集上测试了具有 100 层和 1000 层网络结构的残差神经网络，并在 ImageNet 数据集上测试了 152 层的网络结构。实验表明，ResNet 网络需训练的参数数量明显低于 VGG 网络。在 2015 年 ImageNet ILSVRC 挑战赛上，ResNet 实现了 3.57%的错误率，并在分类任务竞赛中获得一等奖。跳越连接的测试受到 VGG 网络的两项启发：一是若输出特征图尺寸不变，则过滤器深度与上层保持相同；二是若输出特征图尺寸减半，则过滤器深度加倍。

通过上述经典模型的介绍，希望读者能够更好地理解卷积神经网络的发展历程及其在不同任务中的应用。

8.4　卷积神经网络的常用框架

从头开始搭建神经网络是学习和理解各类模型最有效的方法，然而，由于时间和资源的限制，这样的做法在大多数情况下是不可行的，需要借助易于使用的开源深度学习框架来实现如卷积神经网络这样的复杂模型。

一个合适的框架能够快速建立用于分类、识别等任务的模型结构。优秀的深度学习框架具备以下五个重要特征：

(1) 性能优化。针对性能进行优化，能够高效地处理大规模数据。

(2) 易于理解和编码。简洁的 API 设计和良好的文档支持，方便用户上手。

(3) 社区支持。活跃的社区和丰富的资源，有助于解决使用过程中遇到的问题。

(4) 并行计算。通过并行化处理减少计算时间，支持多 GPU 训练。

(5) 自动求导。支持自动计算梯度，简化模型训练过程。

随着深度学习的发展，各类网络模型框架应运而生，其中 TensorFlow、PyTorch、Keras、Caffe、DeepLearning4j 等是最常用的框架。

TensorFlow 由 GoogleBrain 团队的研究人员和工程师开发，是深度学习领域中常用的软件库之一。TensorFlow 支持多种语言来创建深度学习模型，包括 Python、C++和 R 语言。同时，社区提供了丰富的演练文档，指导模型的搭建。TensorFlow 的两个常用组件是 TensorBoard 和 TensorFlowServing，前者使用数据流图来实现有效的数据可视化，帮助用户理解复杂的模型结构，后者用于快速部署新算法和实验。TensorFlow 的灵活架构能够在一个或多个 CPU 或 GPU 上部署深度学习模型。用户可以创建基于文本的语言检测、文本摘要等应用程序，也可以基于图像进行字幕添加、人脸识别、物体检测等任务。此外，TensorFlow 可用于声音识别、时间序列分析以及视频分析。总之，TensorFlow 适用于图像和基于序列的数据。然而，TensorFlow 的学习曲线较为陡峭，需要具备一定的线性代数和微积分等数学知识。通过这些特性，TensorFlow 成为研究人员和工程师的首选工具之一，极大地推动了深度学习技术的发展和应用。

TensorFlow2 的安装需要依赖 Python3.5-3.8、pip 以及 venv19.0 或更高版本。因此，在开始安装之前务必检查系统是否已配置这些环境。若未安装这些软件包，则可以通过以下命令安装(以 Ubuntu 系统为例)：

```
1. $ sudo apt update
2. $ sudo apt install python3 - dev python3 - pip python3 - venv
```

为了确保软件包安装与系统环境相隔离，建议在虚拟环境中进行 TensorFlow 的安装。当虚拟环境处于激活状态时，shell 提示符会显示(venv)前缀，其中 venv 是虚拟环境的名称。可以使用以下命令创建和激活虚拟环境，并在需要时通过执行 deactivate 命令退出虚拟环境：

```
1. $ python3 - m venv -- system - site - packages ./venv      # 创建名为 venv 的虚拟环境
2. $ source ./venv/bin/activate                               # 激活虚拟环境
3. $ (venv) $ pip install -- upgrade tensorFlow               # 在虚拟环境中安装 TensorFlow
```

PyTorch 是一个非常灵活的框架，作为 Torch 深度学习框架的一个端口，可用于构建深度神经网络和执行张量(Tensor)计算。Tensor 是一个数学概念，其每个元素按行连续地存储在计算机内存中。Tensor 是 PyTorch 的中心数据结构，可视作由一些实际的数据和一些用于描述 Tensor 的元数据组成，包含元素的类型(dtype)、Tensor 所依赖的设备(CPU 内存或 CUDA 内存)以及 Strides(步幅)。图 8.6 展示了 PyTorch 中的中心数据结构。

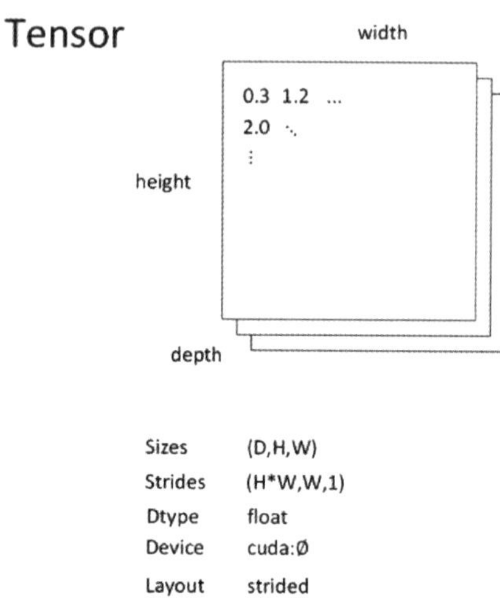

图 8.6 PyTorch 中的中心数据结构

PyTorch 使用的编程语言是 Python。它采用动态计算图，Autograd 软件包可以从 Tensors 中构建计算图并自动计算梯度。Tensors 是多维数组，类似于 numpy 的 ndarrays，并且可以在 GPU 上运行。与预定义图不同，PyTorch 提供了一个构建计算图的框架，甚至可以在运行时更改这些图。这对于在创建神经网络时不确定需要多少内存的情况非常有用。PyTorch 可用于处理各种图像检测、分类、文本分析和强化学习等深度学习挑战。

在快速构建项目时，PyTorch 相比于 TensorFlow 更加直观。即使没有足够的数学或纯机器学习知识，也可以理解 PyTorch 模型。随着模型的进行，可以定义或操作图形，这使得 PyTorch 更加直观。尽管 PyTorch 没有像 TensorBoard 那样的可视化工具(图 8.7)，但可以随时使用 matplotlib 等库进行图形的绘制。

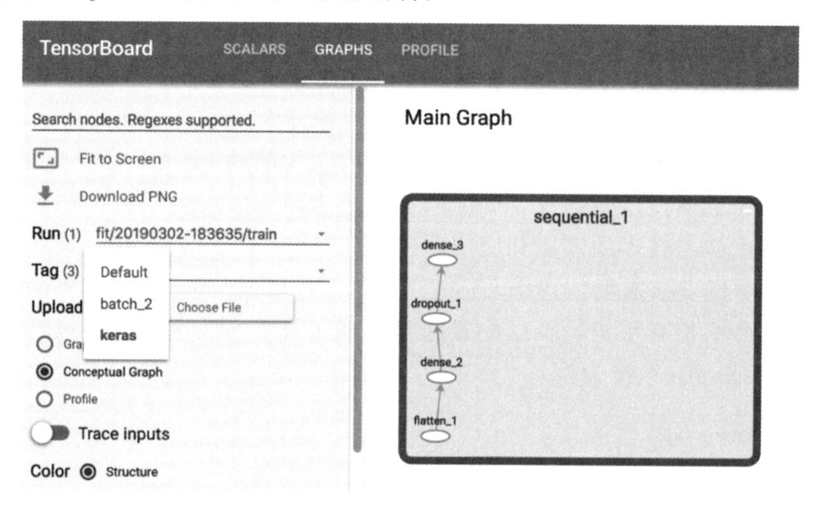

图 8.7 TensorBoard 界面

PyTorch 的安装依赖 CUDA 和 cuDNN。CUDA 是只能应用于 NVIDIA GPU 的并行计算框架，只有安装这个框架才能够进行复杂的并行计算。主流的深度学习框架几乎都是基于 CUDA 进行 GPU 并行加速的。cuDNN 是一个专为深度卷积神经网络设计的加速库。根据具体的安装环境及其配置，PyTorch 官网提供了不同的安装命令，读者可自行选择。

对于 Python 爱好者来说，Keras 是开始深度学习之旅的理想框架。Keras 由 Python 编写，可以运行在 TensorFlow 之上。尽管学习 TensorFlow 的接口可能具有一定的挑战性，新用户可能会发现其中一些实现较为复杂。然而，Keras 作为一个高级 API，开发的重点在于实现快速实验。因此，如果希望快速得出结果，Keras 将自动处理核心任务并生成输出。Keras 支持卷积神经网络和循环神经网络（RNN）以及两者的组合。相同的代码可以在 CPU 和 GPU 上无缝切换运行。同时，Keras 有助于深度学习初学者正确理解复杂的模型，并最大限度地减少用户操作。Keras 支持任意网络架构，包括多输入或多输出模型、层共享、模型共享等。典型的 Keras 工作流程包含以下四个步骤：

(1) 定义训练数据。训练数据由输入张量和目标张量组成。

(2) 定义网络层，将输入映射到目标。

(3) 配置学习过程，即损失函数、优化器和需要监控的指标等细节的选择和设定。

(4) 调用模型的 fit 方法，在训练数据上进行迭代，直至收敛后得到训练后的模型。

Keras 模型大致分为两类：

(1) 顺序类定义的模型：用于层的线性堆叠。模型的各层以顺序方式定义，这意味着当深度学习模型进行训练时，这些层是按一定的顺序依次实现的。

(2) 函数式 API 定义的模型：用于定义复杂模型，例如多输出模型或具有共享层的模型。

Keras 的安装建议通过 Anaconda 完成。首先安装 TensorFlow，然后安装 Keras，因为两者之间存在依赖关系。安装命令如下：

```
1. conda install tensorflow                    #安装 TensorFlow
2. conda install keras                         #安装 Keras
```

尽管如此，Keras 也有其局限性。它比较注重网络层次，然而并非所有网络都是层层堆叠的，例如，遗传算法对应的网络结构就不那么规整。因此，在设计新的网络时，Keras 可能不如 TensorFlow 灵活。基于此，建议将一些简单的实验交由 Keras 完成，而复杂实验则通过 TensorFlow 实现。Keras 是一个非常可靠的框架，其宗旨更多在于让人们迅速取得成果，而不是陷入模型错综复杂的细节设计。Keras 也集成在 TensorFlow 中，因此可以通过 tf.keras 构建模型。

Caffe 是面向图像处理领域的另一种流行的深度学习框架。需要注意的是，Caffe 对循环网络和语言建模的支持不如上述三个框架。Caffe 的脱颖而出要归功于它在处理和学习图像时的速度。Caffe 为 C、C++、Python、Matlab 以及传统的命令行提供了接口支持。Caffe 中的 Model Zoo 框架，使得模型的下载和分享变得更加方便。Model Zoo 框架提供了一种封装 Caffe 模型信息的标准格式，同时用户可以从 GitHub Gist 上传/下载模型信息和下载训练好的模型——.caffemodel 二进制文件的工具，以轻松访问可用于解决深度学习问题的预训练网络、模型和权重。Caffe 适合构建用于解决简单回归、大规模视觉分类、语音和机器人应用等任务的模型。

总体上，Caffe 的设计遵循了神经网络的一个基本假设：所有的计算都是以网络层的形式表示，每层网络处理一部分数据并输出计算后的结果。以卷积神经网络为例，每层的输入为一张图像，通过与该层的参数做卷积运算，输出卷积后的结果。模型训练时，每层网络的运算可分为两个阶段：一是前向，即从输入计算输出的过程；二是反向，即在上层梯度的基础上计算当前输入的梯度。Caffe 从一开始就设计得尽可能模块化，允许对新数据格式、网络层和损失函数进行扩展。此外，Caffe 的设计还包括以下特点：

（1）表示和实现分离：通过 Protocol Buffer 语言将模型的定义写进配置文件，网络架构表示为有向无环图的形式。Caffe 会根据网络的需要来正确占用内存，同时通过一个函数调用，实现 CPU 和 GPU 之间的切换。

（2）每个模块都支持测试。

（3）同时提供 Python 和 Matlab 接口。

（4）预训练模型：Caffe 提供了一些针对视觉项目的参考模型，帮助用户快速训练模型得出结果。

当在图像数据上构建深度学习模型时，即使没有强大的机器学习或微积分知识，Caffe 仍能非常有效地构建深度学习模型。但是 Caffe 在递归神经网络和语言模型的性能上落后于之前讨论的其他框架。Caffe 也可用于构建和部署用于移动端和其他计算受限平台的深度学习模型。

Caffe 可以通过编译源码的方式进行安装，源码可通过 git 从 Caffe GitHub 网站下载。编译源码之前需要安装 CUDA，否则可能报错。对 Make. config 进行修改后，使用 make 命令编译源码。

对于 Java 程序员来说，DeepLearning4j 是理想的深度学习框架。它通过 Java 实现比 Python 更高效，可以在不降低速度的情况下处理大量数据。DeepLearning4j 从 ND4J 张量库获得处理 n 维数组的能力，并且同时支持 GPU 和 CPU。DeepLearning4j 以即插即用为目标，通过更多的预设，为用户省去过多的配置操作，适用于以非研究工具开发为目的的商业环境，使企业能够进行快速的规模化原型定制。

DeepLearning4j 不仅可用于 CNN 模型，还可实现 RNN 及 LSTM 等。DeepLearning4j 支持图片、CSV、纯文本等不同的数据类型，同时将加载数据和训练算法视为单独的过程，这种功能分离具有很强的灵活性。

8.5 案例分析：基于 TensorFlow 的卷积神经网络应用

问题描述：本案例将基于卷积神经网络对 MNIST 数据集中的图像进行分类。如图 8.8 所示的 MNIST 数据集是一个大型手写数字(0～9)数据库，每个图像的大小为 28×28 像素。

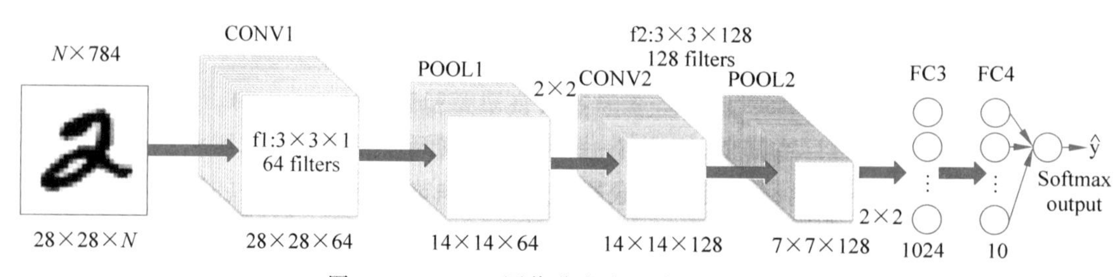

图 8.8 MNIST 图像分类卷积神经网络结构

实现步骤：

（1）导入 TensorFlow 及相关 Python 包：

```
import tensorflow as tf
from tensorflow.keras import datasets, layers, models
import matplotlib.pyplot as plt
import tensorflow as tf
import matplotlib.pyplot as plt
```

（2）导入 MNIST 数据集：

```
from tensorflow.examples.tutorials.mnist import input_data
mnist = input_data.read_data_sets('data/', one_hot = True)
```

（3）参数的初始化。数据集中的 MNIST 图像输入为灰度图，所以通道数为 1，这样每张图像的像素点数为 28×28×1=784。最终需要分类的标签为 0～9，共 10 个标签。卷积层和全连接层的参数初始化和定义具体如下：

网络参数初始化：

```
n_input = 784
n_output = 10
```

权重参数定义：

```
weights = {
  'wc1': tf.Variable(tf.random_normal([3,3,1,64],stddev = 0.1)),
  'wc2': tf.Variable(tf.random_normal([3,3,64,128],stddev = 0.1)),
  'wd1': tf.Variable(tf.random_normal([7 *7 *128,1024],stddev = 0.1)),
  'wd2': tf.Variable(tf.random_normal([1024,n_output],stddev = 0.1)),
}
biases = {
  'bc1': tf.Variable(tf.random_normal([64],stddev = 0.1 )),
  'bc2': tf.Variable(tf.random_normal([128],stddev = 0.1 )),
  'bd1': tf.Variable(tf.random_normal([1024],stddev = 0.1)),
  'bd2': tf.Variable(tf.random_normal([n_output],stddev = 0.1))
}
```

上述代码中的 weights 字典定义了卷积层和全连接层的权重参数。wc 中参数以[h,w,in_c,out_c]的形式排列，分别代表指定的 filter 中的 height、width、输入数据的深度 in_channels(如灰度图的深度为 1)，以及输出的特征图像的个数 out_channels。注意，相邻的两层之间，下一层的输入 in_channels 应与上一层的输出 out_channels 的数目相等，即 wc2 中的第三项为 64，与 wc1 中的第四项相等。wc1 和 wc2 中的第四项 out_channels 都是根据网络模型的设计而人为指定的。

根据式(8.1)的计算，卷积层 CONV1 和 CONV2 不会减少图像的大小，其中 i_{height} 代表输入图像的 height，f_{height} 代表卷积核的 height，这里的 stride 和 padding 都为 1。而使用了的 2×2 大小窗口的 pooling 层将图像的大小减小了一半。输入图像经过 CONV1，大小仍为 28×28，经过 POOL1 之后，图像大小减小一半，变为 14×14。在整个模型中，图像经过两个同样的 pool 层，所以在到达全连接层 FC3 前，图像的大小为 28/4＝7。wd1 和 wd2 代表全连接层中的参数。wd1 中的 1024 为定义输出的特征图形的个数，为下一个全连接层的输入。wd2 中的 1024 为定义的 filter 的个数，n_output 为输出的标签个数。偏差项中的初始化参数分别是每层要输出的特征图像个数，最后 n_output 是要分类的 10 个标签数。

$$\frac{(i_{\text{height}} - f_{\text{height}} + 2 \times \text{padding})}{\text{stride}} + 1 \tag{8.1}$$

1. 卷积和池化操作

首先使用 tf. reshape(_input，shape＝[－1，28，28，1])函数将输入的数据转化为 TensorFlow 支持的格式。shape 中的参数按照[n，h，w，c]的顺序排列，其中 n 代表 batch_size 的大小，h 代表输入图像的 height，w 代表输入图像的 width，c 代表输入图像的 channel。若 n 的值设为－1，那么 TensorFlow 会根据实际情况自行判断 batch_size 的大小。tf. nn. conv2d(_input_r，_w['wc1']，strides＝[1，1，1，1]，padding＝'SAME')定义了一个二维卷积层，其中_input_r 代表 reshape 之后的输入数据格式，_w 是初始化定义后的权重参数。strides 是一维的向量，每个元素分别对应卷积时在图像每一维的步长。padding 有两种模式：一种是 SAME 进行填充；另一种是 valid 不进行填充。

tf. nn. max_pool(_conv1，ksize＝[1，2，2，1]，strides＝[1，2，2，1]，padding＝'SAME')函数定义最大池化。第一个参数_conv1 为卷积层的输出，第二个参数 ksize 为窗口的大小。ksize＝[1，2，2，1]中，第一个 1 表示 batch_size，第二个 1 为 channel 个数，(2，2)是池化的矩阵窗口大小。strides 和 padding 意思与 tf. nn. conv2d 中相同。tf. nn. dropout(_pool1，_keepratio)函数用于随机指定一些失活神经元，参数_pool1 是池化层的输出，_keepratio 是保持率。

卷积模型搭建：

```
def conv_basic (_input, _w, _b, _keepratio):
  # input
  _input_r = tf.reshape(_input, shape = [ - 1,28,28,1])
  # conv layer 1
  _conv1 = tf.nn.conv2d(_input_r, _w['wc1'], strides = [1,1,1,1], padding = 'SAME')
  # _mean, _var = tf.nn.moments(_conv1,[0,1,2])
  # _conv1 = tf.nn.batch_normalization(_conv1,_mean,_var,0,1,0.001)
  _conv1 = tf.nn.relu(tf.nn.bias_add(_conv1,_b['bc1']))
  _pool1 = tf.nn.max_pool (_conv1, ksize = [1,2,2,1], strides = [1,2,2,1], padding = 'SAME')
  _pool_dr1 = tf.nn.dropout(_pool1, _keepratio)

  _densel = tf.reshape(_pool_dr2, [ - 1,_w['wd1'].get_shape().as_list()[0]])
  # fully connected layer 1
  _fc1 = tf.nn.relu(tf.add(tf.matmul(_densel, _w['wd1']), _b['bd1']))
  _fc_dr1 = tf.nn.dropout(_fc1, _keepratio)
  # fully connected layer 2
  _out = tf.add(tf.matmul(_fc_dr1, _w['wd2']), _b['bd2'])

out = {'input_r': _input_r, 'conv1': _conv1, 'pool1': _pool1, 'pool_dr1': _pool_dr1,
     'conv2': _conv2, 'pool2': _pool2, 'pool_dr2': _pool_dr2, 'densel':_densel,
```

```
    'fc1': _fc1, 'fc_dr1': _fc_dr1, 'out': _out
    }
return out
```

2. 模型训练和测试

模型的训练采用交叉熵作为函数的损失函数，通过梯度下降法进行参数的优化，reduce_mean 进行精确度的计算。取 Epoch=15 进行训练然后将结果保存到文件夹中。

```
x = tf.placeholder(tf.float32, [None, n_input])
y = tf.placeholder(tf.float32, [None, n_output])
keepratio = tf.placeholder(tf.float32)

#Functions
_pred = conv_basic(x, weights, biases, keepratio)['out']
cost = tf.reduce_mean(tf.nn.softmax_cross_entropy_with_logits(labels = y,logits = _pred))

optm = tf.train.AdamOptimizer(learning_rate = 0.001).minimize(cost)
_corr = tf.equal(tf.argmax(_pred,1),tf.argmax(y,1))
accr = tf.reduce_mean(tf.cast(_corr, tf.float32))
init = tf.global_variables_initializer()
# saver
save_step = 1
saver = tf.train.Saver(max_to_keep = 3)
do_train = 1
sess = tf.Session()
sess.run(init)
save_step = 1
saver = tf.train.Saver()
sess = tf.Session()
sess.run(init)

training_epochs = 15
batch_size = 16
display_step = 1

if do_train ==1:
for epoch in range (training_epochs):
    avg_cost = 0.1
    #total_batch = int(mnist.train.num_examples/batch_size)
    total_batch = 10
    #iteration
for i in range (total_batch):
optm = tf.train.AdamOptimizer(learning_rate = 0.001).minimize(cost)
_corr = tf.equal(tf.argmax(_pred,1),tf.argmax(y,1))
accr = tf.reduce_mean(tf.cast(_corr, tf.float32))
init = tf.global_variables_initializer()
# saver
save_step = 1
saver = tf.train.Saver(max_to_keep = 3)
do_train = 1
sess = tf.Session()
sess.run(init)
```

```
save_step = 1
saver = tf.train.Saver()
sess = tf.Session()
sess.run(init)

training_epochs = 15
batch_size = 16
display_step = 1

if do_train ==1:
for epoch in range (training_epochs):
    avg_cost =0.1
    #total_batch = int(mnist.train.num_examples/batch_size)
    total_batch = 10
    #iteration
for i in range (total_batch):
    batch_xs, batch_ys = mnist.train.next_batch(batch_size)
      #feeds = {x: batch_xs, y: batch_ys, keepratio: 0.7}
sess.run(optm, feed_dict={x: batch_xs, y: batch_ys, keepratio:0.7})
      #sess.run(optm, feed_dict={x: batch_xs, y: batch_ys, keepratio:0.7})
      avg_cost += sess.run(cost, feed_dict={x: batch_xs, y: batch_ys, keepratio:1.0})/total_
batch

    #dispaly
if epoch % display_step == 0:
print ('Epoch: %03d/%03d cost: %.9f' %(epoch, training_epochs,avg_cost))
      #feeds = {x: batch_xs, y:batch_ys}
      train_acc = sess.run(optm, feed_dict={x: batch_xs, y: batch_ys, keepratio: 1.0})
      #print ('Train accuracy: %.3f' % (train_acc))
      #feeds = {x: mnist.test.images, y:mnist.test.labels}
      #test_acc = sess.run(accr, feed_dict=feeds)
      #print ('test accuracy: %.3f' %(test_acc))
    #save Net
if epoch % save_step == 0:
saver.save(sess, 'save/nets/cnn_mnist_basic.ckpt-' + str(epoch))
print ('Optimization finished')

else:
epoch = training_epochs-1
saver.restore(sess,'save/nets/cnn_mnist_basic.ckpt-' + str(epoch))
  test_acc = sess.run(accr, feed_dict={x: batch_xs, y: batch_ys, keepratio: 1.0})
print ('Test accuracy: %.3f' %(test_acc))
```

8.6 阅读材料

CNN不仅广泛应用于图像处理领域，也同样适用于自然语言处理(NLP)任务。在NLP任务中，输入数据不是像素点，而是单独的词、句子或者文档。这些非结构化数据可以通过矩阵的形式表示，矩阵的每一行代表一个单词或字符，即每一行是一个单词的向量表示，称作词嵌入。基于大量的语料库，利用Word2vec、GloVe等工具来训练词向量模型，可以将单词转换为低维的词嵌入向量。另一种将单词转换为数值化向量的方法是One-Hot

编码。One-Hot 编码是一种简单的方式，假设现在有单词数量为 N 的词表，那么可以生成一个长度为 N 的向量来表示一个单词，在这个向量中该单词对应的位置数值为 1，其余位置数值为 0。例如，当 $N=100$ 时，需要一个 10×100 维的矩阵来表示一个包含 10 个单词的句子。有了这个矩阵，就相当于有了一幅“图像”的输入数据。

当 CNN 应用于图像相关任务时，滤波器每次只对图像的一小块区域进行卷积或池化运算。但在处理 NLP 任务时，由于需要考虑词汇间的语义联系，滤波器通常要覆盖上下几行(几个词)。因此，滤波器的宽度通常和输入矩阵的宽度相等。尽管高度或区域大小可以随意调整，但一般滑动窗口的覆盖范围是 2～5 行，因为距离较远的词汇之间的语义连结较弱。

可以考虑使用不同尺寸的滤波器，如覆盖 2 行、3 行或 4 行范围的滤波器，每种尺寸各有两种滤波器。每个滤波器对输入矩阵进行卷积运算，得到不同抽象程度的特征字典，并对它们分别进行最大值池化。这样，每个字典就生成了一串单变量特征向量。将所有字典的特征向量按序拼接成一个整体的特征向量，作为 Softmax 层的输入，用来对句子进行分类。

在计算机视觉中，图像特征存在位置不变性和局部组合性。相邻的像素点很有可能是相关联的，比如都是某个物体的一部分。但在 NLP 任务中，词汇在句子中出现的位置至关重要，直接影响句子所传达的意思。此外，短语之间会被许多其他词隔断。虽然清楚句子中的单词一定是以某些方式组织的，即常说的语法，但要理解这种更高级的特征可能比理解计算机视觉中的特征更困难。

通常情况下，认为 RNN 比卷积神经网络在处理 NLP 任务时更直观、更有效。因为 RNN 可以模仿人类按从左到右的顺序进行文本阅读。但这并不意味着 CNN 无法处理 NLP 任务。实际上，CNN 在解决 NLP 问题时的效果非常理想。CNN 的主要特点在于速度非常快。卷积运算是 CNN 处理计算机图像的核心部分，可以在 GPU 上实现并行计算。相比于 N-Grams，CNN 表征方式的效率更高。N-Grams 模型利用长度为 N 个字节的窗口在文本上滑动，生成不同的字节片段(Gram)序列，然后统计每个 Gram 出现的频率生成文本的特征向量。由于词典庞大，任何超过 3-Grams 的计算开销就会非常大。卷积滤波器能自动学习好的表示方式，而不需要用整个词表来表征。

CNN 在分类任务上具有很强的高效性，适用于语义分析、垃圾邮件检测和话题分类等任务。需要注意的是，CNN 结构中的卷积运算和池化会导致局部区域某些单词的顺序信息丢失。为了评估 CNN 模型在语义分析和话题分类等任务上的表现，Kim 采用了简单的 CNN 结构在不同的分类数据集上进行验证。结果表明，CNN 模型的表现非常出色，甚至在某些数据集上超过了当前最好的结果。网络的输入层是一个表示句子的矩阵，每一行是 Word2vec 词向量。接着是由若干个滤波器组成的卷积层，然后是最大池化层，最后是 Softmax 分类器。作者也尝试使用静态和动态词向量，并让其中一个通道在训练时动态调整而另一个不变。此外，还可以通过在网络中添加新的一层来实现语义聚类。

Johnson 等不需要预训练得到 Word2vec 或 GloVe 等词向量表示，而是基于原始的文本数据来训练 CNN 模型。文本首先表示为 One-Hot 向量的形式，然后进行卷积运算。为了减少网络需要学习的参数个数，输入数据表示成类似词袋的形式。CNN 模型还可用于预测文字区域的上下文内容，这需要通过非监督的方式来学习“Region Embedding”从而扩展模型。

一个CNN模型的搭建涉及多个超参数的选择,如卷积滤波器的数量和尺寸、池化策略以及激活函数的选择。不同超参数对CNN模型结构在性能和稳定性方面的影响,需要通过多次重复实验进行比较。大多数情况下会发现最大池化效果优于平均池化,同时理想的滤波器尺寸对构建用于文本分类的CNN模型至关重要,而正则化在NLP任务中的作用不一定十分明显。Nguyen等探索了词与词之间的相对位置在关系挖掘和关系分类任务中的作用。在将输入传递到CNN模型之前,作者假设已知所有文本元素的位置,且每个输入样本只包含一种关系。为了能够进行信息检索,句子需要表示成包含语义的特殊结构。这样,基于用户当前的阅读内容,模型就可以为其推荐其他相关文档。值得一提的是,句子的表征可以基于搜索引擎的日志数据训练得到。

从众多CNN模型在NLP任务中的应用中可以发现,单词和句子的向量表示对模型性能的提升十分关键。大多数模型的输入表示都是在单词层面上。另外一些团队则研究如何将CNN模型直接用于字符。将字符层面的向量表示与预训练的词向量结合,用来给语音打标签。Zhang等使用9层的CNN网络结构来完成语义分析和文本分类任务。结果显示,用字符级输入直接在大规模数据集上学习的效果非常好,用简单模型在小数据集上的学习效果一般。

综上所述,这些应用显著地表明,CNN模型在NLP任务上也可以取得出色的表现,可以在现有成果和系统的基础上展开进一步的探索。

8.7 本章小结

传统的深度神经网络采用多层感知器层与层之间全连接的方式逐层提取深度特征,以一种更高效的方式提取样本中的有效特征。然而,这种神经网络模型在处理图像时存在三个主要问题:一是输入图像需要展开成向量,这会损失各个像素在空间中的关联信息;二是较大的参数量容易引发过拟合问题;三是模型训练时内存占用大,消耗时间长。

因此,卷积神经网络(CNN)在传统深度神经网络的基础上进行了优化,针对以上问题采用了三种机制进行改进:

(1) 局部感受野。通过找出局部视野中的主要特征,再将大量局部特征组合起来作为分类或其他预测任务的依据。在CNN中,每一层的神经元只和上一层的部分神经元相连来实现局部感知。与全连接相比,这种机制显著减少了网络的参数量,防止过拟合。

(2) 权值共享。卷积运算时,同一滤波器按一定的顺序逐步扫描整张图像。卷积核的权值不变,这使得共享同一组权值的神经元在输入的不同位置可以检测出同一种特征,即特征与位置无关。

(3) 卷积和池化。与全连接不同,卷积保留了像素在二维平面空间中的特征信息。卷积核在同一层图像数据上滑动时权值固定。池化层进一步降低了数据的空间尺寸,减少了网络中参数的数量,加速了训练过程,同时有效控制过拟合。

CNN模型包含输入层、卷积层、激活层、池化层和全连接层。卷积层和全连接层的参数会随着梯度下降而更新。卷积层的目的是通过卷积核和图像块进行卷积操作来提取局部特征。在复杂情况下,线性模型的表达能力是远远不够的,激活层常采用ReLU等函数,以引入非线性因素,解决线性模型不能解决的问题。池化层的参数固定不参与训练,在进一步减少参数量的同时也可以保证旋转不变性，使提取到的特征更稳定。因此，整个网络的参数量主要来自全连接层，整个网络的计算量主要来自卷积操作。全连接层整合分布式的全局特征信息，并将其映射到类别空间，即全连接层起到了分类器的作用。

本章还介绍了几种经典的CNN模型，从最初的LeNet-5到里程碑式的ResNet，指出了这些模型的主要差别与改进之处。此外，TensorFlow、PyTorch等框架可以帮助用户方便地构建CNN模型，快速投入训练以实现分类预测等任务。通过这些案例的学习，读者可以掌握卷积神经网络的基本原理和实际应用，为进一步研究和开发提供坚实的基础。

习题

1．常用的边缘检测过滤器如下：

$$\begin{bmatrix} 1 & 0 & -1 \\ 1 & 0 & -1 \\ 1 & 0 & -1 \end{bmatrix}, \quad \begin{bmatrix} 1 & 1 & 1 \\ 0 & 0 & 0 \\ -1 & -1 & -1 \end{bmatrix}$$

那么将

$$\begin{bmatrix} 0 & 1 & -1 & 0 \\ 1 & 3 & -3 & -1 \\ 1 & 3 & -3 & -1 \\ 0 & 1 & -1 & 0 \end{bmatrix}$$

作用于灰度图像时，将检测出以下何种特征？（　　）

A．水平边缘　　B．45°边缘　　C．图像对比度　　D．垂直边缘

2．假设输入数据的维度是通过32个7×7的过滤器进行卷积运算，步长为2且没有填充(padding=0)，那么输出数据的维度是（　　）。

A．16×16×16　　B．16×16×32　　C．29×29×32　　D．29×29×16

3．由于池化层没有参数，因此不会对反向传播的计算过程产生影响。（　　）

A．正确　　B．错误

4．关于“权值共享”，下列哪些说法是正确的（　　）。

A．一项任务中学习到的权重可以与另一项任务共享(迁移学习)

B．减少了需要学习的参数的数量，也降低了过拟合的可能性

C．使得梯度下降过程中大量的参数值为0，神经元之间的连接变得稀疏

D．允许同一个特征检测器在图像的不同位置进行检测

第 9 章

生成对抗网络

学习目标

- 掌握生成对抗网络的基本概念及其应用；
- 理解关于生成对抗网络的隐空间；
- 了解生成对抗网络的应用场景。

生成对抗网络(GAN)由 Ian Goodfellow 等在 2014 年提出,革新了深度学习算法。本章介绍生成对抗网络的基本概念、隐空间以及其广泛的应用。生成对抗网络在图像超分辨率、换脸、图像修复等领域展现了强大的潜力,通过生成和判别网络的对抗学习,实现了逼真的数据生成效果。

9.1 概述

生成对抗网络开创了一种全新的深度学习算法。在此之前,图像分类问题主要依靠卷积神经网络得到了显著解决,准确率甚至已经超过了人类。神经网络能够取得如此出色的表现,一个重要因素是拥有足够多的训练数据。这些高质量的训练数据使得数据驱动的神经网络分类算法得到了极大发展。然而这也引发了一个问题：如果没有足够的数据该怎么办？最初的解决方案是使用图像变换来扩充数据集。这种方法包括旋转、平移、仿射变换等,有助于增强神经网络的鲁棒性,使其学习到平移不变性和旋转不变性等特性。然而,这些方法仍无法根本解决数据匮乏的问题,模型的泛化能力依然较差。为了应对这一挑战,需要一种能够生成图像的神经网络来扩充数据集,从而生成对抗网络应运而生。

生成对抗网络的应用十分广泛,包括但不限于图像超分辨率、换脸、图像修复、图像转换为漫画、漫画上色等应用,它在解决图像生成和数据生成问题上具有重要作用。

9.2 生成对抗网络的基本介绍

9.2.1 生成对抗网络的基本概念

常见的深度学习任务,如分类和物体检测,本质上都是判别问题,可以使用 Dropout、

Batch Normalization 等手段来达到良好的训练效果。然而，生成模型是一种无中生有的模型，无法直接应用判别模型的诸多技术。生成对抗网络借鉴了判别模型的优势，提出了一种新的方法来解决生成模型的问题。

生成对抗网络的工作机制可以类比为猫捉老鼠的游戏：猫需要不断提升自己的敏捷度、奔跑速度和侦查能力，以便捉住老鼠；而老鼠则需要提高躲闪、逃跑、警戒和隐蔽的能力来躲避猫的捕捉。猫和老鼠在相互对抗中不断进步，各自的能力不断增强。在这种对抗过程中需要注意以下两点：

（1）力量均衡：若猫太强大，把老鼠都捉光了，则猫无法继续提高自己的能力；同样，如果老鼠太强大，猫一个都捉不到，最终猫灭绝了，老鼠的能力也无法再提升。

（2）交替进行：生成和对抗的过程要交替进行，以防止一方过度强大。

从生成对抗网络的名称可以看出，这是一种生成式的对抗网络，具体来说就是通过对抗的方式来学习数据分布的生成模型。对抗是指生成网络和判别网络之间的相互对抗。生成网络尽可能生成逼真的样本，而判别网络尽可能判别这些样本是真实样本还是生成的假样本。生成对抗网络的基本结构如图 9.1 所示。

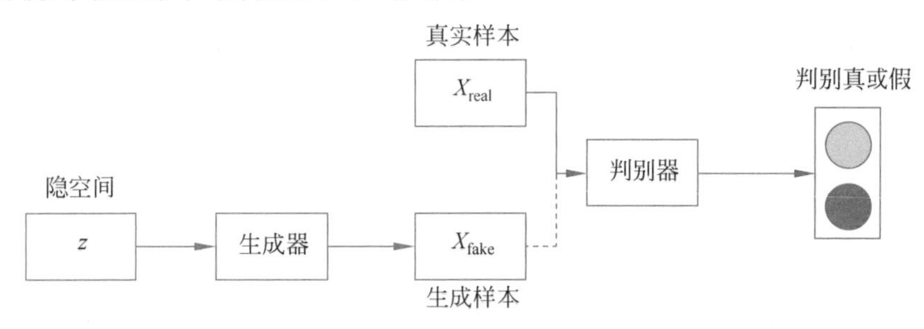

图 9.1 生成对抗网络的基本结构

隐变量 z（通常为服从高斯分布的随机噪声）通过生成器生成假样本 X_{fake}；判别器负责判别输入的 data 是生成的假样本 X_{fake} 还是真实样本 X_{real}。其优化目标函数如下：

$$\min_G \max_D V(D,G)=\min_G \max_D E_{x\sim P_{\text{data}}(x)}[\log D(x)]+E_{z\sim P_z(z)}[\log(1-D(G(z)))] \tag{9.1}$$

对于判别器 D 来说，这是一个二分类问题，其中 $V(D,G)$ 为二分类问题中常见的交叉熵损失。生成器 G 的目标是尽可能欺骗判别器 D，即最大化生成样本的判别概率 $D(G(z))$，从而最小化 $\log(1-D(G(z)))$，$\log(G(z))$ 项与生成器 G 无关，可以忽略。

实际训练时，生成器和判别器采取交替训练的方式，即先训练判别器 D，再训练生成器 G，不断往复。值得注意的是，对于生成器，其最小化的是 $\max\limits_D V(D,G)$，即最小化 $V(D,G)$ 的最大值。为了保证 $V(D,G)$ 取得最大值，通常会训练迭代 k 次判别器，再迭代 1 次生成器（在实践中，k 通常取 1）。当生成器 G 固定时，可以对 $V(D,G)$ 求导，求出最优判别器：

$$D^*(x)=\frac{P_g(x)}{P_g(x)+P_{\text{data}}(x)} \tag{9.2}$$

将最优判别器代入目标函数，可以进一步求出在最优判别器下生成器的目标函数等价于优化 $P_{\text{data}}(x)$、$P_g(x)$ 的 JS 散度（JSD）。

可以证明，当 G、D 二者的 capacity 足够时，模型会收敛，二者将达到纳什均衡。此时，

$P_g(x)=P_{data}(x)$，判别器不论是对于 $P_{data}(x)$ 容量还是 $P_g(x)$ 中采样的样本，其预测概率均为 1/2，即生成样本与真实样本难以区分。

通过对生成对抗网络基本概念的理解，可以更好地应用这一强大的工具来解决各种图像生成和数据生成的问题。

9.2.2 目标函数

生成对抗网络的目标函数是最小化两个分布的 JS 散度。实际上，衡量两个分布距离的方式有很多种，JS 散度只是其中一种。如果定义不同的距离度量方式，就可以得到不同的目标函数。有许多对生成对抗网络训练稳定性的改进，例如 EBGAN、LSGAN 等，这些改进正是通过定义不同的分布间距离度量方式来实现的。

1. f-divergence

f-divergence 使用下面公式来定义两个分布之间的距离：

$$D_f(P_{data} \parallel P_g)=\int_x P_g(x) f\left(\frac{P_{data}(x)}{P_g(x)}\right) dx \tag{9.3}$$

式中：f 为凸函数，且 $f(1)=0$。采用不同的 f 函数可以得到不同的优化目标，具体如表 9.1 所示。

表 9.1 生成器与优化目标对应情况

生成对抗网络类别	散度	生成器 $f(x)$
GAN	KLD	$t\log t$
	JSD−2log2	$t\log t-(t+1)\log(t+1)$
LSGAN	Pearson X^2	$(t-1)^2$
EBGAN	总变差	$\lvert t-1\rvert$

注意，散度这种度量方式不具备对称性，即 $D_f(P_{data} \parallel P_g)$ 和 $D_f(P_g \parallel P_{data})$ 不相等。

2. IPM

IPM(Integral probality metric)定义了一个评价函数族 f，用于度量任意两个分布之间的距离。在一个紧凑的空间 $X\in \mathbf{R}^d$ 中，定义 $P(x)$ 为在 x 上的概率测度，那么分布 P_{data}、P_g 之间的 IPM 可以定义如下：

$$d_F(P_{data},P_g)=\sup_{f\in F} E_{x\sim P_{data}}[f(x)]-E_{x\sim P_{data}}[f(x)] \tag{9.4}$$

类似于 f-divergence，不同函数 f 也可以定义出一系列不同的优化目标，典型的如 WGAN、Fisher GAN 等。

3. f-divergence 和 IPM 对比

f-divergence 存在两个问题：一是计算复杂度问题，随着数据空间的维度 $x\in X=\mathbf{R}^d$ 的增加，f-divergence 的计算变得非常复杂和难以执行；二是分布对齐问题，两个分布的支撑集通常未对齐，这将导致 f-divergence 的值趋近于无穷大，影响其在实际应用中的稳定性和可操作性。

IPM 的优势：一是维度无关性，IPM 不受数据维度的影响，能够在高维数据空间中高效地计算；二是一致收敛性，IPM 能够一致收敛于 P_{data}、P_g 两个分布之间的距离，即便在两个分布的支撑集不存在重合时，IPM 也不会发散，保持稳定性。

4. 辅助的目标函数

在许多 GAN 的应用中，为了稳定训练或者达到特定的目标，通常会引入额外的损失函数。在图像翻译、图像修复和超分辨率任务中，生成器会引入目标图像作为监督信息，以提高生成图像的质量和一致性。基于能量的生成对抗网络(EBGAN)将 GAN 的判别器视为一个能量函数，通过在判别器中加入重构误差来增强模型的稳定性。卷积生成对抗网络(CGAN)使用类别标签信息作为监督信息，使得生成器能够在生成过程中考虑类别信息，生成更加符合特定类别特征的样本。

9.2.3 常见的生成模型

在生成对抗网络的基础上，常见的生成模型主要包括自回归模型和其他生成模型，如 pixelRNN 和 pixelCNN。pixelRNN 采用循环神经网络结构，对图像进行逐像素的生成，每个像素的生成基于前面的像素。pixelCNN 采用卷积神经网络结构，通过引入掩码卷积操作实现逐像素的生成。

自回归模型通过对图像数据的概率分布 $P_{\text{data}}(x)$ 进行显式建模，并利用极大似然估计优化模型，具体如下：

$$P_{\text{data}}(x)=\prod_{i=1}^{n}P(x_i \mid x_1,x_2,\cdots,x_{i-1}) \tag{9.5}$$

上述公式很好理解，给定 $x_1,x_2,\cdots,x_{i-1}$ 条件下，所有 $P(x_i)$ 的概率相乘就是图像数据的分布。若使用 RNN 对上述依然关系建模，则是 pixelRNN；若使用 CNN，则是 pixelCNN。

9.2.4 生成对抗网络常见的模型结构

1. DCGAN

深度卷积生成对抗网络(DCGAN)提出了使用 CNN 结构来稳定生成 GAN 的训练过程，并引入了一些有效的技巧，包括：

(1) Batch Normalization：网络的每一层中进行批量归一化，平衡各层的输入分布，防止梯度消失或爆炸。

(2) Transpose Convolution：使用反卷积操作进行上采样，逐步还原图像的分辨率。

(3) Leaky ReLU：采用 Leaky ReLU 作为激活函数，允许小部分负值通过，提高网络的表达能力。

这些技巧在稳定生成对抗网络训练方面起到了重要作用，在设计生成对抗网络时可以根据具体需求选择性地使用这些技巧。

2. 层级结构

在生成高分辨率图像时，生成对抗网络常面临许多挑战。层级结构的生成对抗网络通过逐层次、分阶段生成图像，逐步提高图像的分辨率。这类模型中典型的包括使用多对生成对抗网络的 StackGAN 和 GoGAN，以及使用单一生成对抗网络但分阶段生成的 ProgressiveGAN。

3. 自编码结构

在经典的生成对抗网络结构中，判别网络通常用作区分真实样本和生成样本的概率模型。在自编码器结构中，判别器(如变分自编码器(VAE))用作能量函数。对于离数据流形空间较近的样本，其能量较小，反之则能量较大。这种距离度量方式可以用来指导生成器的学习。典型的自编码器结构的生成对抗网络包括 BEGAN、EBGAN 和 MAGAN 等。

通过对这些不同生成对抗网络结构和技巧的学习，读者可以更好地理解和应用生成对抗网络，解决各种图像生成和数据生成的问题。

9.3 关于生成对抗网络隐空间的理解

隐空间是数据的一种压缩表示的空间。通常来说，直接在数据空间对图像进行修改是不现实的，因为图像属性位于高维空间的流形中。但在隐空间中，由于每一个隐变量代表了某个具体的属性，这种修改是可行的。

这部分将探讨生成对抗网络如何处理隐空间及其属性；此外，还将讨论变分方法如何结合到生成对抗网络的框架中。

生成对抗网络的输入隐变量 z 是非结构化的，因此不知道隐变量中的每一位数分别控制着什么属性。有学者提出将隐变量分解为一个条件变量 c 和标准输入隐变量 z，这种分解方法包括有监督的方法和无监督的方法。

1. 有监督方法

典型的有监督方法有 CGAN 和 ACGAN。CGAN 将随机噪声 z 和类别标签 c 作为生成器的输入，判别器将生成的样本或真实样本与类别标签作为输入，以加强学习标签和图片之间的关联性。ACGAN 将随机噪声 z 和类别标签 c 作为生成器的输入，判别器将生成的样本或真实样本输入，且回归出图片的类别标签，以加强学习标签和图片之间的关联性。CGAN 和 ACGAN 的基本结构如图 9.2 所示。

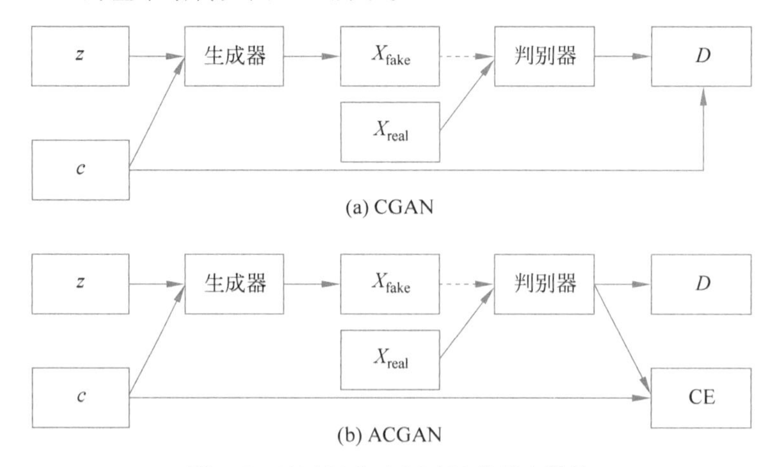

图 9.2 CGAN 和 ACGAN 的基本结构

2. 无监督方法

无监督方法不使用任何标签信息，因此需要对隐空间进行解耦得到有意义的特征表示。InfoGAN 将输入噪声分解为隐变量 z 和条件变量 c(训练时，条件变量 c 从均匀分布采样而来)，二者被送入生成器。在训练过程中，通过最大化 c 和 $G(z,c)$ 的互信息 $I(c;G(z,c))$

以实现变量解耦。互信息 $I(c; G(z,c))$ 表示 c 中关于 $G(z,c)$ 的信息量，最大化互信息 $I(c; G(z,c))$ 就是最大化生成结果和条件变量 c 的关联性。InfoGAN 的模型结构除了损失函数中多了一项最大互信息，基本和 CGAN 一致，具体如图 9.3 所示。

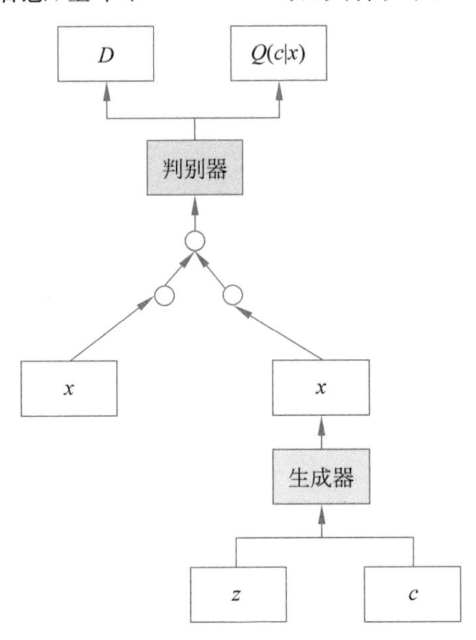

图 9.3 InfoGAN 的基本结构

9.4 生成对抗网络的应用

生成对抗网络由于在生成样本过程中不需要显式建模任何数据分布就可以生成接近真实的样本，因而在图像、文本、语音等领域都有广泛的应用。

9.4.1 图像

1. 图像翻译

图像翻译是指将一幅图像(源域)转换为另一幅图像(目标域)，类似于机器翻译将一种语言转换为另一种语言。翻译过程中保持源域图像的内容不变，但风格或其他属性会转变为目标域的特性。

pix2pix 是一个典型的例子，它使用成对数据训练了一个条件生成对抗网络，损失函数包括生成对抗网络的损失和逐像素差异损失。PAN 则使用特征图上的逐像素差异作为感知损失，替代图像上的逐像素差异，以生成在人眼感知上更加接近源域的图像。

关于 pix2pix 的代码参考：eriklindernoren/PyTorch-GAN：PyTorch implementations of Generative Adversarial Networks. (github. com)

下面详细讲解相关代码。

首先，确定训练时需要使用的参数：

```
parser = argparse.ArgumentParser()
parser.add_argument("--epoch", type = int, default = 0, help = "epoch to start training from")
```

```
parser.add_argument("--n_epochs", type = int, default = 200, help = "number of epochs of training")
parser.add_argument("--dataset_name", type = str, default = "facades", help = "name of the dataset")
parser.add_argument("--batch_size", type = int, default = 1, help = "size of the batches")
parser.add_argument("--lr", type = float, default = 0.0002, help = "adam: learning rate")
parser.add_argument("--b1", type = float, default = 0.5, help = "adam: decay of first order momentum of gradient")
parser.add_argument("--b2", type = float, default = 0.999, help = "adam: decay of first order momentum of gradient")
parser.add_argument("--decay_epoch", type = int, default = 100, help = "epoch from which to start lr decay")
parser.add_argument("--n_cpu", type = int, default = 8, help = "number of cpu threads to use during batch generation")
parser.add_argument("--img_height", type = int, default = 256, help = "size of image height")
parser.add_argument("--img_width", type = int, default = 256, help = "size of image width")
parser.add_argument("--channels", type = int, default = 3, help = "number of image channels")
parser.add_argument(
  "--sample_interval", type = int, default = 500, help = "interval between sampling of images from generators"
)
parser.add_argument("--checkpoint_interval", type = int, default = -1, help = "interval between model checkpoints")
opt = parser.parse_args()
```

定义 pix2pix 的两个损失函数：

```
criterion_GAN = torch.nn.MSELoss()
criterion_pixelwise = torch.nn.L1Loss()
```

初始化模型，generator 和 discriminator：

```
generator = GeneratorUNet()
discriminator = Discriminator()
generator.apply(weights_init_normal)
discriminator.apply(weights_init_normal)
```

导入数据集(DataLoader)：

```
transforms_ = [
transforms.Resize((opt.img_height, opt.img_width), Image.BICUBIC),
transforms.ToTensor(),
transforms.Normalize((0.5, 0.5, 0.5), (0.5, 0.5, 0.5)),
]
dataloader = DataLoader(
ImageDataset("../../data/%s" % opt.dataset_name, transforms_ = transforms_),
  batch_size = opt.batch_size,
shuffle = True,
  num_workers = opt.n_cpu,
)
```

```
val_dataloader = DataLoader(
ImageDataset("../../data/%s" % opt.dataset_name, transforms_ = transforms_, mode = "val"),
  batch_size = 10,
shuffle = True,
  num_workers = 1,
)
```

运行以下命令即可开始训练：

```
$ python3 pix2pix.py --dataset_name facades
```

对于无成对训练数据的图像翻译问题，CycleGAN 是一个典型的例子。CycleGAN 使用两对生成对抗网络，将源域数据通过一个生成对抗网络转换到目标域后，再使用另一个生成对抗网络将目标域数据转换回源域。转换回来的数据和源域数据正好是成对的，构成监督信息。

2. 超分辨

在超分辨率任务中，SRGAN 使用生成对抗网络和感知损失生成细节丰富的图像。感知损失关注中间特征层的误差，而不是输出结果的逐像素误差，从而避免生成的高分辨图像缺乏纹理细节信息的问题。

3. 目标检测

得益于生成对抗网络在超分辨率中的应用，可以利用生成对抗网络生成小目标的高分辨率图像，从而提高小目标检测的精度。

4. 视频生成

通常，视频由相对静止的背景和运动的前景组成。VideoGAN 使用一个两阶段的生成器，3DCNN 生成器生成运动前景，2DCNN 生成器生成静止的背景。PoseGAN 使用 VAE 和生成对抗网络生成视频，首先 VAE 结合当前帧的姿态和过去的姿态特征预测下一帧的运动信息，然后 3DCNN 使用运动信息生成后续视频帧。MoCoGAN(Motion and Content GAN)提出在隐空间对运动部分和内容部分进行分离，使用 RNN 建模运动部分。

9.4.2 序列生成

相比于在图像领域的广泛应用，生成对抗网络在文本和语音领域的应用相对较少，主要有以下两个原因：

(1) 生成对抗网络在优化时使用反向传播算法，而对于文本和语音这种离散数据生成对抗网络无法直接跳到目标值，只能根据梯度一步步靠近。

(2) 在序列生成问题中需要判断每个单词或语音片段的合理性，但生成对抗网络的判别器无法做到这一点。除非为每个步骤设置一个判别器，但这显然不现实。

为了解决上述问题，强化学习中的策略梯度下降被引入生成对抗网络中的序列生成问题中。

1. 音乐生成

RNN-GAN 使用 LSTM 作为生成器和判别器，直接生成整个音频序列。然而，由于音乐包括歌词和音符，这种离散数据生成直接使用生成对抗网络存在许多问题，特别是生成的数据缺乏局部一致性。相比之下，SeqGAN 将生成器的输出作为一个智能体的策略，而判别器的输出作为奖励，使用策略梯度下降来训练模型。ORGAN 在 SeqGAN 的基础上，针对具体目标设定了特定的目标函数。

2. 语言和语音

VAW-GAN(Variational Autoencoding Wasserstein GAN)结合 VAE 和 WGAN 实现了一个语音转换系统。编码器编码语音信号的内容，解码器用于重建音色。由于 VAE 容易导致生成的结果过于平滑，因此使用 WGAN 生成更加清晰的语音信号。

9.4.3 半监督学习

图像数据的标签获得需要大量的人工标注，这个过程费时费力。

1. 利用判别器进行半监督学习

基于生成对抗网络的半监督学习方法提出了一种利用无标签数据的方法。实现方法和原始生成对抗网络基本一样，具体框架如图 9.4 所示。

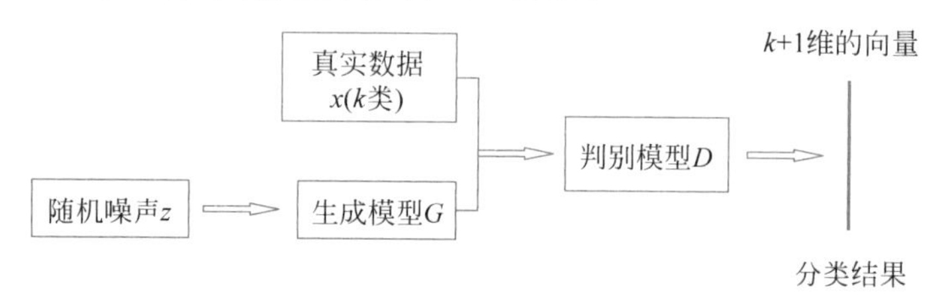

图 9.4 利用无标签数据的基于生成对抗网络的半监督学习方法

与原始生成对抗网络不同的是，判别器输出一个 $k+1$ 的类别信息(生成的样本为第 $k+1$ 类)。对于判别器，其损失包括两部分：一部分是监督学习损失(只需判断样本真假)；另一部分是无监督学习损失(判断样本类别)。生成器只需尽量生成逼真的样本。训练完成后，判别器可以作为一个分类模型进行分类。从直观上来看，生成的样本主要在于辅助分类器学会区分真实的数据空间。

2. 使用辅助分类器的半监督学习

利用判别器进行半监督学习的方法存在一个问题，判别器既要学习区分正、负样本也要学习预测标签，二者目标不一致都会达不到最优。因此，直观的一个想法是将预测标签和区分正、负样本分开。

9.4.4 域适应

域适应是一个迁移学习里面的概念。简单说来，定义源域数据分布为 $D_S(x,y)$，目标域数据分布为 $D_T(x,y)$。对于源域数据有许多标签，对于目标域数据没有标签。希望通过源域的有标签数据和目标域的无标签数据学习一个模型，使其在目标域中表现良好。迁移学习的“迁移”指的是源域数据分布向目标域数据分布的迁移。

生成对抗网络用于迁移学习时的核心思想是使用生成器将源域数据特征转换为目标域数据特征，而判别器尽可能区分真实数据和生成数据特征。图 9.5 是两个将生成对抗网络应用于迁移学习的例子 DANN 和 ARDA。

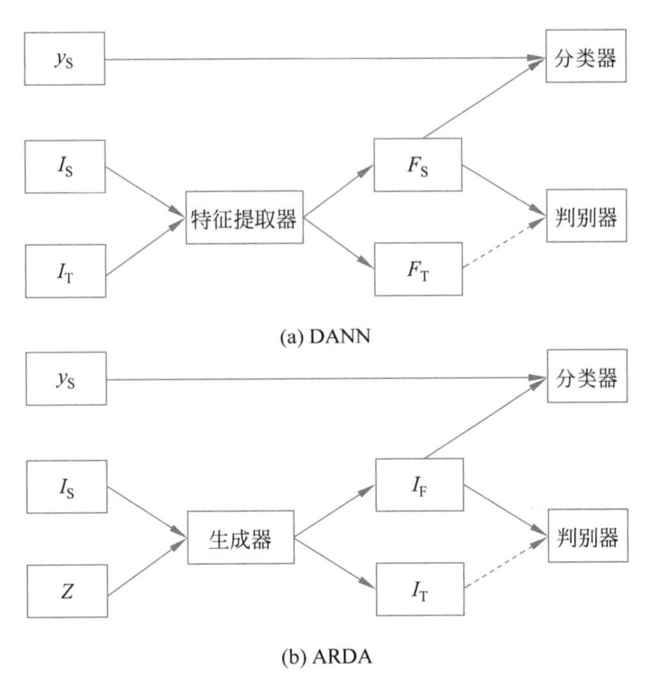

图 9.5 DANN 和 ARDA 的基本结构

以图 9.5(a)所示的 DANN 为例，I_S，I_T 分别代表源域数据和目标域数据，y_S 表示源域数据的标签。F_S、F_T 表示源域特征和目标域特征。DANN 中，生成器用于提取特征，并使得提取的特征难以被判别器区分是源域数据特征还是目标域数据特征。在行人重识别领域，有许多基于 CycleGAN 的迁移学习应用以进行数据增广。行人重识别问题的难点是不同摄像头下拍摄的人物环境和角度差异较大，导致存在较大的域差异。因此，可以考虑使用生成对抗网络来生成不同摄像头下的数据进行数据增广。

9.4.5 其他应用

生成对抗网络的变体繁多，应用非常广泛，在一些非机器学习领域也有应用。

1. 医学图像分割

一种 segmentor-critic 结构用于分割医学图像。segmentor 类似于生成对抗网络中的生成器，用于生成分割图像，critic 则最大化生成的分割图像和 groundtruth 之间的距离。此外，DI2IN 使用生成对抗网络分割 3DCT 图像，SCAN 使用生成对抗网络用于分割 X 射线图像。

2. 图片隐写

隐写指的是把秘密信息隐藏到非密容器，如图片中。隐写分析器用于判别容器是否含有秘密信息。一些研究尝试使用 GAN 的生成器生成带有隐写信息的图片，有两个判别器，一个用于判别图片是否是真实图片，另一个判别图片是否具有秘密信息。

3. 连续学习

连续学习旨在解决多个任务，并在学习过程中不断积累新知识。连续学习中存在一个突出问题是“知识遗忘”。一些研究使用 GAN 的生成器作为一个 scholar 模型，生成器不断使用以往知识进行训练，solver 则给出答案，以此避免“知识遗忘”问题。

9.5 阅读材料

2014 年,Ian Goodfellow 正在加拿大蒙特利尔大学的计算机科学实验室里,专注于深度学习领域的无监督学习问题。尽管深度学习已经在计算机视觉和语音识别等领域取得了显著进展,生成数据的质量和训练稳定性依然是个难题。

当时的生成模型,如变分自编码器(VAE)和自回归模型,虽然能够生成数据,但往往面临生成质量差、训练不稳定等问题。Goodfellow 开始思考,能否有一种方法既能学习数据分布,又能生成高质量的样本?他脑中浮现出一个大胆的想法:与其单纯训练一个生成器,不如让生成器与判别器进行"博弈"。生成器的任务是生成"假"数据,判别器则试图辨别真假。通过这种对抗训练,生成器与判别器可以相互提升,生成的数据也会逐渐逼近真实数据。这个构思成为了他研究的核心,并最终发展成了生成对抗网络(Generative Adversarial Networks,GAN)。Goodfellow 将这一想法写成论文,并于 2014 年在 *Neural Information Processing Systems*(*NIPS*)上发表,这标志着 GAN 的诞生。

尽管 GAN 的核心理念吸引了不少研究者,但最初并未得到广泛认可。许多人怀疑这种对抗性训练方法是否可行,尤其是在训练过程中,生成器和判别器的博弈往往导致训练不稳定,生成数据的质量较差。尤其是初期的实验表明,生成器很难"骗过"判别器,生成的图像模糊且质量较低。为了克服这些问题,Goodfellow 与团队成员不断优化算法,调整模型结构。经过多次实验,他们意识到,使用深度卷积神经网络(CNN)架构能有效提高图像生成质量。于是,2015 年他们提出了深度卷积生成对抗网络(DCGAN),通过引入卷积层,生成的图像质量得到了显著提升。DCGAN 不仅解决了生成图像模糊的问题,还使得 GAN 的训练变得更加稳定。

随着 DCGAN 的成功,GAN 的应用范围迅速扩展,尤其是在计算机视觉领域。GAN 能够生成高质量的图像,应用于人脸生成、艺术风格转换、图像超分辨率等多个方向。著名的 DeepFake 技术就是基于 GAN 的应用之一,它能够生成几乎无法辨别真假的虚假视频,引发了广泛关注。在医学领域,GAN 被用于生成高清的医学影像,帮助医生做出更精确的诊断。在艺术创作方面,GAN 被用于生成各种艺术风格的作品,模仿著名艺术家的风格创作新作品。此外,GAN 还被应用于语音、音乐生成等领域,能够生成高质量的音频内容。

在无监督学习和数据增强领域,GAN 通过生成与真实数据相似的样本,在没有标签数据的情况下训练深度学习模型,极大地减少了对标注数据的依赖。它为数据稀缺领域提供了新的解决方案,特别是在医疗、金融等高门槛行业。随着研究的不断深入,GAN 的潜力将进一步释放。未来,GAN 技术有可能在更多领域产生深远影响,尤其是在艺术创作、科学研究和虚拟现实等方向。

9.6 本章小结

生成对抗网络的优点如下:

(1) 并行生成数据。相比于 pixelCNN、pixelRNN 等模型,生成对抗网络能够并行生成数据,因此生成速度非常快,这是因为生成对抗网络使用生成器来替代逐像素的采样过程。

（2）无需引入下界。由于变分自编码器（VAE）优化困难，需要引入变分下界来优化似然函数。然而，变分自编码器对先验和后验分布做了假设，使其难以逼近变分下界。相比之下，生成对抗网络无需通过引入下界来近似似然，简化了优化过程。

（3）生成效果更清晰。从实践来看，生成对抗网络生成的结果通常比变分自编码器更清晰。这是因为生成对抗网络直接学习数据分布，避免了变分自编码器中的模糊问题。

生成对抗网络的缺点如下：

（1）训练不稳定，容易崩溃。生成对抗网络在训练过程中容易出现不稳定和崩溃现象。为了解决这一问题，许多研究者提出了改进方案，如 WGAN（Wasserstein GAN）和 LSGAN（Least Squares GAN）等。

（2）模式崩溃。尽管有许多相关研究，但由于图像数据的高维度特性，模式崩溃问题依然没有完全解决。

习题

1. 生成器和判别器如何相互作用？生成对抗网络的优化目标是什么？

2. 生成对抗网络与变分自编码器相比有哪些优、缺点？生成对抗网络的训练过程为什么容易出现不稳定和模式崩溃问题？

3. 你认为生成对抗网络在未来可以在哪些领域有更大的应用潜力？如何进一步改进生成对抗网络的训练稳定性？

第10章

强 化 学 习

学习目标

- 了解强化学习的基本概念；
- 理解马尔可夫决策过程、值函数、贝尔曼公式的基本概念；
- 掌握策略迭代、值迭代的流程与原理；
- 了解蒙特卡罗算法的基本思想；
- 理解时间差分方法的基本思想，掌握 Sarsa、Q 学习算法的流程与原理。

本章首先介绍强化学习的基本概念，如马尔可夫决策过程、值函数、贝尔曼公式等，然后从基于模型以及无模型两个层面介绍常见的强化学习算法，在基于模型的强化学习算法中主要介绍动态规划算法(涉及策略评估、策略改进、策略迭代以及值迭代)，在无模型的强化学习算法中主要介绍蒙特卡罗算法以及时间差分系列算法(主要介绍 Sarsa 和 Q 学习算法)。

10.1　概述

强化学习是通过交互方式进行学习以实现目标的一种方法。在这个过程中，学习器或决策器被称为智能体，而与之交互的对象称为环境。智能体与环境的交互过程如下：智能体选择动作，环境对这些动作做出响应，产生新的情景，并给智能体反馈一个奖赏，这个奖赏是智能体试图随时间推移最大化的一个特殊数值。环境的完整描述定义了一个任务，即强化学习问题的一个实例。

具体来说，智能体在一个离散时间序列($t=0,1,2,3,\cdots$)的每一步中都与环境进行交互。在每个时间步 t，智能体接收到环境的状态记为 s_t，然后选择一个动作，记为 a_t，其中动作是从状态 s_t 的动作集合中选取。执行该动作后，智能体会获得一个数值奖赏，记为 r_{t+1}，并且进入下一个状态 s_{t+1}。这一交互过程如图 10.1 所示。

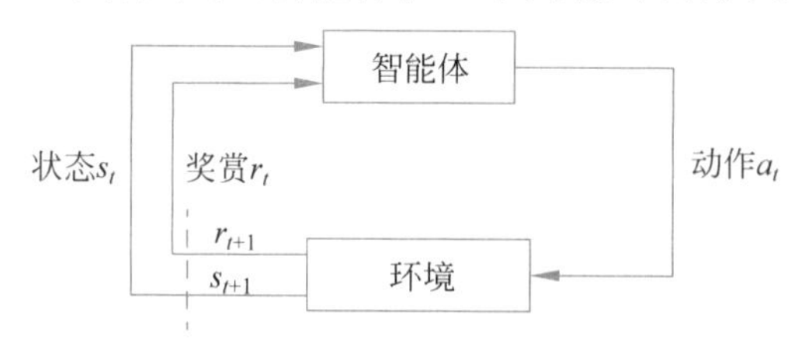

图 10.1　强化学习中智能体与环境的交互

在每个时间步，智能体需要选择一个动作去执行，而选择动作的概率分布称为智能体的策略，记为 π_t，$\pi_t(s,a)$表示在状态 s 时选择动作 a 的概率。强化学习方法探讨的问题是智能体如何通过经验改变策略，以实现目标。

在强化学习中，环境反馈给智能体的奖赏都是一个简单的数值，即 r_t。不严格地说，智能体的目标是最大化累积奖赏，而不仅仅是即时奖赏。为了定义累积奖赏的目标，通常用期望回报表示，记为 R_t，它是奖赏序列的函数。最简单的情况为回报是奖赏的总和，即

$$R_t = r_{t+1} + r_{t+2} + r_{t+3} + \cdots + r_T \tag{10.1}$$

式中：T 为终止时间步。

这种方法适用于有限时间步的应用场景。在这种情景下，智能体与环境的交互产生若干个子序列，每个子序列称为一个情节。例如，在比赛中的一次游戏或走迷宫的过程，每个情节以终止状态结束，然后重置为开始状态或从开始状态的标准分布中随机选择一个样本，这种任务称为情节式任务。在情节式任务中，区分所有非终止状态的集合 S 和包含终止状态在内的所有状态集合 S^+。

在很多情况下，智能体与环境的交互不会局限于有限时间步，而是无休止地进行，这种任务称为连续任务。对于连续任务，上述的回报公式存在问题，因为终止时间步 T 趋向无穷大，而我们试图最大化的回报容易变成无穷大。例如，设想智能体在每一个时间步都得到 $+1$ 的奖赏。

为了处理这个问题，引入折扣的概念。通过折扣，智能体选择动作以最大化未来的折扣奖赏。具体来说，智能体选择动作 a_t 来最大化预期的折扣回报：

$$R_t = r_{t+1} + \gamma r_{t+2} + \gamma^2 r_{t+3} + \cdots = \sum_{k=0}^{\infty} \gamma^k r_{t+k+1} \tag{10.2}$$

式中：γ 为折扣率，$\gamma \in [0,1]$。折扣率决定了未来奖赏的当前价值：如果在未来 k 个时间步后得到的奖赏现在立即得到，那么其价值为 γ^k 倍。当 $\gamma < 1$ 时，只要奖赏序列是有界的，那么无穷奖赏序列之和是有限值。当 $\gamma = 0$ 时，智能体只关注最大化即时奖赏；这种情况下，目标就是学习如何选择 a_t 以便最大化 r_{t+1}。然而，一般来说，最大化即时奖赏的行为可能会减少未来奖赏的途径，导致总回报减少。当 γ 接近 1 时，未来奖赏的重要性增加，智能体变得更有远见。

通过这种方式，强化学习方法为智能体提供了一种通过经验交互和反馈奖赏来优化决策的框架，使其在动态环境中能够逐步提高策略，最终实现长期的累积奖赏最大化。

10.2 强化学习建模

10.2.1 马尔可夫性

在强化学习框架中，智能体使用环境提供的状态信号进行决策。状态信号可以说成是马尔可夫的，或具有马尔可夫性质。例如，一个棋局(棋盘上所有棋子的当前布局)就可以视为一个马尔可夫状态，因为它包含了导致当前局面的所有重要信息。虽然关于这个序列的许多信息丢失了，但所有与未来游戏相关的重要信息都保留下来。同样，一个炮弹的未来飞行轨迹与其当前位置和速度有关，而与其初始位置和速度无关。

为了简化，假设状态和奖赏值是有限的。这类离散型问题可以通过概率解决，而不像连续型问题需要用到积分。考虑一个问题，环境在 $t+1$ 时刻对智能体在 t 时刻所做的动作如何反应？通常情况下，这个反应可能依赖于前面发生的一切，用完整的概率分布可定义为

$$\Pr\{s_{t+1}=s',r_{t+1}=r \mid s_t,a_t,r_t,s_{t-1},a_{t-1},r_{t-1},\cdots,s_0,a_0,r_0\} \tag{10.3}$$

如果状态信号具有马尔可夫性，那么环境在 $t+1$ 的反应只取决于在 t 时刻的状态和动作，可定义为

$$\Pr\{s_{t+1}=s',r_{t+1}=r \mid s_t,a_t\} \tag{10.4}$$

换句话说，当且仅当对所有状态 s' 和奖励 r 以及历史 $s_t,a_t,r_t,s_{t-1},a_{t-1},r_{t-1},\cdots,s_0,a_0,r_0$，若式(10.3)和式(10.4)等同，则说明状态信号有马尔可夫性，是一个马尔可夫状态。在这种情况下，环境和任务作为一个整体也具有马尔可夫性。

10.2.2 马尔可夫决策过程

满足马尔可夫性质的强化学习任务称为马尔可夫决策过程(MDP)。若状态和动作空间是有限的，则称为有限马尔可夫决策过程。

一个具体的有限 MDP 由以下四个元素构成：

(1) 状态集 S：系统可能处于的所有状态的集合。

(2) 动作集 A：智能体可以执行的所有动作的集合。

(3) 转移概率函数 P：描述在状态 s 下执行动作 a 转移到状态 s' 的概率，记作 $P(s'|s,a)$。

(4) 奖励函数 R：描述在状态 s 下执行动作 a 并转移到状态 s' 时获得的奖励，记作 $R(s,a,s')$。

具体来说，给定任意状态 s 和动作 a，下一状态 s' 的概率为

$$P(s_{t+1}=s' \mid s_t=s,a_t=a) \tag{10.5}$$

同样，给定任意当前状态 s 和动作 a，以及任意下一状态 s'，下一奖赏的期望值为

$$R(s,a,s')=E[r_{t+1} \mid s_t=s,a_t=a,s_{t+1}=s'] \tag{10.6}$$

通过这种方式，强化学习方法为智能体提供了一种通过经验交互和反馈奖赏来优化决策的框架，使其在动态环境中能够逐步提高策略，最终实现长期累积奖赏的最大化。

10.3 值函数与最优值函数

10.3.1 值函数

值函数是评估智能体在特定状态或状态-动作对时的预期回报的函数。具体来说，值函数用于估计在某一状态或在该状态执行特定动作后，智能体能期望获得的未来奖励。由于未来的回报依赖智能体的行为，值函数是根据特定策略来定义的。

策略 π 是状态 s 下采取动作 a 的概率分布，记作 $\pi(s,a)$。在策略 π 下，状态 s 的值函数 $V^\pi(s)$ 表示从状态 s 开始，遵循策略 π 所能获得的期望回报：

$$V^\pi(s)=E_\pi\{R_t \mid s_t=s\}=E_\pi\left\{\sum_{k=0}^{\infty}\gamma^k r_{t+k+1} \mid s_t=s\right\} \tag{10.7}$$

式中：$E_\pi\{\cdot\}$ 表示智能体遵循策略 π 的期望值。注意，终止状态的值通常设置为 0。γ 为折

扣因子，用于度量未来奖励的重要性。V^{π} 称为策略 π 的状态值函数。

同样，在状态 s 下选取的动作 a 的值也是一个期望回报，记为 $Q^{\pi}(s,a)$，即

$$Q^{\pi}(s,a)=E_{\pi}\{R_t \mid s_t=s,a_t=a\}=E_{\pi}\left\{\sum_{k=0}^{\infty}\gamma^k r_{t+k+1} \mid s_t=s,a_t=a\right\} \tag{10.8}$$

Q^{π} 称为策略 π 的动作值函数。

$V^{\pi}(s)$和 $Q^{\pi}(s,a)$可以通过经验来估计。比如，对每一个经历过的状态，如果智能体遵循策略 π，并维持一个在该状态之后实际回报的平均值，那么当该状态经历的次数趋于无穷时，这个平均值会收敛于状态值 $V^{\pi}(s)$。如果把一个状态采取的每个动作各自的平均值保存下来，那么这些平均值也同样会收敛于动作值 $Q^{\pi}(s,a)$，将这一种估计方法称为蒙特卡罗(Monte Carlo)方法，因为它们是有关实际回报的随机抽样的平均值。另外，值函数的一个重要性质是它们满足递归关系。对任意策略 π 和状态 s，其与后继状态值之间有如下关系：

$$\begin{aligned}
V^{\pi}(s)&=E_{\pi}\{R_t \mid s_t=s\}=E_{\pi}\left\{\sum_{k=0}^{\infty}\gamma^k r_{t+k+1} \mid s_t=s\right\}\\
&=E_{\pi}\left\{r_{t+1}+\gamma\sum_{k=0}^{\infty}\gamma^k r_{t+k+2} \mid s_t=s\right\}\\
&=\sum_a \pi(s,a)\sum_{s'}P_{ss'}^a\left[R_{ss'}^a+\gamma E_{\pi}\left\{\sum_{k=0}^{\infty}\gamma^k r_{t+k+2} \mid s_{t+1}=s'\right\}\right]\\
&=\sum_a \pi(s,a)\sum_{s'}P_{ss'}^a\left[R_{ss'}^a+\gamma V^{\pi}(s')\right]
\end{aligned} \tag{10.9}$$

式(10.9)称为贝尔曼(Bellman)方程，它表示了一个状态值和它的后继状态值之间的关系。想象从一个状态往前看，到它的可能的后继状态，每个空心圆表示一个状态，实心圆表示一个状态-动作对。从顶端的根节点状态 s 开始，智能体可以采取动作集中的任意动作。每一个动作后，环境可能会用若干下一状态 s'以及奖赏 r 来响应。贝尔曼方程在全概率的基础上求平均，用发生的概率来加权，说明了开始状态值必须等于预期的下一状态的(折扣)值加上这条路径上的预期奖赏。

值函数 V^{π} 是对应的贝尔曼方程的唯一解。图 10.2 表示了形成更新操作基础的关系图，称为更新图，这些操作是强化学习方法的核心。更新操作将值的信息从它的后继状态(或状态动作对)传递回该状态(或状态动作对)。本章中均采用更新图来阐述所讨论的算法。(注意，更新图与转换图不同，更新图中的状态节点不必表示不同的状态。例如，一个状态也可能是自己的后继状态。因为更新图中的时间总是向下的，省略了箭头)

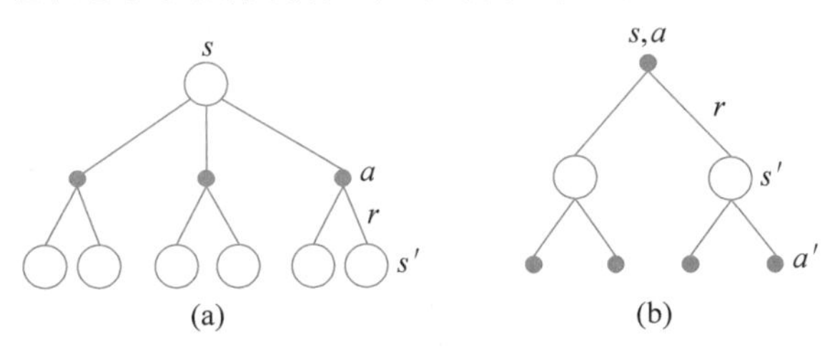

图 10.2　V^{π} 和 Q^{π} 的更新图

10.3.2 最优值函数

总体来说，解决一个强化学习任务意味着寻找一个在长期运行过程中能获得最多奖赏的策略。对于有限 MDP，可以用下列方式精确定义一个最优策略：对所有状态 s，若策略 π 的期望回报大于或等于策略 π' 的期望回报，则策略 π 优于或者等于策略 π'。换句话说，当且仅当对所有 s，有 $V^{\pi}(s) \geqslant V^{\pi'}(s)$ 时，$\pi \geqslant \pi'$。总是至少会有一个策略优于或者等于其他策略，这就是一个最优策略。虽然最优策略可能不止一个，但它们有相同的状态值函数，称为最优状态值函数 V^*。对所有 $s \in S$，有

$$V^*(s) = \max_{\pi} V^{\pi}(s) \tag{10.10}$$

同样，最优策略也有相同的最优动作值函数 Q^*：对所有的 $s \in S$ 和 $a \in A(s)$，有

$$Q^*(s,a) = \max_{\pi} Q^{\pi}(s,a) \tag{10.11}$$

对于状态-动作对 (s,a)，最优动作值函数 Q^* 给出了在状态 s 下选择动作 a 并遵循最优策略所能获得的期望回报。可以将 Q^* 写成如下形式：

$$Q^*(s,a) = E\{r_{t+1} + \gamma V^*(s_{t+1}) \mid s_t = s, a_t = a\} \tag{10.12}$$

因为 V^* 是最优值函数，所以它必须满足贝尔曼方程中关于状态值的自身一致性条件。但因为它是最优值函数，V^* 的一致性条件可以写成不局限于任何特定策略的形式。这就是 V^* 的贝尔曼最优方程。直观地看，贝尔曼最优方程表达了最优策略下的一个状态值一定等于该状态下最好动作的期望回报。

$$\begin{aligned}
V^*(s) &= \max_{a \in A(s)} Q^{\pi^*}(s,a) = \max_{a} E_{\pi^*}\{R_t \mid s_t = s, a_t = a\} \\
&= \max_{a} E_{\pi^*}\left\{\sum_{k=0}^{\infty} \gamma^k r_{t+k+1} \mid s_t = s, a_t = a\right\} \\
&= \max_{a} E_{\pi^*}\left\{r_{t+1} + \gamma \sum_{k=0}^{\infty} \gamma^k r_{t+k+2} \mid s_t = s, a_t = a\right\} \\
&= \max_{a} E\{r_{t+1} + \gamma V^*(s_{t+1}) \mid s_t = s, a_t = a\} \\
&= \max_{a} \sum_{s'} P_{ss'}^{a}[R_{ss'}^{a} + \gamma V^*(s')]
\end{aligned} \tag{10.13}$$

式(10.13)是 V^* 的贝尔曼最优方程。Q^* 的贝尔曼最优方程如下：

$$\begin{aligned}
Q^*(s,a) &= E\{r_{t+1} + \gamma \max_{a'} Q^*(s_{t+1}, a') \mid s_t = s, a_t = a\} \\
&= \sum_{s'} P_{ss'}^{a}[R_{ss'}^{a} + \gamma \max_{a'} Q^*(s', a')]
\end{aligned} \tag{10.14}$$

图 10.3 中的更新图描述了对 V^* 和 Q^* 的贝尔曼最优方程中考虑到的未来状态和动作的范围。除了在智能体的选择点上加了表示选择最大值的圆弧，而不是给定的某个策略的期望值之外，与 V^{π} 和 Q^{π} 的更新图是一样的。图 10.3(a)表示了式(10.14)的贝尔曼最优方程。

对有限 MDP 来说，式(10.13)有唯一的独立于策略的解。贝尔曼最优方程实际上是一个方程组，每个状态对应一个方程，所以如果有 N 个状态，就有 N 个方程和 N 个未知数。如果环境的动态性是已知的($R_{ss'}^{a}$ 和 $P_{ss'}^{a}$)，原则上就能对 V^* 用任意一种解非线性方程组的

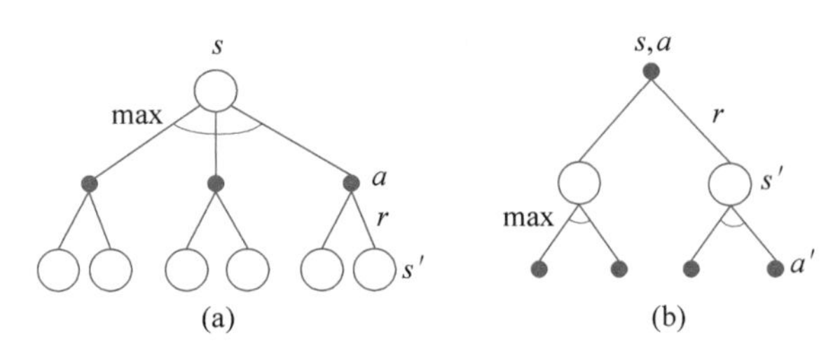

图 10.3　V^* 和 Q^* 的更新图

方法来求解该方程组。同样,也可以求出关于 Q^* 的方程组。

通过求解贝尔曼最优方程,可以得到最优值函数 V^* 和 Q^*,进而确定最优策略。最优策略可以通过贪婪地选择最大化值函数的动作来获得。

一旦有了 V^*,确定最优策略就变得相当容易。对每个状态 s,都会有一个或多个在贝尔曼最优方程中得到最大值的动作。任何只给这些动作分配非零概率的策略都是一个最优策略。另一种说法是,关于最优值函数 V^* 的任何贪心策略都是一个最优策略。贪心策略是指在每一步选择能够带来最大立即回报的动作。

有了 Q^*,选择最优动作就更为简单。智能体只需选择能够最大化 Q^* 的动作,而不需要进行一步向前搜索。Q^* 有效缓存了所有一步向前搜索的结果,提供了对每个状态-动作对的局部和立即可用的最优期望长期回报。

直接解贝尔曼最优方程是一种找到最优策略的方法,但这种方法往往难以直接应用,因为它类似于全面搜索,需要考虑所有可能性。这种方法至少要依赖三个难以满足的假设:①准确知道环境的动态性;②有足够的资源完成求解计算;③具有马尔可夫性。通常,我们不得不满足于求出近似解。

许多决策方法可以看成近似求解贝尔曼最优方程的方法。例如,启发式搜索方法可以看成对贝尔曼最优方程右边的展开,通过形成一个概率树,然后用启发式评估函数逼近叶节点上的值。动态规划方法可能与贝尔曼最优方程更有关系,许多强化学习方法可以理解为近似求解贝尔曼最优方程,利用实际经验的转换代替预期转换的知识。

10.4　基于模型的强化学习方法

动态规划(Dynamic Programming,DP)是一类算法,它在假设拥有完美环境模型(马尔可夫决策过程)的情况下能够用来计算最优策略。尽管经典的动态规划算法在实际强化学习中应用有限(因为假设有完美的环境模型并且计算量巨大),但其理论意义重大。动态规划方法为理解其他强化学习算法提供了重要基础。事实上,这些方法都可以看作是试图以更少的计算量达到动态规划的效果,同时无需假设拥有完美的环境模型。

假设环境模型是一个有限马尔可夫决策过程,即 $s \in S$ 的状态集 S 和动作集 $A(s)$ 都是有限的,环境动态性由状态转移概率 $P_{ss'}^{a}=\Pr\{s_{t+1}=s' \mid s_t=s, a_t=a\}$ 和期望立即奖赏 $R_{ss'}^{a}=E\{r_{t+1} \mid a_t=a, s_t=s, s_{t+1}=s'\}$ 来确定,对所有 $s \in S, a \in A(s)$,且 $s' \in S^+$(如果是情节式问题,S^+ 就是 S 加上一个终止状态)。虽然动态规划思想可以应用于连续状态和动作空间的问题,但只有在某些特殊情况下才能得到精确解。常用的一种近似方法是先离散化状态和动作空间,再应用有限状态动态规划方法。

动态规划和强化学习的关键思想是使用值函数来组织和构建策略搜索。本节展示了如何使用动态规划来计算10.3.1节定义的值函数。一旦找到满足贝尔曼最优方程的最优值函数V^*或Q^*，就能很容易地得到最优策略。对所有$s \in S, a \in A(s)$，且$s' \in S^+$，贝尔曼最优方程如下：

$$\begin{aligned} V^*(s) &= \max_a E\{r_{t+1} + \gamma V^*(s_{t+1}) \mid s_t = s, a_t = a\} \\ &= \max_a \sum_{s'} P_{ss'}^a [R_{ss'}^a + \gamma V^*(s')] \end{aligned} \tag{10.15}$$

或

$$\begin{aligned} Q^*(s,a) &= E\{r_{t+1} + \gamma \max_{a'} Q^*(s_{t+1}, a') \mid s_t = s, a_t = a\} \\ &= \sum_{s'} P_{ss'}^a [R_{ss'}^a + \gamma \max_{a'} Q^*(s', a')] \end{aligned} \tag{10.16}$$

动态规划算法的核心是将贝尔曼方程转化为更新规则，以提高期望值函数的近似值。

10.4.1 策略评估

首先讨论如何计算任意策略π和状态值函数V^π。对任意$s \in S$，有

$$\begin{aligned} V^\pi(s) &= E_\pi\{r_{t+1} + \gamma r_{t+2} + \gamma^2 r_{t+3} + \cdots \mid s_t = s\} \\ &= E_\pi\{r_{t+1} + \gamma V^\pi(s_{t+1}) \mid s_t = s\} \\ &= \sum_a \pi(s,a) \sum_{s'} P_{ss'}^a [R_{ss'}^a + \gamma V^\pi(s')] \end{aligned} \tag{10.17}$$

式中：$\pi(s,a)$是指在策略π下，状态s执行动作a的概率；E_π表示在策略π条件下的期望值。只有当$\gamma < 1$或策略π保证所有状态最终都能到达终止状态时，才能保证V^π的存在性和唯一性。

如果已知环境的动态性，那么式(10.17)在$|S|$($V^\pi(s), s \in S$)未知的情况下是一个$|S|$的线性方程组。而从计算角度来说，迭代求解方法最适合。考虑一个近似值函数序列V_0，$V_1, V_2, \cdots$每一个都从S^+映射到R。初始近似值V_0是随机选取的(除非是终止状态，必须给零值)，接下来的近似值通过贝尔曼方程更新获得：

$$\begin{aligned} V_{k+1}(s) &= E_\pi\{r_{t+1} + \gamma V_k(s_{t+1}) \mid s_t = s\} \\ &= \sum_a \pi(s,a) \sum_{s'} P_{ss'}^a [R_{ss'}^a + \gamma V_k(s')] \end{aligned} \tag{10.18}$$

显然，$V_k = V^\pi$是该更新规则的一个不动点，因为V^π的贝尔曼方程保证这种情况下是相等的。事实上，当$k \to \infty$时，在保证存在V^π的相同条件下，$\{V_K\}$序列表明一般能收敛到V^π。该算法称为迭代式策略评估。

每次迭代，迭代策略评估对每个状态进行相同的操作：用从后继状态的旧值计算得到的新值替换旧值，期望立即奖励沿着策略下的所有可能单步转换。这种操作称为全更新。每次迭代都会更新一次每个状态值，生成新的近似值函数。

为了实现迭代策略评估，通常需要存储旧值和存储新值两个数组。新值可以由旧值计算出，而旧值不变。当然，使用一个数组进行“现场”更新更简单，即用新值覆盖旧值。根据状态更新次序，这样做有时会使用新值而不是旧值来计算公式中的右侧。这个略微不同的算法同样能收敛到V^π。事实上，它通常比双数组版本收敛更快，因为新数据在生成时即被

使用。整个状态空间的一次迭代计算称为一次扫描。对“现场”更新算法来说，扫描中状态更新次序对收敛速度有重大影响。通常提到 DP 算法时考虑的是“现场”更新算法。

实现方面的另一个关注点是算法的终止。形式上，迭代策略评估仅在极限处收敛，实际上在达到极限前就需要中止。迭代策略评估的典型终止条件是每次扫描后检测 V 值变化，当其足够小时停止计算。算法 10.1 给出了用该终止条件的完整迭代策略评估算法。

算法 **10.1**　迭代式策略评估

输入：要评估的策略 π

输出：$V\approx V^{\pi}$

1. 对所有 $s\in S^{+}$，初始化 $V(s)=0$
2. Repeat
3. $\Delta\leftarrow 0$
4. For each $s\in S^{+}$：
5. $\quad v\leftarrow V(s)$
6. $\quad V(s)\leftarrow\sum_{a}\pi(s,a)\sum_{s'}P_{ss'}^{a}[R_{ss'}^{a}+\gamma V(s')]$
7. $\quad\Delta\leftarrow\max(\Delta,|v-V(s)|)$
8. $\quad$Until $\Delta<\theta$(一个极小的正数)

例 **10.1**　思考如图 10.4 所示的 4×4 网格世界。

非终止状态 $S=\{1,2,\cdots,14\}$，另外，对于每个状态有四个可能的动作，$A=\{\text{up},\text{down},\text{right},\text{left}\}$，除了将使智能体移出网格外的动作会使得状态留在原地不变之外，它们将确定地使状态转换到相应状态。比如，$P_{5,6}^{\text{right}}=1$，$P_{5,10}^{\text{right}}=0$ 和 $P_{7,7}^{\text{right}}=1$。这是一个无折扣的情节式任务。在到达终止状态前所有状态转换的奖励都是 -1。终止状态是图中的阴影部分(虽然它们显示在两个地方，但形式上是同一个状态)。因此，对所有状态 s、s' 和动作 a 的期望奖赏函数 $R_{ss'}^{a}=-1$。假设采用等概率随机策略(四个动作概率相等)。图 10.5 左侧表示的是用迭代式策略评估算出来的值函数 $\{V_k\}$ 的序列，最终的估计值就是 V^{π}。

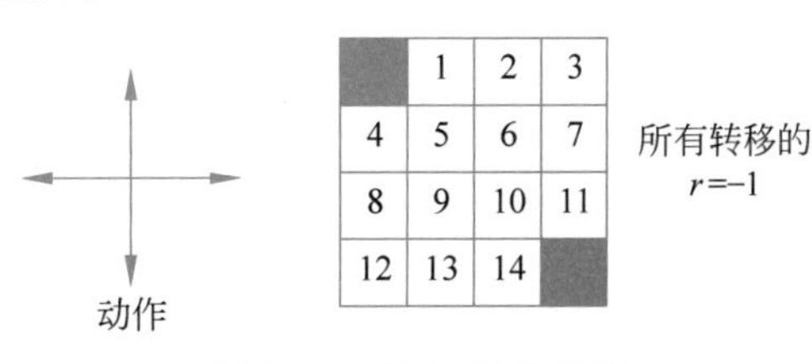

图 10.4　4×4 网格世界

随机策略的V_k

贪心策略 w.r.t. V_k

$k=0$

0.0	0.0	0.0	0.0
0.0	0.0	0.0	0.0
0.0	0.0	0.0	0.0
0.0	0.0	0.0	0.0

图 10.5　网格世界的迭代式策略评估的收敛性

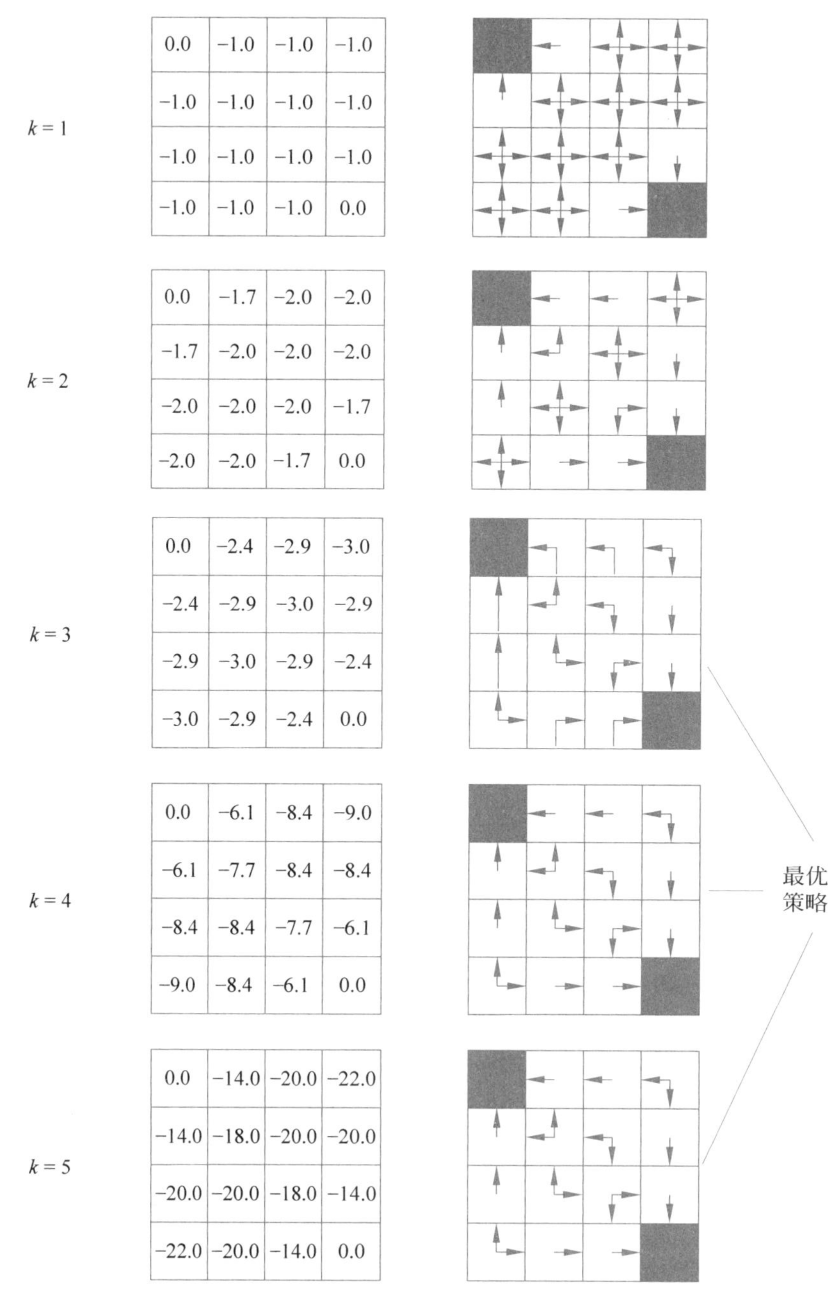

图 10.5 （续）

左侧是随机策略(所有动作都是等概率选择)的状态值函数的近似值序列。右侧是根据值函数估值采用贪心策略的序列(箭头表示能取得最大值的所有动作)。最后一个策略确保只是对随机策略的一个改进,这种情况下它和第三轮迭代过后的所有策略都是最优的。

10.4.2 策略改进

计算策略的值函数是为了找到更好的策略。假设已经对任意确定性策略 π 求出了值函数 V^{π}。对于某些状态,想知道是否应该改变当前策略选择的动作。知道从状态 s 遵循当

前策略的回报是 $V^{\pi}(s)$，但改用新策略是否会更好？

解决这个问题的一种方法是考虑在状态 s 选择动作 a 后，一直遵循当前策略：

$$Q^{\pi}(s,a)=\sum_{s'}P(s' \mid s,a)[R(s,a,s')+\gamma V^{\pi}(s')] \tag{10.19}$$

关键在于 $Q^{\pi}(s,a)$ 是否大于 $V^{\pi}(s)$，如果是，那么在状态 s 选择动作 a 后遵循策略 π 比一直遵循策略 π 要好，这意味着新策略在这个状态下更优。

上述思想是策略改进定理的一般性结果。令 π 和 π' 为任意确定性策略，如果对所有状态 s，有

$$Q^{\pi}(s,\pi'(s)) \geqslant V^{\pi}(s) \tag{10.20}$$

那么策略 π' 必定优于或等于策略 π。也就是说，从所有状态出发，遵循策略 π' 的期望回报不低于策略 π 的期望回报，即

$$V^{\pi'}(s) \geqslant V^{\pi}(s) \tag{10.21}$$

如果对于某些状态 s，不等式严格成立，那么 $V^{\pi'}$ 在至少一个状态上必然严格大于 V^{π}。

证明这一结果很容易。由 $Q^{\pi}(s,\pi'(s)) \geqslant V^{\pi}(s)$ 开始，利用公式展开：

$$Q^{\pi}(s,\pi'(s))=\sum_{s'}P(s' \mid s,\pi'(s))[R(s,\pi'(s),s')+\gamma V^{\pi}(s')] \tag{10.22}$$

由于 V^{π} 满足贝尔曼方程，可得

$$V^{\pi'}(s)=\sum_{s'}P(s' \mid s,\pi'(s))[R(s,\pi'(s),s')+\gamma V^{\pi'}(s')] \tag{10.23}$$

由此可知，$V^{\pi'}(s) \geqslant V^{\pi}(s)$。若不等式严格成立，则 $V^{\pi'}(s) > V^{\pi}(s)$。

10.4.3 策略迭代

策略迭代是寻找最优策略的一种方法，它结合了策略评估和策略改进。首先，对初始策略进行评估，然后用贪心策略改进原始策略，生成新的更优策略。这个过程重复进行，直到策略不再改变。

V^* 的策略迭代见算法 10.2。

算法 10.2 V^* 的策略迭代

1. 初始化
    对任意 $s \in S$，随机取 $V(s) \in R$，$\pi(s) \in A(s)$
2. 策略评估
    Repeat
    $\Delta \leftarrow 0$
    For each $s \in S$
        $v \leftarrow V(s)$
        $V(s) \leftarrow \sum_{s'} P_{ss'}^{\pi(s)}[R_{ss'}^{\pi(s)}+\gamma V(s')]$
        $\Delta \leftarrow \max(\Delta, |v-V(s)|)$
    Until $\Delta < \theta$（一个极小的正数）
3. 策略改进
    policy-stable $\leftarrow$ true
    For each $s \in S$
        $b \leftarrow \pi(s)$
        $\pi(s) \leftarrow \arg\max_a \sum_{s'} P_{ss'}^{a}[R_{ss'}^{a}+\gamma V(s')]$

If $b \neq \pi(s)$ then policy-stable←false
If policy-stable then 停止；else 转步骤 2

策略 π 用 V^{π} 改进而产生更好的策略 π'以后，就可以计算 $V^{\pi'}$，再改进并生成更好的策略 π''。因此，可以获得单调改进的策略和值函数序列，如图 10.6 所示。

$$\pi_0 \xrightarrow{E} V^{\pi_0} \xrightarrow{I} \pi_1 \xrightarrow{E} V^{\pi_1} \xrightarrow{I} \pi_2 \xrightarrow{E} \cdots \xrightarrow{I} \pi^* \xrightarrow{E} V^*$$

图 10.6　单调改进的策略和值函数序列

其中：“$\xrightarrow{E}$”表示一次策略评估；“$\xrightarrow{I}$”表示一次策略改进。

每个策略都保证是在前一个策略上的严格改进(除非它已经是最优的)。因为一个有限 MDP 仅有有限个策略，这个过程在有限次迭代后必定能收敛到最优策略和最优值函数。

这种寻找最优策略的方法就称为策略迭代。算法 10.2 给出了完整的算法。注意：每一次策略评估，即它自己的一次迭代计算，都是从前一个策略的值函数开始的。这通常会导致策略评估的收敛速度有很大的提高，因为值函数从一个策略到下一个策略的变化非常小。

策略迭代的每次迭代都保证策略得到改进，最终收敛到最优策略和最优值函数。尽管策略评估需要多轮扫描整个状态集合，但实际中很少需要完全收敛。

10.4.4　值迭代

策略迭代的一大缺点是每次迭代都需要进行策略评估，可能本身需要对整个状态集合进行多次扫描。若策略评估在达到极限前可以中途停止，则可以大幅提高效率。这就是值迭代的思想。

值迭代将策略评估和策略改进结合在一起，每次迭代同时进行评估和改进。其更新公式如下：

$$V_{k+1}(s) = \max_a \sum_{s'} P(s' \mid s,a)[R(s,a,s') + \gamma V_k(s')] \tag{10.24}$$

在每轮扫描中，值迭代有效地结合了一轮策略评估和一轮策略改进，通常比策略迭代收敛更快。虽然值迭代形式上需要无限次迭代才能精确收敛，但实际中一旦值函数变化很小就可以停止。带终止条件的值迭代见算法 10.3。

算法 10.3　带终止条件的值迭代

1. 任意初始化 V，比如，$V(s)=0$，对所有 $s \in S^+$
2. Repeat
3. $\Delta \leftarrow 0$
4. For each $s \in S$
5. 　　$v \leftarrow V(s)$
6. 　　$V(s) \leftarrow \max_a \sum_{s'} P_{ss'}^a [R_{ss'}^a + \gamma V(s')]$
7. 　　$\Delta \leftarrow \max(\Delta, |v - V(s)|)$
8. Until $\Delta < \theta$(一个极小的正数)
9. 输出一个确定的策略 π，这样有
10. 　　$\pi(s) \leftarrow \arg\max_a \sum_{s'} P_{ss'}^a [R_{ss'}^a + \gamma V(s')]$

值迭代在每轮扫描中有效地将策略评估和策略改进结合起来，通过在每轮改进间插入多轮评估可以实现更快的收敛。对于带折扣的有限 MDP，这些算法都可以收敛到最优策略。

10.5　无模型的强化学习方法

10.5.1　蒙特卡罗方法

本节将探讨在没有完美环境知识的情况下如何估计值函数和发现最优策略。蒙特卡罗方法是一种无需环境动态性先验知识的学习方法，它仅需要从与环境的在线或模拟交互中获得的状态、动作和奖赏的采样序列。从在线经验中学习是不需要环境动态性的先验知识，但仍能获得最优行为的有效方法。从模拟的经验中学习则需要模型，但这个模型只需产生采样转换，而不是像 DP 方法那样要求有全部可能转换的完整概率分布。在许多情况下，基于期望概率分布产生采样经验较为容易，但要得到这种确定形式的概率分布则几乎不可能。

蒙特卡罗方法基于平均采样回报解决强化学习问题。为了确保定义明确的回报值，假定蒙特卡罗方法仅用于情节式任务，即假设经验被分成了许多情节，并且不管选择什么动作，所有的情节最终都会终止。只有在一个情节完成之后，值的估计和策略才能改变。因此，蒙特卡罗方法是一个情节一个情节递增，而不是一步一步递增。"蒙特卡罗"这个术语被广泛用于涉及对重要随机成分进行估值的方法中，这里将蒙特卡罗方法专门用在基于平均完全回报的强化学习方法中。

尽管蒙特卡罗方法和 DP 方法之间存在差异，但许多重要思想是共通的。两者采用相似的方法计算值函数，并且从交互中得到最优值。首先探讨策略评估，即在一个固定的任意策略下计算值函数，然后是策略改进。这些思想可以扩展到只有采样经验可用的蒙特卡罗方法中。

1. 蒙特卡罗策略评估

蒙特卡罗策略评估用于估计给定策略 π 的状态值函数。状态 s 的值 $V^{\pi}(s)$ 是从状态 s 开始并遵循策略 π 的期望回报，通过对在状态 s 后观察到的回报进行平均可以估计 $V^{\pi}(s)$。

假设希望估计策略 π 下状态 s 的值 $V^{\pi}(s)$。给定一系列遵循策略 π 并经过状态 s 的情节，在每个情节中状态 s 的每次出现都称为一次访问。有两种方法：every-visit MC 方法对所有访问 s 的回报求平均，first-visit MC 方法对每个情节首次访问 s 的回报求平均。first-visit MC 方法估计 V^{π} 见算法 10.4。

算法 10.4　first-visit MC 方法估计 V^{π}

1. 初始化
2. $\pi \leftarrow$ 要评估的策略
3. $V \leftarrow$ 任意一个状态值函数
4. Returns(s) $\leftarrow$ 一个空队列，对所有 $s \in S$
5. Repeat forever：

    (1) 用 π 产生一个情节

(2) 对每一个出现在该情节中的状态 s

6. R←在第一次发生 s 以后的回报值

7. 将 R 追加到 Returns(s)中

8. $V(s)$←Returns(s)的平均值

当访问次数趋于无穷时,first-visit MC 和 every-visit MC 方法都收敛于 $V^{\pi}(s)$。根据大数定律,这些估计的平均值将收敛到真实的期望值。

下面通过一个例子来阐述蒙特卡罗方法。

例 **10.2** 21 点游戏是一个流行的赌场纸牌游戏,目标是使纸牌点数总和尽可能接近 21,但不超过 21。游戏可以表示为一个情节式有限 MDP。每局游戏是一个情节,赢、输、平局的奖赏分别为+1、-1、0。

假设用蒙特卡罗方法来评估一个策略,该策略在 20 点或 21 点时停止发牌,否则继续要牌。通过模拟许多局游戏,并对每个状态得到的回报求平均,可以得到状态值函数的估计。图 10.7 展示了蒙特卡罗策略评估计算出的 21 点游戏近似状态值函数,在此情况下仅考虑玩家在达到 20 点或 21 点时停止发牌。

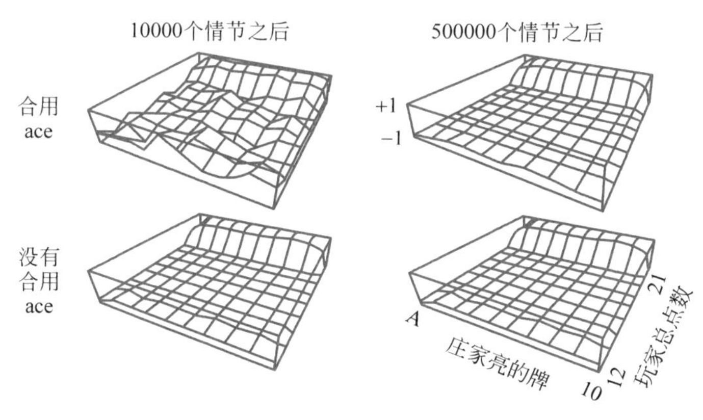

图 10.7 21 点游戏的近似状态值函数

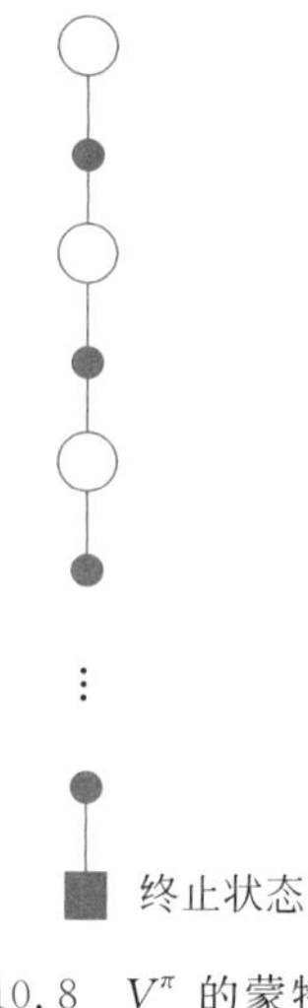

图 10.8 V^{π} 的蒙特卡罗估计更新图

图 10.8 展示了使用蒙特卡罗估计更新图的过程。尽管在这个任务中有环境的完备知识,但 DP 方法计算值函数仍然复杂且容易出错。而蒙特卡罗方法只需生成抽样游戏情节即可解决问题,即使在有完备知识时,这种方法也显示出明显优势。

关于蒙特卡罗方法的一个重要事实是每个状态的估计都是独立的。与在 DP 中的情况不一样,对一个状态的估计不需要建立在任何其他状态的估计基础之上。

值得注意的是,计算一个状态值的估计的计算代价与状态数无关。这可能就使得蒙特卡罗方法在只需要状态子集的值时特别有吸引力。可以从这些状态开始产生许多抽样情节,然后仅对从这些状态开始的回报取平均,而忽略掉所有其他的状态。相对于 DP 方法而言,这是蒙特卡罗方法具有的第三个优点(在比较了从实际或模拟的经验中学习的能力之后得出的)。

2. 动作值的蒙特卡罗估计

蒙特卡罗方法不仅可以估计状态值，还可以估计动作值。在无模型的情况下，估计动作值要优于估计状态值。蒙特卡罗方法的一大目标是估计 $Q^{\pi}(s,a)$，即从状态 s 开始采取动作 a 后遵循策略 π 的期望回报。

动作值的蒙特卡罗估计方法与状态值的方法类似。every-visit MC 方法对所有访问 (s,a) 的回报求平均，first-visit MC 方法对每次情节中首次访问 (s,a) 的回报求平均。随着访问次数的增加，这些估计将收敛到实际的期望值。

为了保证所有状态-动作对都能被访问到，可以使用探索始点假设，即每个情节从一个随机的状态-动作对开始。这样保证了所有状态-动作对最终都能被访问无数次。

3. 蒙特卡罗控制

蒙特卡罗估计可以用于控制，即逼近最优策略。整体思路是基于广义策略迭代(GPI)的思想，维护一个近似策略和一个近似值函数。通过交替执行策略评估和策略改进，可以逐步逼近最优策略。

如图 10.9 所示，值函数不断地改变，越来越接近当前策略下的值函数，而策略也根据当前值函数不断地改进。

这两种变化相互之间一定程度上是背离对方的，因为它们每个都产生了一个远离对方的目标，但是两者一起导致了策略与值函数都接近最优。

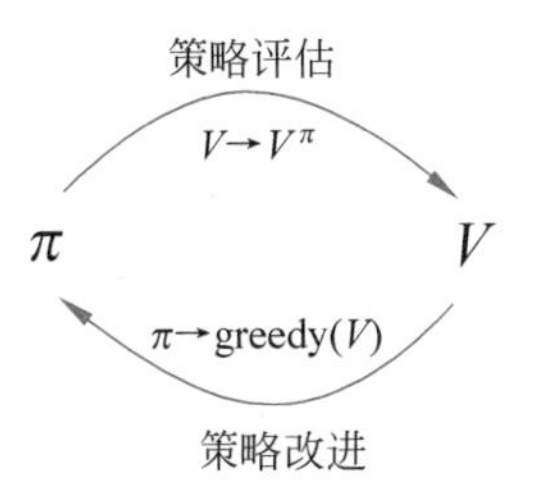

图 10.9 策略评估与策略改进

在蒙特卡罗迭代策略中，交替执行完整的策略评估和策略改进步，该方法始于一个任意策略 π_0，结束于最优策略和最优动作值函数，如图 10.10 所示。

$$\pi_0 \xrightarrow{E} Q^{\pi_0} \xrightarrow{I} \pi_1 \xrightarrow{E} Q^{\pi_1} \xrightarrow{I} \pi_2 \xrightarrow{E} \cdots \xrightarrow{I} \pi^* \xrightarrow{E} Q^*$$

图 10.10 蒙特卡罗版本的经典迭代策略

其中："$\xrightarrow{E}$"表示一个完整的策略评估；"$\xrightarrow{I}$"表示一个完整的策略改进。

策略评估完全如上一节所描述的那样来执行。经历很多情节以后，近似的动作值函数逐渐接近真实的函数。暂时假定确实观察了无穷多个情节；另外，这些情节都是从探索始点产生的。在这些假设之下，蒙特卡罗都将对任意策略 π_k 精确计算出每个 Q^{π_k}。

策略改进是策略对当前值函数贪心操作实现的。在这种情况下仅需要一个动作值函数，而不需要用模型来构造贪心策略。对任何的动作值函数 Q，相应的贪心策略是对每个 $s\in S$，确定地选择一个 Q 值最大的动作：

$$\pi(s)=\arg\max_{a} Q(s,a) \tag{10.25}$$

那么策略改进就可以通过将每一个 π_{k+1} 构造为对 Q^{π_k} 的贪心策略。然后策略改进就可以作用于 π_k 和 π_{k+1}，因为对所有 $s\in S$，有

$$\begin{aligned} Q^{\pi_k}(s,\pi_{k+1}(s)) &= Q^{\pi_k}(s,\arg\max_{a} Q^{\pi_k}(s,a)) \\ &= \max_{a} Q^{\pi_k}(s,a) \geqslant Q^{\pi_k}(s,\pi_k(s)) = V^{\pi_k}(s) \end{aligned} \tag{10.26}$$

如前所述，该原理确保了每个 π_{k+1} 都优于或者等同于 π_k。采用这种方式，蒙特卡罗方

法可以用来在仅有抽样情节而没有其他环境动态性知识的情况下找到最优策略。

蒙特卡罗控制方法的基本步骤是通过每次模拟情节更新值函数和策略，直到收敛，见算法 10.5。

算法 10.5 Monte Carlo ES：一个假设有探索始点的蒙特卡罗控制算法

1. 初始化，对于任意 $s \in S, a \in A(s)$
2. $Q(s,a) \leftarrow$ 任意
3. $\pi(s) \leftarrow$ 任意
4. Returns$(s,a) \leftarrow$ 空队列
5. Repeat forever：
6. 　　使用探索始点和 π 产生一个情节
7. 　　对情节中出现的每对 s,a
8. 　　$R \leftarrow s,a$ 第一次出现以后的回报
9. 　　添加 R 值到 Returns(s,a)
10. 　　$Q(s,a) \leftarrow$ Returns(s,a)的平均值
11. 　　对每个情节中的 s
12. 　　$\pi(s) \leftarrow \arg\ \max_a Q(s,a)$

在每次策略评估后，观察到的回报用于更新动作值，然后策略在所有被访问到的状态基础上改进。这样不断重复，直到策略收敛到最优策略。

例 10.2 求解 21 点游戏中直接对 21 点游戏用 Monte Carlo ES 方法。由于情节都是模拟游戏，很容易包含各种可能性的探索始点。在这种情况下可以简单地用庄家的牌、玩家的点数，以及玩家是否有一张合用的 Ace 作为状态，这些都是随机等概率的。初始策略用前面介绍的 21 点游戏例子中评估的策略，即仅考虑 20 点或 21 点停牌的策略。所有状态-动作对的初始动作值函数可以设为零。图 10.11 给出了用 Monte Carlo ES 找到的 21 点游戏的最优策略。该策略与 Thorp(1966)的"基本"策略是相同的，唯一的例外是有合用 Ace 的

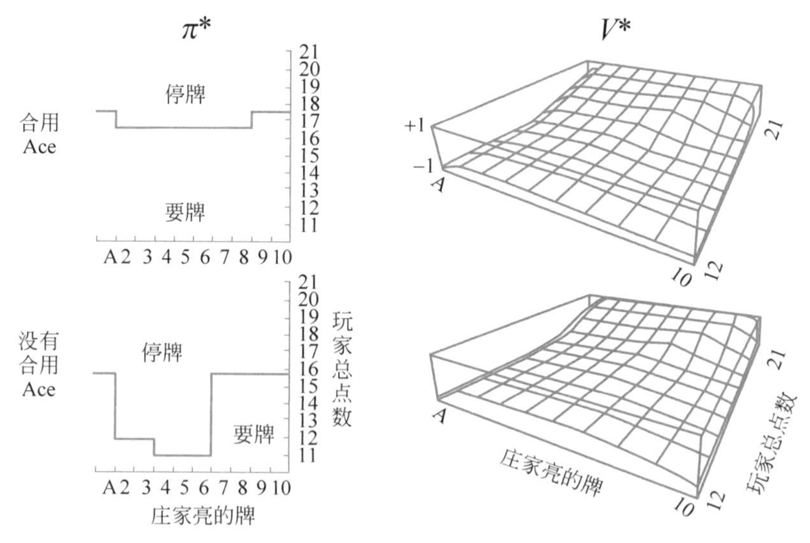

图 10.11 21 点游戏最优策略和状态值函数

策略，其最左边的缺口有所不同，这在 Thorp 的策略中并没有出现。我们不能确定这个差别的原因，但是可以确信，对所描述的 21 点游戏版本它确实是一个最优策略。

图 10.11 展示了通过 Monte Carlo ES 算法找到的 21 点游戏的最优策略和状态值函数。图中的状态值函数是通过 Monte Carlo ES 算法计算出的动作值函数转换得到的。

10.5.2 时间差分方法

时间差分(Temporal Difference，TD)方法结合了蒙特卡罗和动态规划(DP)的思想。与蒙特卡罗方法一样，TD 方法直接从经验中学习，而不需要环境的动态模型；与 DP 方法一样，TD 方法在每一步更新估计，而不需等待情节结束。TD 方法在策略评估和策略改进方面都有应用。

1. TD 预测

TD 方法和蒙特卡罗方法都利用经验去解决预测问题。给定一些在策略 π 下的经验，两种方法都是更新它们对于 V^π 的估计 V。如果在 t 时刻访问非终止状态 s_t，然后两种方法都依据此次访问之后发生的事来更新它们的估计 $V(s_t)$。粗略地说，蒙特卡罗方法直到后续访问的回报已知后，才能使用这个回报值作为 $V(s_t)$的目标。一个适合非固定环境的简单 every-visit 蒙特卡罗如下：

$$V(s_t) \leftarrow V(s_t) + \alpha[R_t - V(s_t)] \tag{10.27}$$

式中：R_t 为时间 t 之后的实际回报值；α 为常量步长参数。

这种方法称为常量 α-MC。然而蒙特卡罗方法必须等待此情节结束，然后决定 $V(s_t)$的增量(只有当 R_t 为已知时)，TD 方法仅仅需要等到下一个时间步。在时刻 $t+1$，它们立刻形成一个目标，并且利用观察得到的奖赏值 r_{t+1} 和估计值 $V(s_{t+1})$进行更新。最简单的 TD 方法 TD(0)，如下：

$$V(s_t) \leftarrow V(s_t) + \alpha[r_{t+1} + \gamma V(s_{t+1}) - V(s_t)] \tag{10.28}$$

相比之下，蒙特卡罗方法更新的目标是 R_t，而 TD 方法更新的目标是 $r_{t+1} + \gamma V_t(s_{t+1})$。TD 方法的更新部分基于一个已经存在的估计，像 DP 方法一样，称为自举方法，如下所示：

$$\begin{aligned} V^\pi(s) &= E_\pi\{R_t \mid s_t = s\} \\ &= E_\pi\left\{\sum_{k=0}^{\infty}\gamma^k r_{t+k+1} \mid s_t = s\right\} \\ &= E_\pi\left\{r_{t+1} + \gamma\sum_{k=0}^{\infty}\gamma^k r_{t+k+2} \mid s_t = s\right\} \\ &= E_\pi\{r_{t+1} + \gamma V^\pi(s_{t+1}) \mid s_t = s\} \end{aligned} \tag{10.29}$$

简单地说，蒙特卡罗方法利用式(10.27)的估计作为一个目标，而 DP 方法利用式(10.28)的估计作为一个目标。蒙特卡罗方法中，因为式(10.27)的期望值是未知的，故使用样本回报值替代实际期望回报值。DP 方法中，因为 $V^\pi(s_{t+1})$未知，而由当前估计值 $V_t(s_{t+1})$来代替。TD 目标是一个估计值的原因也在于这两点：它将式(10.28)中的期望值进行采样，利用当前估计 V_t 取代真实值 V^π。TD 方法将蒙特卡罗的抽样和 DP 的自举更新这两个优点结合了起来。

估计 V^π 的表格式 TD(0)见算法 10.6。

算法 10.6 估计 V^{π} 的表格式 TD(0)

1. 初始化 $V(s)$ 为任意值，用来对策略 π 进行估计
2. 重复(对于每个片段)
3. 初始化 s
4. 重复(对片段的每一步)
5. 　　$a \leftarrow$ 对状态 s 在策略 π 下的给定动作
6. 　　采用动作 a，得到奖赏值 r 和下一状态 s'
7. 　　$V(s) \leftarrow V(s) + \alpha[r + \gamma V(s') - V(s)]$
8. 　　$s \leftarrow s'$
9. 直到 s 终止

图 10.12 TD(0)的更新图

算法 10.6 给出了完整的 TD(0)过程，图 10.12 给出了 TD(0)的更新图。对更新图顶部的状态节点的值估计的更新，建立在从它到立即下一状态样本迁移的基础上。使用 TD 方法和蒙特卡罗方法更新作为采样更新，是因为它们都涉及样本的后续状态(或者是状态-动作对)，沿着这条路径，使用后继值和奖赏值计算更新值，据此改变初始状态(或者状态-动作对)的值。采样更新与动态规划方法的完全备份不同点在于：采样更新依据一个单一的样本后继，而不是所有可能后继的完全分布。

2. 时间差分估计方法的优点

TD 方法与 DP 方法相比，一个显著优点是不需要一个完整的环境模型、奖励和下一状态的概率分布。

TD 方法与蒙特卡罗方法相比，其显著优点是能够在线和全增量地实现更新。蒙特卡罗方法必须等到一个情节结束才能知道回报值，而 TD 方法只需要等待一个时间步。在许多具有很长情节的应用中，等到情节结束再学习的速度较慢。此外，有些应用是连续性的任务，并不存在情节。虽然蒙特卡罗方法可以忽略或截断采取实验动作的情节，但这在很大程度上减慢了学习速率。而 TD 方法受这种问题的影响非常小，因为它们能够从每个状态迁移中学习，而无需考虑后续动作。

TD 方法能够保证收敛到正确解。对于任何固定的策略，上述 TD 算法已被证明可以收敛到真实的状态值。

如果 TD 方法和蒙特卡罗方法都能渐渐收敛到正确的预测值，那么一个很自然的问题是“哪个收敛得更快”？换句话说，哪种方法学习得更快，更有效地利用了有限的数据？目前，这仍是一个有待解决的问题。从数学角度尚无人能够证明一种方法比另一种方法收敛得更快。事实上，甚至不清楚在表达这个问题时，什么方法是最适合的。在实践中，通常认为在随机任务下 TD 方法比常量 α 的蒙特卡罗方法收敛速度更快。

3. Sarsa：On-Policy TD 控制

在控制问题中应用 TD 方法时可以考虑广义策略迭代，其中评估与预测部分使用 TD 方法。与蒙特卡罗方法类似，需要交替使用探索与利用，并探讨 on-policy 和 off-policy 两种类型的方法。本节将讨论 on-policy 的 TD 控制方法。

首先需要学习一个动作值函数而不是状态值函数。具体来说，对于一个 on-policy 的方

法，需要对当前行为策略和所有状态及动作进行估计。可以利用与学习状态值函数相同的方法来解决此问题。由交替的状态和状态-动作对构成的片段如图 10.13 所示。

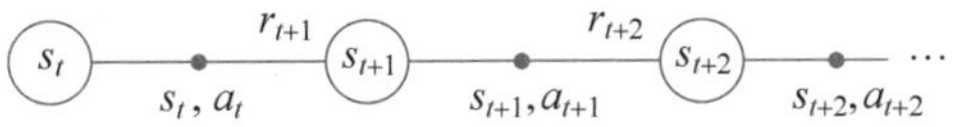

$$s_t \xrightarrow{s_t,a_t} \; r_{t+1} \; s_{t+1} \xrightarrow{s_{t+1},a_{t+1}} \; r_{t+2} \; s_{t+2} \xrightarrow{s_{t+2},a_{t+2}} \cdots$$

图 10.13　状态-动作对

前面讨论了从一个状态转移到另一个状态并学习状态值。现在考虑从一个状态-动作对转移到另一个状态-动作对并学习状态-动作对的值。这些情况形式上是相同的，它们都是有奖励过程的马尔可夫过程。确保在 TD(0)下状态值收敛的理论也适用于计算动作值的算法：

$$Q(s_t,a_t) \leftarrow Q(s_t,a_t) + \alpha[r_{t+1} + \gamma Q(s_{t+1},a_{t+1}) - Q(s_t,a_t)] \tag{10.30}$$

这个更新是在每个非终止状态 s_t 转移之后发生的。如果 s_{t+1} 是终止状态，$Q(s_{t+1},a_{t+1})$就定义为 0。利用五个部分($s_t,a_t,r_{t+1},s_{t+1},a_{t+1}$)构成了从一个状态-动作对转移到另一个状态-动作对，称为 Sarsa 算法。

Sarsa 算法流程见算法 10.7。

算法 10.7　Sarsa 算法流程

1. 随机初始化 $Q(s,a)$
2. 重复(对每个片段)
3. 初始化 s
4. 利用从 Q 中得到的策略在 s 中选择 a(如 ε-greedy)
5. 重复(对片段的每一步)
6. 　　选择动作 a，观察 r、s'
7. 　　利用从 Q 中得到的策略在 s'中选择 a'(如 ε-greedy)
8. 　　$Q(s,a) \leftarrow Q(s,a) + \alpha[r + \gamma Q(s',a') - Q(s,a)]$
9. 　　$s \leftarrow s', a \leftarrow a'$
10. 　　直到 s 是终止状态

根据 Sarsa 预测方法设计一个 on-policy 控制算法实际上非常简单。与在所有 on-policy 的方法中一样，对行为策略 π 不断地估计 Q^π，同时使与 Q^π 相关的策略 π 趋向贪婪策略。Sarsa 控制算法在算法 10.7 中给出。

Sarsa 算法的收敛性依据策略在 Q 上的依赖性。例如，可以使用 ε-greedy 或者 ε-soft 策略。只要所有的状态-动作对被无数次访问，并且策略在有限步内收敛到贪心策略(如可以安排为设置 $\varepsilon=1/t$ 的 ε-greedy 策略)，那么 Sarsa 将以概率 1 收敛到一个最优策略和动作-值函数。

4. Q 学习：off-policy TD 控制

在强化学习中，一个重要的突破是 Q 学习，这是一种 off-policy 的 TD 控制算法(Watkins，1989)。其最简单形式，一步 Q 学习，定义如下：

$$Q(s_t,a_t) \leftarrow Q(s_t,a_t) + \alpha[r_{t+1} + \gamma \max_a Q(s_{t+1},a) - Q(s_t,a_t)] \tag{10.31}$$

Q 学习算法流程见算法 10.8。

算法 10.8 Q 学习算法流程

1. 随机初始化 $Q(s,a)$
2. 重复(对每个片段)
3. 初始化 s
4. 重复(对片段的每一步)
5. 利用从 Q 中得到的策略在 s 中选择 a(如 ε-greedy)
6. 采取动作 a,得到 r,s'
7. $Q(s,a)\leftarrow Q(s,a)+\alpha[r+\gamma \max_{a'}Q(s',a')-Q(s,a)]$
8. $s\leftarrow s'$
9. 直到 s 是终止状态

在这种情况下,学到的动作值函数直接逼近最优动作值函数,而不依赖其策略。这极大地简化了算法的分析,并且其收敛性也可以被证明。

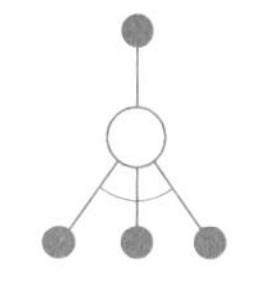

图 10.14 Q 学习的更新图

图 10.14 展示了 Q 学习的更新过程。图中展示了一个状态-动作对,顶节点(更新图的根)是已被选择的一个动作节点,图底部的节点是所有待选择的动作节点。更新来自底部的动作节点,这些动作节点通过选择使其下一状态的所有可能的动作最大化。最后,用一段弧表示选取这些"下一动作"节点的最大值的动作。

例 10.3 悬崖行走。这个格子世界的例子对比了 Sarsa 和 Q 学习,强调了 on-policy 方法(Sarsa)与 off-policy 方法(Q 学习)之间的不同。考虑图 10.15(a)所示的格子世界。这是一个标准的无折扣、情节式任务,有起始和目标状态,采取动作引起向上下、左右的移动。除了迁移到标记为悬崖的区域,其余区域的回报值都是−1。步入这个悬崖区域将得到奖赏值−100,并立即将智能体返回到起点。图 10.15(b)表明了 Sarsa 和 Q 学习在 ε-greedy 动作

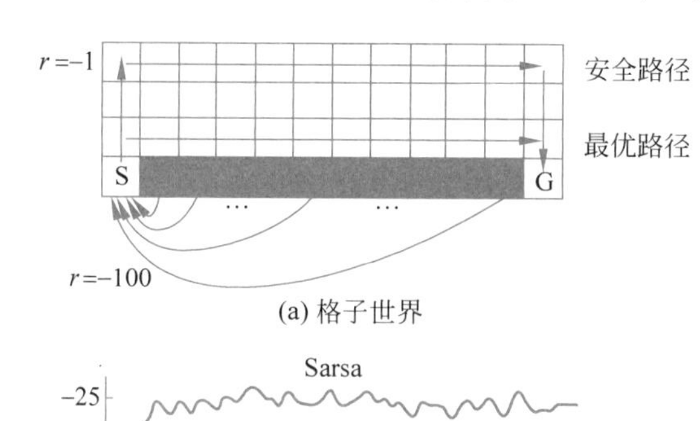

(a) 格子世界

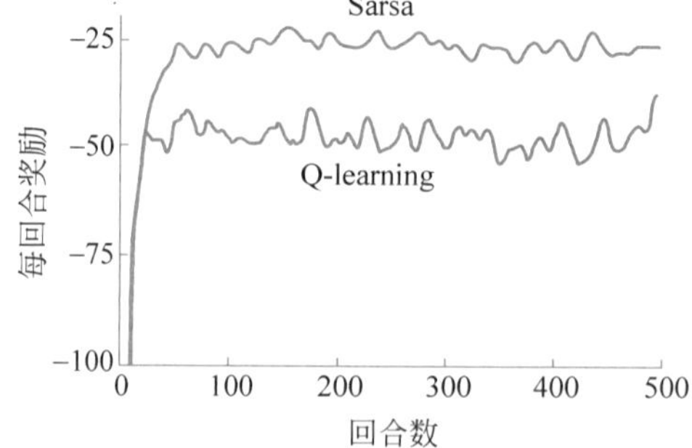

(b) Sarsa和Q学习在ε-greedy动作选择下的表现

图 10.15 攀岩任务,结果显示的是一个顺利的行走

选择下的表现，其中 ε 为贪婪度。在初始转移之后，Q 学习学到了最优策略的值，它沿着悬崖的边缘向右行走。由于 ε-greedy 动作选择，偶尔会掉到悬崖里去。另外，Sarsa 选择学习更长但更安全的路径，即选择靠近格子上部分的路径。虽然 Q 学习实际上学到了最优策略的值，但其在线性能比学习间接策略的 Sarsa 差。如果逐渐减少 ε，那么两种方法都将渐渐收敛到最优策略。

5. 行动者-评论家方法

行动者-评论家方法也是一种 TD 方法，能够在不依赖值函数的情况下明确地表示策略。这种方法结构包括行动者和评论家两个主要组件。行动者用于选择动作，而被估计的值函数被认为是评论家，负责评估行动者动作的好坏。行动者-评论家方法总是 on-policy 的：无论行动者当前执行什么动作，评论家都必须知道并对其进行评判。这种评判以 TD 误差的形式出现，这个标量信号是评论家的唯一输出，如图 10.16 所示。

行动者-评论家方法是 TD 学习和完全强化学习问题思想的自然延伸。评论家是一个典型的状态值函数。在每次动作选择之后，评论家通过评估新的状态来判断所做的事与期望的相比是好还是坏。这里的评估就是 TD 误差：

$$\delta_t = r_{t+1} + \gamma V(s_{t+1}) - V(s_t) \tag{10.32}$$

式中：V 为评论家当前使用的值函数。

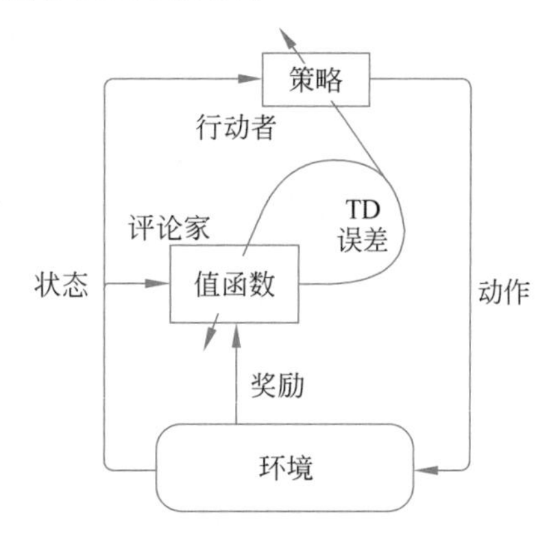

图 10.16 行动者-评论家结构

此外，TD 误差能够评估被选择的动作。在状态 s_t 选择动作 a_t 的情况下，如果 TD 误差为正，那么表明在未来应该更多地选择 a_t；如果 TD 误差为负，那么表明未来应该更少地执行 a_t。假设动作由吉布斯(Gibbs)软最大化方法产生：

$$\pi_t(s,a) = \Pr\{a_t = a \mid s_t = s\} = \frac{e^{p(s,a)}}{\sum_b e^{p(s,b)}} \tag{10.33}$$

式中：$p(s,a)$为在时刻 t 行动者的可更改的策略参数值，预示着在每个状态 s 选择(优先选择)每个动作 a 的趋势。

上述描述的趋势可以通过增加或减少 θ_{sa} 来增强或减弱，如通过

$$p(s_t,a_t) \leftarrow p(s_t,a_t) + \beta\delta_t \tag{10.34}$$

式中：β 为另一个正的步长参数。

许多早期使用 TD 方法的强化学习系统采用行动者-评论家方法(Witten，1977；Barto，Sutton，Anderson，1983)。从那以后，更多的研究集中在学习动作值函数的方法上，并仅从已估计的值中决定一个策略的方法(如 Sarsa 和 Q 学习)。

行动者-评论家方法有以下两个显著的优点：

(1) 需要很少的计算量就可以选择动作。考虑动作连续的情况，任何方法都必须搜寻这个无穷集才能选择一个动作。而行动者则可以根据现有策略直接输出一个动作，无需计算其他额外动作。

(2) 能够学习一个显式的随机策略，即能够学到选择不同动作的最优概率分布。

10.6 阅读材料

“强化学习”一词源于行为心理学。行为心理学家主张心理学的研究应专注于人类可观察的行为，而不应涉及意识、灵魂等无法直接观测的心理活动。在研究学习活动时，行为心理学尽量避免使用诸如“观念”之类的术语，而是用“刺激”和“反应”等来解释学习过程。经典案例包括巴甫洛夫的狗和斯金纳的鸽子，甚至有行为心理学家将自己的孩子放在研究条件反射的实验箱中进行研究，这体现了科学家的执着精神。

行为心理学从刺激—反应(S-R)的研究出发，只研究看得见、听得到、摸得着的事物，拒绝当时无法观测和实证的“意识”“心理”等心灵主义概念。行为心理学的这种思路可以追溯到机械论唯物主义哲学思想，这种思想认为世界是物质的统一体，行为心理学则极端地将心理学的研究范围限定在可以通过客观观测手段进行重复实验的范畴内，试图将心理学纳入自然科学的范畴。

在进行刺激—反应研究的过程中，行为主义心理学家发现生物的学习问题具有强化属性，即生物会为了趋利避害而更频繁地实施对自己有利的策略。尤其是新行为主义的代表斯金纳在大量研究学习问题的基础上提出了强化理论，强调强化在学习中的重要性。行为主义认为学习是一种行为，当主体进行学习时反应速率增加，不学习时反应速率下降。因此，行为主义将学习定义为反应概率的变化，提出了行为主义学习理论。这与图灵提出的人工智能研究途径有异曲同工之处，即给机器配备各种先进的传感器，然后教机器学习，这是一种将大脑或从刺激到反应的过程视为黑箱的方式。

强化学习的理论基础正是在于此。它将智能体的学习过程看作一种与环境的刺激—反应过程，通过智能体与环境的交互来学习策略，以实现回报最大化或特定目标。其常用的模型方法是马尔可夫决策过程。随着决策问题复杂度的提升，强化学习的方法也逐渐从经典的马尔可夫决策过程向更加接近现实的约束马尔可夫决策过程、模糊马尔可夫决策过程和部分可观察马尔可夫决策过程等方向发展，目的是模拟智能体面对的无法完全观测和无法精确描述的环境。

尽管强化学习理论早已建立，但其真正发扬光大是在近 10 年。尤其是 AlphaGo 的成功，可以看作是这一理论复兴的里程碑事件。其背后的主要原因在于神经网络和计算机技术的发展，使得强化学习理论中难以计算的策略评估函数(通常采用贝尔曼期望方程)变得易于计算。尽管收敛的稳定性仍有待提高，但至少不会再出现以前难以求解的困境。经过大量尝试，强化学习在各种策略型问题中已成为一种非常强大的方法。

10.7 本章小结

本章主要介绍了强化学习的基本概念，包括如何定义和理解强化学习及其在不同应用场景中的作用。详细讨论了马尔可夫决策过程，其作为强化学习的核心模型，描述了智能体在环境中如何通过状态、动作和奖赏进行决策。然后介绍了基于模型的强化学习算法，讨论了这些算法如何通过构建环境模型来提高学习效率和决策质量。最后深入探讨了无模型强化学习算法，强调了 Q 学习和 Sarsa 等算法在未知环境中的应用和优势。本章内容为理解和应用强化学习算法奠定了坚实的基础。

习题

1. 列举三个能够用强化学习框架描述的例子，确定每个例子的状态、动作以及相应的回报值，并针对其中一个例子归纳在建模过程中的一些限制因素。

2. 给出动作值函数的贝尔曼等式 Q^{π}，等式必须包含 $Q^{\pi}(s,a)$ 和 $Q^{\pi}(s',a')$。(参考图 10.2 及式(10.13)。)

3. 假设在图 10.4 中状态 13 下方添加一新的状态 15，动作分别是 left、up、right、down，分别到达状态 12、13、14 和 15。假设其他初始状态的状态转向没有改变。采用等概率随机策略时，$V^{\pi}(15)$ 的值是多少？假设状态 13 的状态转向发生变化，即采用 down 时从状态 13 到达状态 15，采用等概率随机策略，$V^{\pi}(15)$ 的值又是多少？

4. 考虑如何利用策略迭代计算动作值函数？试给出一个完整的算法计算 Q^{*}。

5. 蒙特卡罗估计 Q^{π} 值的回溯图是什么样的？

6. 考虑与 Q 学习一样的学习算法，除了用期望值取代了下一状态-动作对上的最大值，这个期望值考虑了当前策略下每个动作的可能性。也就是考虑这个算法与 Q 学习一样除了更新规则之外。

$$
\begin{aligned}
Q(s_t,a_t) &\leftarrow Q(s_t,a_t) + \alpha[r_{t+1} + \gamma E\{Q(s_{t+1},a_{t+1}) \mid s_t,a_t\} - Q(s_t,a_t)] \\
&\leftarrow Q(s_t,a_t) + \alpha\left[r_{t+1} + \gamma \sum_a \pi(s_t,a) Q(s_{t+1},a) - Q(s_t,a_t)\right]
\end{aligned}
$$

这是一个属于 on-policy 或 off-policy 的新方法吗？这个算法的更新图是什么？给定相同数目的经验，这个方法比 Sarsa 好还是坏呢？哪些因素会影响这个方法与 Sarsa 的比较？

第11章

模糊计算

学习目标

- 掌握模糊计算的基本概念；
- 学会模糊计算的简单应用。

本章主要介绍模糊集合及表示方法、模糊集合运算、模糊关系、隶属度函数、模糊判决和模糊应用的实例。

11.1 概述

模糊是相对于精确而言的，是指客观事物在彼此差异中间过渡时所引起的划分上的不确定性，即“亦此亦彼”的特性。在现实生活中存在许多模糊概念，例如，日常生活中的“高个子”和“矮个子”，在温度方面的“高温”和“低温”等。

在人们表达一个概念时，通常采用指明概念的内涵和外延的方式来描述。从集合论的角度看，内涵就是集合的定义，外延则是组成该集合的所有元素。在经典集合论中，论域中的任一元素与某个集合之间的联系完全符合二值逻辑的要求，要么属于某个集合，要么不属于这个集合，非此即彼，没有模棱两可的情况。这表明，经典集合所表达的概念其内涵和外延都是明确的。

然而，模糊概念的外延是不明确的，因此模糊概念不能用普通集合来描述的，而需要用模糊集合来表示。1965年，美国控制论专家扎德(Zadeh)在*Information and Control*杂志上发表了题为“Fuzzy Sets”的论文，首次提出了模糊集合的概念，这标志着模糊数学的诞生。

模糊数学是描述模糊现象的数学学科，模糊计算方法是处理模糊现象的有效方法。模糊数学并不是将数学变得模糊不清，而是通过数学方法对模糊现象进行精确描述和分析。

11.2 模糊集合

11.2.1 模糊集合的概念

模糊概念的“亦此亦彼”特征无法用经典集合来表达。为了在集合理论的框架下讨论模糊现象，扎德通过量化中间过渡的方式对经典集合进行了推广，提出了模糊集合的概念。由于存在中间过渡，无法明确指出模糊概念的外延，因此用经典集合描述一个元素绝对地"属于"或"不属于"它们是不合理的。打破这种绝对隶属关系的方法，就是合理地推广经典集合，设法对中间过渡进行量化。基于这一思想，扎德将特征函数的取值范围由{0, 1}推广到闭区间[0, 1]，建立了"隶属度函数"的概念，并以此为基础提出了"模糊集合"的定义，进而对经典集合进行了推广。

给定论域U中的一个模糊集$\underset{\sim}{A}$，对于任意元素$x \in U$都有不同程度地属于这个集合，元素x属于这个集合的程度可以用隶属度函数$\mu_{\underset{\sim}{A}}(x)$来表示。模糊集合通常用一个大写字母加上符号"～"来表示。

从模糊集合的定义可以看出，论域U上的模糊集$\underset{\sim}{A}$由隶属度函数$\mu_{\underset{\sim}{A}}(x)$来表征，其取值在[0,1]闭区间内，$\mu_{\underset{\sim}{A}}(x)$的大小反映了元素$x$对于模糊集合$\underset{\sim}{A}$的隶属度。$\mu_{\underset{\sim}{A}}(x)$的值越接近于1，表示$x$对于$\underset{\sim}{A}$的隶属度很高；$\mu_{\underset{\sim}{A}}(x)$的值越接近于0，表示$x$对于$\underset{\sim}{A}$的隶属度越低。

例 11.1 设论域$U=[0,100]$表示人的年龄，模糊集$\underset{\sim}{A}$表示"年老"，模糊集$\underset{\sim}{B}$表示"年轻"，它们的隶属度函数分别为

$$\mu_{\underset{\sim}{A}}(x)=\begin{cases}0, & 0 \leqslant x \leqslant 50 \\ \dfrac{1}{1+\left(\dfrac{x-50}{5}\right)^{2}}, & x>50\end{cases}$$

$$\mu_{\underset{\sim}{B}}(x)=\begin{cases}1, & 0 \leqslant x \leqslant 25 \\ \dfrac{1}{1+\left(\dfrac{x-25}{5}\right)^{2}}, & x>25\end{cases}$$

相应的隶属度函数形状如图 11.1 所示。

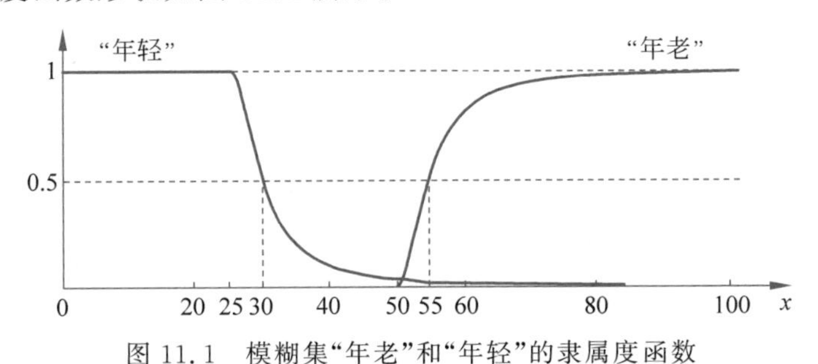

图 11.1 模糊集"年老"和"年轻"的隶属度函数

根据上面定义的隶属度函数，可算得相应年龄隶属于"年老"和"年轻"的隶属度，如表 11.1 所示。

表 11.1 "年老"和"年轻"的隶属度

x	55	60	65	70	75
$\underset{\sim}{A}(x)$	0.5	0.8	0.9	0.94	0.96
x	26	30	35	40	45
$\underset{\sim}{B}(x)$	0.96	0.5	0.2	0.1	0.06

11.2.2 模糊集合的表示方法

论域U上的模糊集合$\underset{\sim}{A}$，原则上只需指明U中的每个元素x及其对应的隶属度$\mu_{\underset{\sim}{A}}(x)$，并将它们用一定的形式构造在一起。模糊集合本质上是从论域到[0,1]的映射，因此用隶属度函数来表示模糊集是最基本的方法。这里介绍四种常用的模糊集合表示方法，即Zadeh表示法、序偶表示法、向量表示法和隶属度函数表示法。

1. Zadeh表示法

当论域U为有限集或可列集时，定义在论域$\{x_1,x_2,\cdots,x_n\}$上的模糊集合为

$$\underset{\sim}{A}=\frac{\mu_{\underset{\sim}{A}}(x_1)}{x_1}+\frac{\mu_{\underset{\sim}{A}}(x_2)}{x_2}+\cdots+\frac{\mu_{\underset{\sim}{A}}(x_n)}{x_n} \tag{11.1}$$

也可使用符号$\sum$来表示：

$$\underset{\sim}{A}=\sum_{i=1}^{n}\frac{\mu_{\underset{\sim}{A}}(x_i)}{x_i} \quad 或 \quad \underset{\sim}{A}=\sum_{i=1}^{\infty}\frac{\mu_{\underset{\sim}{A}}(x_i)}{x_i} \tag{11.2}$$

例11.2 假设论域5个人的年龄分别为20岁、30岁、35岁、40岁、50岁，它们对于“年轻”的模糊概念的隶属度分别为1、0.5、0.2、0.1、0.04，则模糊集“年轻”可以表示为

$$\underset{\sim}{A}=\frac{1}{20}+\frac{0.5}{30}+\frac{0.2}{35}+\frac{0.1}{40}+\frac{0.04}{50}$$

当论域U为有限连续集或其他情形时，模糊集可表示为

$$\underset{\sim}{A}=\int_{x\in U}\frac{\mu_{\underset{\sim}{A}}(x)}{x} \tag{11.3}$$

同样地，这里“$\int$”并不表示积分，而是表示各个元素与隶属度对应关系的一个总括。

例11.2中模糊集“年轻”也可以表示为

$$\underset{\sim}{A}=\int_{x\in[0,25]}\frac{1}{x}+\int_{x\in[25,100]}\frac{[1+((x-25)/5)^2]^{-1}}{x}$$

2. 序偶表示法

当论域U为有限论域时，定义在该论域上的模糊集可表示为

$$\underset{\sim}{A}=\{(x_1,\mu_{\underset{\sim}{A}}(x_1)),(x_2,\mu_{\underset{\sim}{A}}(x_2)),\cdots,(x_n,\mu_{\underset{\sim}{A}}(x_n))\} \tag{11.4}$$

采用序偶表示法时，例11.2中的$\underset{\sim}{A}$可以表示为

$$\underset{\sim}{A}=\{(20,1),(30,0.5),(35,0.2),(40,0.1),(50,0.04)\}$$

3. 向量表示法

当论域为有限论域时，模糊集还可以表示为向量的形式，即

$$\underset{\sim}{A}=\{\mu_{\underset{\sim}{A}}(x_1),\mu_{\underset{\sim}{A}}(x_2),\cdots,\mu_{\underset{\sim}{A}}(x_n)\} \tag{11.5}$$

注意，向量表示法中，隶属度为0的项不能省略，相应的元素x_i的次序也不能随意调换。采用向量表示法时，例中的$\underset{\sim}{A}$可以表示为

$$\underset{\sim}{A}=\{1,0.5,0.2,0.1,0.04\}$$

4. 隶属度函数描述法

论域U上的模糊子集$\underset{\sim}{A}$可以完全由隶属度函数$\mu_{\underset{\sim}{A}}(x)$表示。

例 11.1 中模糊集“年轻”可以用隶属度函数表示为

$$\mu_{\underset{\sim}{A}}(x)=\begin{cases}1, & 0\leqslant x\leqslant 25\\ \dfrac{1}{1+\left(\dfrac{x-25}{5}\right)^2}, & x>25\end{cases}$$

11.2.3 模糊集合的运算

模糊集合是经典集合的推广，因此其运算也应是经典集合运算的推广，并通过隶属度函数来实现。模糊集合与普通集合一样，也有相等、包含、交集、并集、补集的运算。假设 $\underset{\sim}{A}$、$\underset{\sim}{B}$ 和 $\underset{\sim}{C}$ 为论域 U 上的两个模糊集，它们的隶属度函数分别为 $\mu_{\underset{\sim}{A}}(x)$、$\mu_{\underset{\sim}{B}}(x)$ 和 $\mu_{\underset{\sim}{C}}(x)$，下面以用这三个模糊集说明模糊集合的运算。

1. 模糊集合的相等

若 $\forall x=U$，总有 $\mu_{\underset{\sim}{A}}(x)=\mu_{\underset{\sim}{B}}(x)$ 成立，则称 $\underset{\sim}{A}$ 和 $\underset{\sim}{B}$ 相等，记作 $\underset{\sim}{A}=\underset{\sim}{B}$。

2. 模糊集合的包含

若 $\forall x=U$，总有 $\mu_{\underset{\sim}{A}}(x)\geqslant\mu_{\underset{\sim}{B}}(x)$ 成立，则称 $\underset{\sim}{A}$ 包含 $\underset{\sim}{B}$，记作 $\underset{\sim}{A}\supseteq\underset{\sim}{B}$。

3. 模糊集的取交

$\underset{\sim}{A}$ 和 $\underset{\sim}{B}$ 的交集可以表示为

$$\underset{\sim}{C}=\underset{\sim}{A}\cap\underset{\sim}{B} \tag{11.6}$$

$\underset{\sim}{C}$ 的隶属度函数为

$$\mu_{\underset{\sim}{C}}(x)=\min\{\mu_{\underset{\sim}{A}}(x),\mu_{\underset{\sim}{B}}(x)\}=\mu_{\underset{\sim}{A}}(x)\wedge\mu_{\underset{\sim}{B}}(x) \tag{11.7}$$

式中：符号“∧”代表“取最小值”运算。也就是说，两个模糊集合的交集的隶属度函数等于两个模糊集合的隶属度函数的最小值。

4. 模糊集的合并

$\underset{\sim}{A}$ 和 $\underset{\sim}{B}$ 的并集可以表示为

$$\underset{\sim}{C}=\underset{\sim}{A}\cup\underset{\sim}{B} \tag{11.8}$$

$\underset{\sim}{C}$ 的隶属度函数为

$$\mu_{\underset{\sim}{C}}(x)=\max\{\mu_{\underset{\sim}{A}}(x),\mu_{\underset{\sim}{B}}(x)\}=\mu_{\underset{\sim}{A}}(x)\vee\mu_{\underset{\sim}{B}}(x) \tag{11.9}$$

式中：符号“∨”代表“取最大值”运算。也就是说，两个模糊集合的交集的隶属度函数等于两个模糊集合的隶属度函数的最大值。

5. 模糊集的合补

$\underset{\sim}{A}$ 的补集可以表示为 $\overline{\underset{\sim}{A}}$，$\overline{\underset{\sim}{A}}$ 的隶属度函数为

$$\mu_{\overline{\underset{\sim}{A}}}(x)=1-\mu_{\underset{\sim}{A}}(x) \tag{11.10}$$

也就是说，某个模糊集合的补集的隶属度函数等于 1 减去该模糊集合的隶属度函数。

6. 模糊运算的性质

交换律：

$$\underset{\sim}{A}\cap\underset{\sim}{B}=\underset{\sim}{B}\cap\underset{\sim}{A},\quad \underset{\sim}{A}\cup\underset{\sim}{B}=\underset{\sim}{B}\cup\underset{\sim}{A} \tag{11.11}$$

结合律：

$$\underset{\sim}{A} \cap (\underset{\sim}{B} \cap \underset{\sim}{C}) = (\underset{\sim}{A} \cap \underset{\sim}{B}) \cap \underset{\sim}{C}$$

$$\underset{\sim}{A} \cup (\underset{\sim}{B} \cup \underset{\sim}{C}) = (\underset{\sim}{A} \cup \underset{\sim}{B}) \cup \underset{\sim}{C} \tag{11.12}$$

分配律：

$$\underset{\sim}{A} \cap (\underset{\sim}{B} \cup \underset{\sim}{C}) = (\underset{\sim}{A} \cap \underset{\sim}{B}) \cup (\underset{\sim}{A} \cap \underset{\sim}{C})$$

$$\underset{\sim}{A} \cup (\underset{\sim}{B} \cap \underset{\sim}{C}) = (\underset{\sim}{A} \cup \underset{\sim}{B}) \cap (\underset{\sim}{A} \cup \underset{\sim}{C}) \tag{11.13}$$

传递律：

$$若\ \underset{\sim}{A} \subseteq \underset{\sim}{B}, \underset{\sim}{B} \subseteq \underset{\sim}{C}，\quad 则\ \underset{\sim}{A} \subseteq \underset{\sim}{C} \tag{11.14}$$

幂等律：

$$\underset{\sim}{A} \cap \underset{\sim}{A} = \underset{\sim}{A}，\quad \underset{\sim}{A} \cup \underset{\sim}{A} = \underset{\sim}{A} \tag{11.15}$$

摩根律：

$$\overline{\underset{\sim}{A} \cup \underset{\sim}{B}} = \overline{\underset{\sim}{A}} \cap \overline{\underset{\sim}{B}}，\quad \overline{\underset{\sim}{A} \cup \underset{\sim}{B}} = \overline{\underset{\sim}{A}} \cup \overline{\underset{\sim}{B}} \tag{11.16}$$

复原律：

$$\overline{\overline{\underset{\sim}{A}}} = \underset{\sim}{A} \tag{11.17}$$

零壹律：

$$\underset{\sim}{A} \cap \underset{\sim}{C} = \underset{\sim}{A}，\quad \underset{\sim}{A} \cup \underset{\sim}{U} = \underset{\sim}{U}，\quad \underset{\sim}{A} \cap \underset{\sim}{\Phi} = \underset{\sim}{A}，\quad \underset{\sim}{A} \cup \underset{\sim}{\Phi} = \underset{\sim}{A} \tag{11.18}$$

例 11.3 设论域 $U=\{a,b,c,d\}$ 上有两个模糊集分别为

$$\underset{\sim}{A} = \frac{0.6}{a} + \frac{0.7}{b} + \frac{0.4}{c} + \frac{0.1}{d}$$

$$\underset{\sim}{B} = \frac{0.3}{a} + \frac{0.8}{b} + \frac{0.5}{c} + \frac{0.7}{d}$$

求 $\underset{\sim}{A} \cap \underset{\sim}{B}$、$\underset{\sim}{A} \cup \underset{\sim}{B}$ 和 $\overline{\underset{\sim}{B}}$。

解：

$$\begin{aligned}\underset{\sim}{A} \cap \underset{\sim}{B} &= \frac{0.6 \wedge 0.3}{a} + \frac{0.7 \wedge 0.8}{b} + \frac{0.4 \wedge 0.5}{c} + \frac{0.1 \wedge 0.7}{d} \\ &= \frac{0.3}{a} + \frac{0.7}{b} + \frac{0.4}{c} + \frac{0.1}{d}\end{aligned}$$

$$\begin{aligned}\underset{\sim}{A} \cup \underset{\sim}{B} &= \frac{0.6 \vee 0.3}{a} + \frac{0.7 \vee 0.8}{b} + \frac{0.4 \vee 0.5}{c} + \frac{0.1 \vee 0.7}{d} \\ &= \frac{0.6}{a} + \frac{0.8}{b} + \frac{0.5}{c} + \frac{0.7}{d}\end{aligned}$$

$$\begin{aligned}\overline{\underset{\sim}{B}} &= \frac{1-0.3}{a} + \frac{1-0.8}{b} + \frac{1-0.5}{c} + \frac{1-0.7}{d} \\ &= \frac{0.7}{a} + \frac{0.2}{b} + \frac{0.5}{c} + \frac{0.3}{d}\end{aligned}$$

11.3 隶属度函数

11.3.1 隶属度函数的确定

隶属度函数是对模糊概念的定量描述，正确地确定隶属度函数是运用模糊集合理论解

决实际问题的基础。我们遇到的模糊概念不胜枚举，然而准确地反映模糊概念的隶属度函数却无法找到统一的模式。

隶属度函数的确定过程本质上应当是客观的，但每人对于同一个模糊概念的认识和理解存在差异，因此隶属度函数的确定也具有主观性。这里介绍几种常用的方法，不同的方法结果可能会不同，但检验隶属度函数是否合适的标准在于其是否符合实际，并在实际应用中能检验其效果。

1. 直觉法

直觉法是人们根据自己对模糊概念的认识和理解，或者人们对模糊概念的普遍认同来建立隶属函数。这种方法通常用于描述人们熟知、有共识的客观模糊现象，或用于难以采集数据的情形。

例如，在描述空气温度的模糊变量或“语言”变量时，可以定义“很冷”“冷”“凉爽”“适宜”和“热”这几个模糊集。凭借我们对“很冷”“冷”“凉爽”“适宜”和“热”这些模糊概念的认知和理解，可以规定这些模糊集的隶属度函数曲线，如图 11.2 所示。

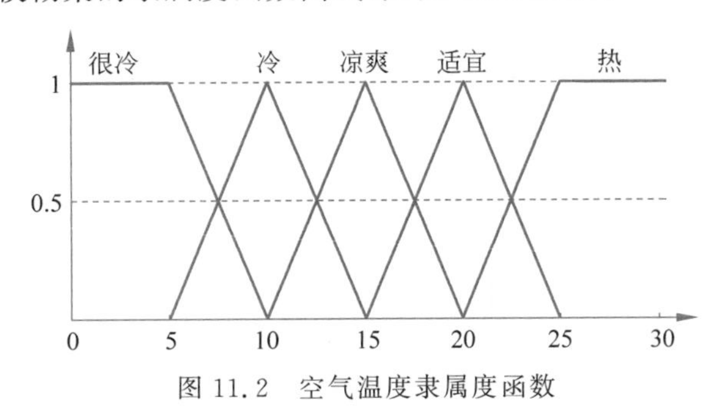

图 11.2　空气温度隶属度函数

虽然直觉法非常简单、直观，但它包含了对象的背景、环境以及语义上的相关知识，也包含了对这些知识的语言学描述。因此，对于同一个模糊概念，不同背景、不同的人可能会建立出不完全相同的隶属度函数。例如，模糊集“很冷”的隶属度函数，不同性别、不同生活环境的人所得到的曲线可能是不同的。

2. 模糊统计法

当试验次数足够多时，根据概率统计的规律，可以用频率来代替概率。因此，建立隶属度函数时可用隶属频率来代替隶属度。

设论域 U 中的一个元素 x，模糊统计实验的基本要求是在每一次实验中对 x 是否属于模糊集 $\underset{\sim}{A}$ 做确切的判断。经过 n 次实验，可以计算出 x 对 $\underset{\sim}{A}$ 的隶属概率：

$$x\text{ 对 }\underset{\sim}{A}\text{ 的隶属概率}=\frac{\text{“}x\text{ 属于}\underset{\sim}{A}\text{”的次数}}{n} \tag{11.19}$$

许多实验表明，随着 n 的增大，隶属频率呈现出稳定性，这种频率的稳定值即为 x 对 $\underset{\sim}{A}$ 的隶属度，可表示为

$$\mu_{\underset{\sim}{A}}(x)=\lim_{n\to\infty}\frac{\text{“}x\text{ 属于}\underset{\sim}{A}\text{”的次数}}{n} \tag{11.20}$$

模糊统计的方法与概率统计有所不同，可以形象地解释为若将概率统计比作“变动的点”是否落在“不动的圈”内，则模糊统计比作“变动的圈”是否覆盖“不动的点”。

例 11.4 用模糊统计法确定“青年人”的隶属度函数。设 $U=[0,100]$，取 $x=27$，求 27 岁对“青年人”的隶属度。

解：(1) 取 129 位专家，分别给出“青年人”的年龄区间段，如表 11.2 所示。

表 11.2 “青年人”年龄区间段

18～25	18～30	17～30	20～35	15～28	18～25	18～35	19～28	17～30	16～30
15～28	15～25	16～28	18～30	18～25	18～28	17～30	15～30	18～30	18～35
15～25	17～25	17～30	18～35	18～25	18～30	16～28	18～30	18～35	15～30
18～35	15～28	15～25	16～32	18～30	18～35	17～30	18～35	16～28	20～30
16～30	18～35	18～35	18～29	17～28	18～35	18～35	18～25	18～30	16～28
17～27	15～26	16～35	18～35	15～25	15～27	18～35	16～30	14～25	18～25
18～30	20～30	18～28	18～30	15～30	18～28	18～25	16～25	20～30	18～35
18～30	18～30	16～28	17～25	16～30	18～30	15～25	18～35	18～30	18～28
18～26	16～35	16～28	16～25	15～35	17～30	15～25	16～35	15～30	18～30
15～25	16～30	16～30	15～28	15～36	15～25	17～28	18～30	16～25	18～30
17～25	18～29	17～29	15～30	17～30	16～30	16～35	15～30	14～25	18～35
16～30	18～30	18～35	16～28	18～25	18～30	18～28	18～35	16～24	18～30
17～30	15～30	18～35	18～25	18～30	15～30	15～30	17～30	18～30	

(2) 统计区间覆盖 $x=27$ 的次数，如表 11.3 所示。

表 11.3 不同样本下 $x=27$ 的隶属度函数

n	10	20	30	40	50	60	70	80	90	100	110	120	129
m	6	14	23	31	39	47	53	62	68	76	85	95	101
f	0.60	0.70	0.77	0.78	0.78	0.78	0.76	0.78	0.76	0.76	0.77	0.79	0.78

(3) 分别统计每个年龄段的隶属度，如表 11.4 所示。

表 11.4 论域中每个元素对 $\underset{\sim}{A}$ 的隶属度函数

x	11	12	13	14	15	16	17	18	19	20
$\mu_{\underset{\sim}{A}}(x)$	0	0	0	0.016	0.209	0.395	0.519	0.961	0.969	1
x	21	22	23	24	25	26	27	28	29	30
$\mu_{\underset{\sim}{A}}(x)$	1	1	1	1	0.992	0.798	0.783	0.767	0.620	0.597
x	31	32	33	34	35	36	37	38	39	40
$\mu_{\underset{\sim}{A}}(x)$	0.209	0.209	0.202	0.202	0.202	0.008	0	0	0	0
$\mu_{\underset{\sim}{A}}(x)=0, x\in[0,10]\cup[40,100]$										

(4) 根据表 11.4 的数据，可作出模糊集 $\underset{\sim}{A}$=“青年人”的隶属度函数曲线，如图 11.3 所示。

3. 其他方法

确定隶属度函数的方法还有许多，例如，可以请教有经验的专家或工程技术人员直接用打分的方法，也可以用推理的方法、二元对比排序法等，这里不再一一介绍。

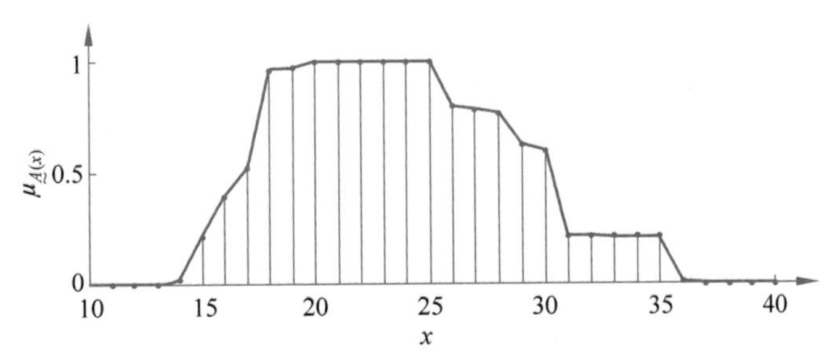

图 11.3　“青年人”的隶属度函数曲线

11.3.2　常用的隶属度函数

在客观事物中最常见的是以实数作论域的情形，通常将实数集上模糊集的隶属度函数称为模糊分布。模糊数学中常用的隶属度函数有很多种，法国的 A. Kaufmann 收集了 28 种不同的隶属度函数，这里介绍几种常用的隶属度函数。

1. 三角形函数

三角形函数分布曲线如图 11.4 所示，其数学表达式为

$$f(x,a,b,c)=\begin{cases}0, & x\leqslant a\\ \dfrac{x-a}{b-a}, & a<x\leqslant b\\ \dfrac{c-x}{c-b}, & b<x\leqslant c\\ 0, & c<x\end{cases} \tag{11.21}$$

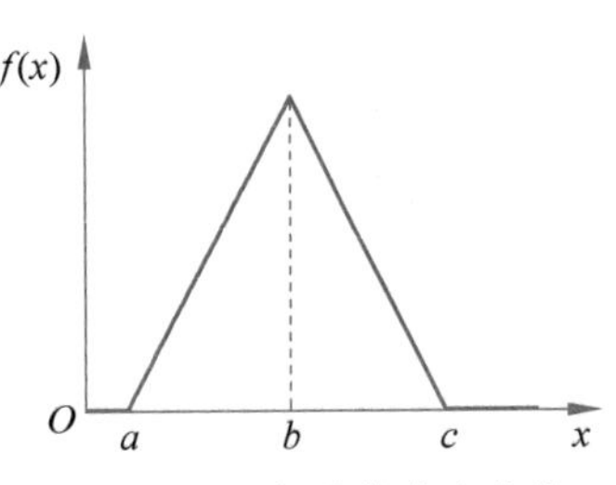

图 11.4　三角函数分布曲线

式中：$a\leqslant b\leqslant c$。

2. 钟形函数

钟形函数分布曲线如图 11.5 所示，其数学表达式为

$$f(x,a,b,c)=\frac{1}{1+\left|\dfrac{x-c}{a}\right|^{2b}} \tag{11.22}$$

式中：c 决定函数的中心位置；a、b 决定函数的形状。

3. 高斯型函数

高斯型函数分布曲线如图 11.6 所示，其数学表达式为

$$f(x,\sigma,c)=\mathrm{e}^{-\frac{(x-c)^2}{2\sigma^2}} \tag{11.23}$$

式中：c 决定函数的中心位置；σ 决定函数曲线的宽度。

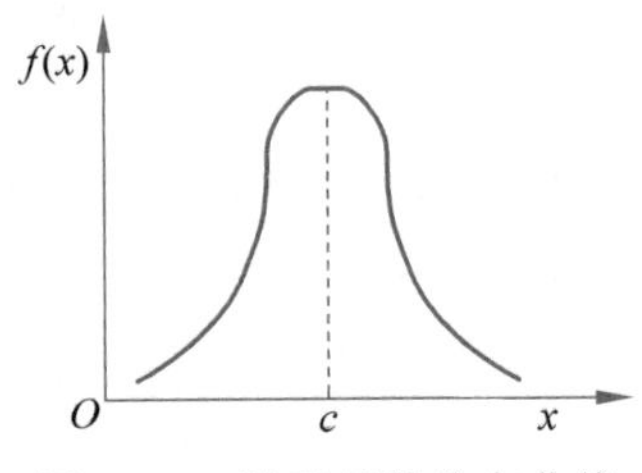

图 11.5　钟形函数分布曲线

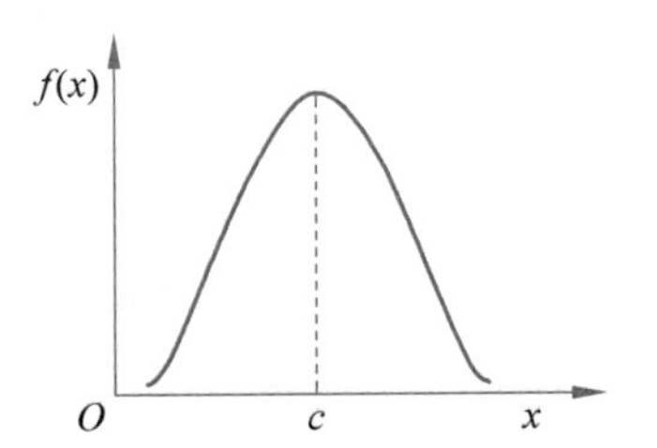

图 11.6　高斯型函数分布曲线

4. 梯形函数

梯形函数分布曲线如图 11.7 所示，其数学表达式为

$$f(x,a,b,c,d)=\begin{cases}0, & x\leqslant a\\ \dfrac{x-a}{b-a}, & a<x\leqslant b\\ 1, & b<x\leqslant c\\ \dfrac{d-x}{d-c}, & c<x\leqslant d\\ 0, & d<x\end{cases} \tag{11.24}$$

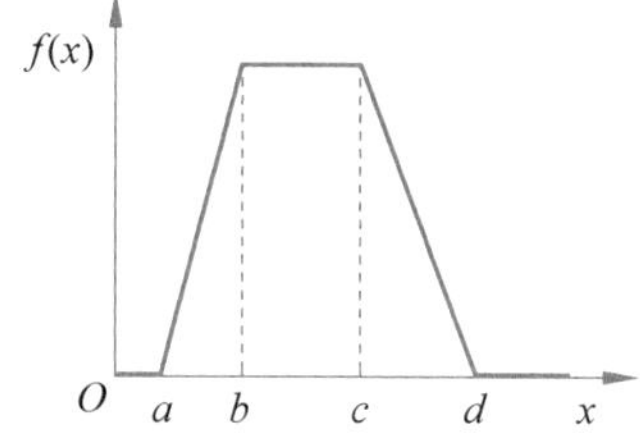

图 11.7 梯形函数分布曲线

式中：$a\leqslant b,c\leqslant d$。

5. sigmoid 函数

sigmoid 函数分布曲线如图 11.8 所示，其数学表达式为

$$f(x,a,c)=\frac{1}{1+\mathrm{e}^{-a(x-c)}} \tag{11.25}$$

式中：a、c 决定函数形状。

6. 岭形函数

岭形函数分布曲线如图 11.9，其数学表达式为

$$A(x)=\begin{cases}0, & x\leqslant -a_2\\ \dfrac{1}{2}+\dfrac{1}{2}\sin\left(\dfrac{\pi}{a_2-a_1}\left(x+\dfrac{a_1+a_2}{2}\right)\right), & -a_2<x\leqslant -a_1\\ 1, & -a_1<x\leqslant a_1\\ \dfrac{1}{2}-\dfrac{1}{2}\sin\left(\dfrac{\pi}{a_2-a_1}\left(x-\dfrac{a_1+a_2}{2}\right)\right), & a_1<x\leqslant a_2\\ 0, & a_2<x\end{cases} \tag{11.26}$$

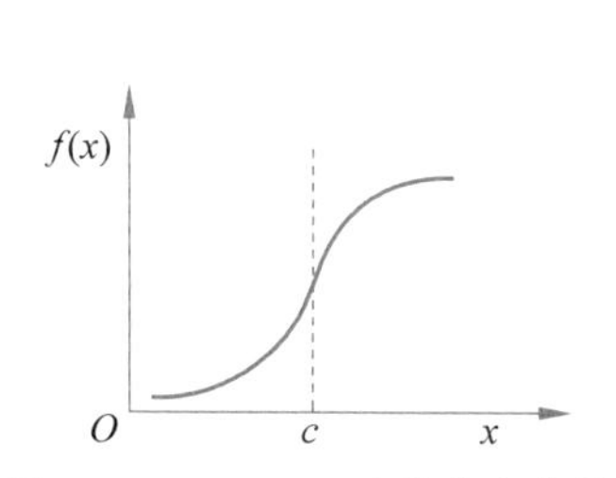

图 11.8 sigmoid 函数分布曲线

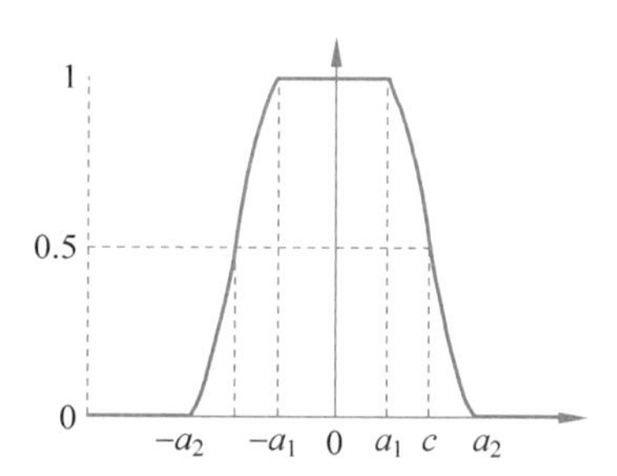

图 11.9 岭形函数分布曲线

例 11.5 建立模糊概念“青年人”的隶属度函数。根据统计资料作出“青年人”的隶属度函数的大致曲线，如图 11.10（可参考例 11.4 的过程）。通过分析比较发现，其与岭形分布的中间形十分相似，于是选择岭形分布的中间型作为“青年人”的隶属度函数。

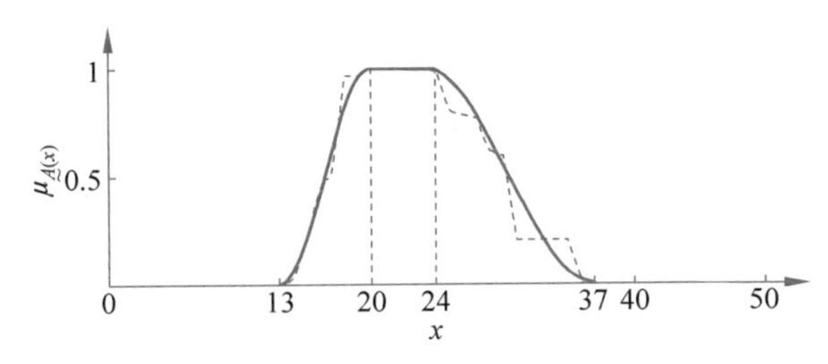

图 11.10　"青年人"的隶属度函数曲线

$$\mu_{\underset{\sim}{A}(x)}=\begin{cases}0, & x\leqslant 13\\ \dfrac{1}{2}+\dfrac{1}{2}\sin\dfrac{\pi}{7}\left(x-\dfrac{33}{2}\right), & 13<x\leqslant 20\\ 1, & 20<x\leqslant 24\\ \dfrac{1}{2}-\dfrac{1}{2}\sin\dfrac{\pi}{13}\left(x-\dfrac{61}{2}\right), & 24<x\leqslant 37\\ 0, & 37<x\end{cases}$$

取 $a_1=13, a_2=20, a_3=24, a_4=37$。

11.4　模糊矩阵和模糊关系

"关系"是集合论中的一个重要概念,它反映了不同集合的元素之间的关联。普通关系是用数学方法描述不同普通集合中的元素之间有无关联。模糊关系是普通关系概念的扩展,它用数学方法描述不同模糊集合中的元素之间的关联程度的多少(关联强度)。模糊关系在模糊集合论中占有重要地位,而当论域为有限时,可以用模糊矩阵来表示模糊关系,模糊矩阵可以看作普通矩阵关系矩阵的推广。下面首先介绍模糊矩阵,然后介绍模糊关系的定义、性质及合成运算。

11.4.1　模糊矩阵

1. 模糊矩阵定义及其运算

对任意的 $i\leqslant n$ 及 $j\leqslant m$ 都有 $r_{ij}\in[0,1]$,称 $\boldsymbol{R}=(r_{ij})_{n\times m}$ 为模糊矩阵。两个模糊矩阵对应元素取大(取小、取补)作为新元素的矩阵,称为它们的并(交、补)运算。运算性质:注意不满足互补律。

例 11.6　已知 $\underset{\sim}{\boldsymbol{R}}=\begin{bmatrix}0.7 & 0.5\\ 0.9 & 0.2\end{bmatrix}$,$\underset{\sim}{\boldsymbol{Q}}=\begin{bmatrix}0.4 & 0.3\\ 0.6 & 0.8\end{bmatrix}$,求它们的并集、交集、补集运算。

解:

$$\underset{\sim}{\boldsymbol{R}}\cup\underset{\sim}{\boldsymbol{Q}}=\begin{bmatrix}0.7\vee 0.4 & 0.5\vee 0.3\\ 0.9\vee 0.6 & 0.2\vee 0.8\end{bmatrix}=\begin{bmatrix}0.7 & 0.5\\ 0.9 & 0.8\end{bmatrix}$$

$$\underset{\sim}{\boldsymbol{R}}\cap\underset{\sim}{\boldsymbol{Q}}=\begin{bmatrix}0.7\wedge 0.4 & 0.5\wedge 0.3\\ 0.9\wedge 0.6 & 0.2\wedge 0.8\end{bmatrix}=\begin{bmatrix}0.4 & 0.3\\ 0.6 & 0.2\end{bmatrix}$$

$$\underset{\sim}{\boldsymbol{R}}^{C}=1-\begin{bmatrix}0.7 & 0.5\\ 0.9 & 0.2\end{bmatrix}=\begin{bmatrix}0.3 & 0.5\\ 0.1 & 0.8\end{bmatrix}$$

2. 模糊矩阵的截矩阵

模糊矩阵的截矩阵，类似于模糊集的截集。例如，$\underset{\sim}{\boldsymbol{R}}=\begin{bmatrix}0.7 & 0.8\\0.9 & 1\end{bmatrix}$ 的0.7截矩阵为 $\underset{\sim}{\boldsymbol{R}}_{0.7}=\begin{bmatrix}0 & 1\\1 & 1\end{bmatrix}$。

不难看出，模糊矩阵的截矩阵必然是布尔矩阵。

3. 模糊矩阵的合成运算

模糊矩阵的合成运算类似于普通矩阵的乘法运算，只需将普通矩阵中的乘法运算和加法运算分别改为取小和取大运算即可。例如：

$$\boldsymbol{R}=\begin{bmatrix}0.2 & 0.5\\0.7 & 0.1\end{bmatrix}\quad \boldsymbol{Q}=\begin{bmatrix}0.6 & 0.5\\0.4 & 1\end{bmatrix}$$

$$\boldsymbol{R}\circ\boldsymbol{Q}=\begin{bmatrix}(0.2\wedge 0.6)\vee(0.5\wedge 0.4) & (0.2\wedge 0.5)\vee(0.5\wedge 1)\\(0.7\wedge 0.6)\vee(0.1\wedge 0.4) & (0.7\wedge 0.5)\vee(0.1\wedge 1)\end{bmatrix}=\begin{bmatrix}0.4 & 0.5\\0.6 & 0.5\end{bmatrix}$$

4. 模糊矩阵的转置

模糊矩阵的转置类同于普通矩阵的转置。

$$(\boldsymbol{R}^{\mathrm{T}})^{\mathrm{T}}=\boldsymbol{R},\quad (\boldsymbol{R}^{\mathrm{C}})^{\mathrm{T}}=(\boldsymbol{R}^{\mathrm{T}})^{\mathrm{C}}$$

11.4.2 模糊关系

1. 模糊关系的定义

假设 x 是论域 U 中的元素，y 是论域 V 中的元素，则 U 到 V 的一个模糊关系是指定义在 $U\times V$ 上的一个模糊子集 $\underset{\sim}{\boldsymbol{R}}$，其隶属度 $\mu_{\underset{\sim}{A}}(x)\in[0,1]$ 代表 x 和 y 对于该模糊关系的关联程度。

X 与 Y 直积 $X\times Y=\{(x,y)\mid x\in X, y\in Y\}$ 中一个模糊子集 $\underset{\sim}{\boldsymbol{R}}$，称为从 X 到 Y 的模糊关系，记为 $X\xrightarrow{\underset{\sim}{\boldsymbol{R}}}Y$。

例 11.7　研究某一地区人的身高与体重的模糊关系，如表 11.5 所示。

表 11.5　某地区人身高与体重相互关系

$\underset{\sim}{\boldsymbol{R}}$		Y/kg				
		40	50	60	70	80
X/m	1.4	1	0.8	0.2	0.1	0
	1.5	0.8	1	0.8	0.2	0.1
	1.6	0.2	0.8	1	0.8	0.2
	1.7	0.1	0.2	0.8	1	0.8
	1.8	0	0.1	0.2	0.8	1

人的身高与体重 X、Y 的论域分别为

$$X=\{x_1,x_2,x_3,x_4,x_5\},\quad Y=\{y_1,y_2,y_3,y_4,y_5\}$$

它们之间构成的模糊关系 $\underset{\sim}{\boldsymbol{R}}$ 表示论域 X 中的元素 x_i 和论域 Y 中的元素 y_j 对于关系 $\underset{\sim}{\boldsymbol{R}}$ 的隶属程度 $\mu_{\underset{\sim}{\boldsymbol{R}}}(x_i,y_j)=r_{ij}$。

$$\underset{\sim}{\boldsymbol{R}}=\begin{bmatrix}1 & 0.8 & 0.2 & 0.1 & 0\\ 0.8 & 1 & 0.8 & 0.2 & 0.1\\ 0.2 & 0.8 & 1 & 0.8 & 0.2\\ 0.1 & 0.2 & 0.8 & 1 & 0.8\\ 0 & 0.1 & 0.2 & 0.8 & 1\end{bmatrix}$$

例如：$\mu_{\underset{\sim}{R}}(x_2,y_3)=\mu_{\underset{\sim}{\boldsymbol{R}}}(1.5,60)=0.8$。

2. 模糊关系的运算

模糊关系并集、交集、补集运算，包含、相等、转置均类同于模糊矩阵。

设 $\underset{\sim}{\boldsymbol{R}}$ 和 $\underset{\sim}{\boldsymbol{S}}$ 是论域 $U\times V$ 上的两个模糊关系，分别描述为

$$\underset{\sim}{\boldsymbol{R}}=\begin{bmatrix}r_{11} & r_{12} & \cdots & r_{1n}\\ r_{21} & r_{22} & \cdots & r_{2n}\\ \vdots & \vdots & & \vdots\\ r_{m1} & r_{m2} & \cdots & r_{mn}\end{bmatrix} \tag{11.27}$$

$$\underset{\sim}{\boldsymbol{S}}=\begin{bmatrix}s_{11} & s_{12} & \cdots & s_{1n}\\ s_{21} & s_{22} & \cdots & s_{2n}\\ \vdots & \vdots & & \vdots\\ s_{m1} & s_{m2} & \cdots & s_{mn}\end{bmatrix} \tag{11.28}$$

模糊关系的运算规则可描述如下：

模糊关系的相等：

$$\underset{\sim}{\boldsymbol{R}}=\underset{\sim}{\boldsymbol{S}}\Leftrightarrow r_{ij}=s_{ij} \tag{11.29}$$

模糊关系的包含：

$$\underset{\sim}{\boldsymbol{R}}\supseteq\underset{\sim}{\boldsymbol{S}}\Leftrightarrow r_{ij}\geqslant s_{ij} \tag{11.30}$$

模糊关系的并集：

$$\underset{\sim}{\boldsymbol{R}}\cup\underset{\sim}{\boldsymbol{S}}=\begin{bmatrix}r_{11}\vee s_{11} & r_{12}\vee s_{12} & \cdots & r_{1n}\vee s_{1n}\\ r_{21}\vee s_{21} & r_{22}\vee s_{22} & \cdots & r_{2n}\vee s_{2n}\\ \vdots & \vdots & & \vdots\\ r_{m1}\vee s_{m1} & r_{m2}\vee s_{m2} & \cdots & r_{mn}\vee s_{mn}\end{bmatrix} \tag{11.31}$$

模糊关系的交集：

$$\underset{\sim}{\boldsymbol{R}}\cap\underset{\sim}{\boldsymbol{S}}=\begin{bmatrix}r_{11}\wedge s_{11} & r_{12}\wedge s_{12} & \cdots & r_{1n}\wedge s_{1n}\\ r_{21}\wedge s_{21} & r_{22}\wedge s_{22} & \cdots & r_{2n}\wedge s_{2n}\\ \vdots & \vdots & & \vdots\\ r_{m1}\wedge s_{m1} & r_{m2}\wedge s_{m2} & \cdots & r_{mn}\wedge s_{mn}\end{bmatrix} \tag{11.32}$$

模糊关系的补集：

$$\bar{\underset{\sim}{\boldsymbol{R}}}=\begin{bmatrix}1-r_{11} & 1-r_{12} & \cdots & 1-r_{1n}\\ 1-r_{21} & 1-r_{22} & \cdots & 1-r_{2n}\\ \vdots & \vdots & & \vdots\\ 1-r_{m1} & 1-r_{m2} & \cdots & 1-r_{mn}\end{bmatrix} \tag{11.33}$$

3. 模糊关系的合成

设 $\underset{\sim}{\boldsymbol{R}}$ 是论域 $U\times V$ 上的模糊关系，$\underset{\sim}{\boldsymbol{S}}$ 是论域 $V\times W$ 上的模糊关系，$\underset{\sim}{\boldsymbol{R}}$ 和 $\underset{\sim}{\boldsymbol{S}}$ 分别描述为

$$\underset{\sim}{\boldsymbol{R}}=\begin{bmatrix}\mu_{\underset{\sim}{R}}(x_1,y_1) & \mu_{\underset{\sim}{R}}(x_1,y_2) & \cdots & \mu_{\underset{\sim}{R}}(x_1,y_n)\\ \mu_{\underset{\sim}{R}}(x_2,y_1) & \mu_{\underset{\sim}{R}}(x_2,y_2) & \cdots & \mu_{\underset{\sim}{R}}(x_2,y_n)\\ \vdots & \vdots & & \vdots\\ \mu_{\underset{\sim}{R}}(x_m,y_1) & \mu_{\underset{\sim}{R}}(x_m,y_2) & \cdots & \mu_{\underset{\sim}{R}}(x_m,y_n)\end{bmatrix} \tag{11.34}$$

$$\underset{\sim}{\boldsymbol{S}}=\begin{bmatrix}\mu_{\underset{\sim}{S}}(x_1,y_1) & \mu_{\underset{\sim}{S}}(x_1,y_2) & \cdots & \mu_{\underset{\sim}{S}}(x_1,y_n)\\ \mu_{\underset{\sim}{S}}(x_2,y_1) & \mu_{\underset{\sim}{S}}(x_2,y_2) & \cdots & \mu_{\underset{\sim}{S}}(x_2,y_n)\\ \vdots & \vdots & & \vdots\\ \mu_{\underset{\sim}{S}}(x_m,y_1) & \mu_{\underset{\sim}{S}}(x_m,y_2) & \cdots & \mu_{\underset{\sim}{S}}(x_m,y_n)\end{bmatrix} \tag{11.35}$$

则 $\underset{\sim}{\boldsymbol{R}}$ 和 $\underset{\sim}{\boldsymbol{S}}$ 可以合成为论域 $U\times W$ 模糊变换上的一个新的模糊关系 $\underset{\sim}{\boldsymbol{C}}$，记作

$$\underset{\sim}{\boldsymbol{C}}=\underset{\sim}{\boldsymbol{R}}\circ\underset{\sim}{\boldsymbol{S}} \tag{11.36}$$

式中："∘"表示 $\underset{\sim}{\boldsymbol{R}}$ 和 $\underset{\sim}{\boldsymbol{S}}$ 的合成，其运算法则为

$$\mu_{\underset{\sim}{C}}(x_i,z_j)=\bigvee_k\left[\mu_{\underset{\sim}{R}}(x_i,y_k)\wedge\mu_{\underset{\sim}{S}}(y_k,z_j)\right] \tag{11.37}$$

例 11.8 已知模糊集合 $X=\{x_1,x_2,x_3,x_4\}$，$Y=\{y_1,y_2,y_3\}$，$Z=\{z_1,z_2\}$，并设$\underset{\sim}{\boldsymbol{Q}}\in X\times Y$，$\underset{\sim}{\boldsymbol{R}}\in Y\times Z$，$\underset{\sim}{\boldsymbol{S}}\in X\times Z$，且 $\underset{\sim}{\boldsymbol{Q}}$ 和 $\underset{\sim}{\boldsymbol{R}}$ 分别为

$$\underset{\sim}{\boldsymbol{Q}}=\begin{bmatrix}0.5 & 0.6 & 0.3\\ 0.7 & 0.4 & 1\\ 0 & 0.8 & 0\\ 1 & 0.2 & 0.9\end{bmatrix}$$

$$\underset{\sim}{\boldsymbol{R}}=\begin{bmatrix}0.2 & 1\\ 0.8 & 0.4\\ 0.5 & 0.3\end{bmatrix}$$

则它们的合成

$$\underset{\sim}{\boldsymbol{S}}=\underset{\sim}{\boldsymbol{Q}}\circ\underset{\sim}{\boldsymbol{R}}=\begin{bmatrix}\vee(0.5\wedge0.2,0.6\wedge0.8,0.3\wedge0.5) & \vee(0.5\wedge1,0.6\wedge0.4,0.3\wedge0.3)\\ \vee(0.7\wedge0.2,0.4\wedge0.8,1\wedge0.5) & \vee(0.7\wedge1,0.4\wedge0.4,1\wedge0.3)\\ \vee(0\wedge0.2,0.8\wedge0.8,0\wedge0.5) & \vee(0\wedge1,0.8\wedge0.4,0\wedge0.3)\\ \vee(1\wedge0.2,0.2\wedge0.8,0.9\wedge0.5) & \vee(1\wedge1,0.2\wedge0.4,0.9\wedge0.3)\end{bmatrix}$$

$$=\begin{bmatrix}\vee(0.2,0.6,0.3) & \vee(0.5,0.4,0.3)\\ \vee(0.2,0.4,0.5) & \vee(0.7,0.4,0.3)\\ \vee(0,0.8,0) & \vee(0,0.4,0)\\ \vee(0.2,0.2,0.5) & \vee(1,0.2,0.3)\end{bmatrix}=\begin{bmatrix}0.6 & 0.5\\ 0.5 & 0.7\\ 0.8 & 0.4\\ 0.5 & 1\end{bmatrix}$$

11.5 模糊决策

11.5.1 模糊变换

若映射 T 将 X 的一个模糊子集 $\underset{\sim}{A}$ 映射到 Y 的一个模糊子集 $\underset{\sim}{B}$，则映射 T 称为从 X 到

Y 的模糊变换。

若 $X=\{x_1,x_2,\cdots,x_n\}$，$Y=\{y_1,y_2,\cdots,y_m\}$，给定 X 到 Y 的一个模糊关系 $\underset{\sim}{\boldsymbol{R}}$ 可确定 X 到 Y 的一个模糊线性变换 $T_{\underset{\sim}{\boldsymbol{R}}}(A)=A\circ\underset{\sim}{\boldsymbol{R}}$。

例 11.9　设 $X=\{x_1,x_2,x_3,x_4\}$，$Y=\{y_1,y_2,y_3,y_4\}$

$$\underset{\sim}{\boldsymbol{R}}=\begin{bmatrix}0.5 & 0.2 & 0 & 1\\ 1 & 0.3 & 0 & 0.1\\ 0.6 & 0.8 & 0.4 & 0.2\\ 0.3 & 1 & 0 & 0\\ 0 & 0 & 0 & 0\end{bmatrix}$$

已知 $A=\{1,1\}$，求 $T_{\underset{\sim}{\boldsymbol{R}}}(A)$；$B=\{0.5,0.6,0.9,1,0\}$，求 $T_{\underset{\sim}{\boldsymbol{R}}}(B)$。

解：$T_{\underset{\sim}{\boldsymbol{R}}}(A)=(1,1,0,0,0)\circ\boldsymbol{R}=(1,0.3,0,1)=\dfrac{1}{y_1}+\dfrac{0.3}{y_2}+\dfrac{1}{y_4}$

$$T_{\underset{\sim}{\boldsymbol{R}}}(B)=(0.5,0.6,0.9,1,0)\circ\boldsymbol{R}=(0.6,1,0.4,0.5)=\frac{0.6}{y_1}+\frac{1}{y_2}+\frac{0.4}{y_3}+\frac{0.5}{y_4}$$

11.5.2　模糊判决

为了对可供选择的方案集合(论域)$U=\{u_1,u_2,\cdots,u_m\}$中的元素进行排序，由 m 个专家组成专家小组 M 分别对 U 中的元素排序，得到 m 种意见 $V=\{v_1,v_2,\cdots,v_m\}$，其中 v_i 是第 i 种意见序列，即对 U 中的元素的某一个排序。将这 m 种意见集中为一个比较合理的意见，即为“模糊意见集中决策”。

模糊综合评判是一种对受多种因素影响的事物进行全面评价的决策方法。任何事物的决策均是在对该事物的评价基础上进行的，这里介绍模糊综合评判方法。

设与被评价事物相关的因素有 n 个，记作 $X=\{x_1,x_2,\cdots,x_n\}$，称为因素集；所有可能出现的评语有 m 个，记作 $Y=\{y_1,y_2,\cdots,y_m\}$，称为评语集。由于各种因素所处地位不同，作用也不一样，考虑用权重 $A=\{a_1,a_2,\cdots,a_n\}$来衡量其重要性。

人们对 V 中每个评语并非绝对肯定或否定，因此综合评判应该是 Y 上的一个模糊子集。假设 $\underset{\sim}{\boldsymbol{R}}$ 是 X 到 Y 上的模糊关系，用 $\underset{\sim}{\boldsymbol{R}}$ 做模糊变换，可得到决策集为

$$\underset{\sim}{\boldsymbol{B}}=\underset{\sim}{\boldsymbol{A}}\circ\underset{\sim}{\boldsymbol{R}}=(b_1,b_2,\cdots,b_n) \tag{11.38}$$

若要做出最后的决策，则可按最大值原理选最大的 b_i 对应的 y_i 作为最终的评判结果。

模糊综合评判的步骤如下：

(1) 确定因素集：$X=\{x_1,x_2,\cdots,x_n\}$。

(2) 确定评判集：$Y=\{y_1,y_2,\cdots,y_m\}$。

(3) 进行单因素评判得到 $r_i=\{r_{i1},r_{i2},\cdots,r_{im}\}$，$i=1,2,\cdots,m$。

(4) 构造综合评判：

$$\underset{\sim}{\boldsymbol{R}}=\begin{bmatrix}r_{11} & r_{12} & \cdots & r_{1m}\\ r_{21} & r_{22} & \cdots & r_{2m}\\ \vdots & \vdots & & \vdots\\ r_{n1} & r_{n2} & \cdots & r_{nm}\end{bmatrix} \tag{11.39}$$

(5) 综合评判：对于权重 $A=\{a_1,a_2,\cdots,a_n\}$，计算 $\underset{\sim}{\boldsymbol{B}}=\underset{\sim}{\boldsymbol{A}}\circ\underset{\sim}{\boldsymbol{R}}=(b_1,b_2,\cdots,b_n)$，并根据隶属度最大原则作出评判。

例 11.10 考虑一个服装评判问题。

(1) 建立因素集：$X=\{x_1,x_2,x_3,x_4\}$=｛花色，样式，耐穿程度，价格｝。

(2) 建立评判集：$Y=\{y_1,y_2,y_3\}$=｛很受欢迎，较受欢迎，不欢迎｝。

(3) 进行单因素评价得到：对于“花色”，$\boldsymbol{r}_1=(0.2,0.5,0.1)$；对于“样式”，$\boldsymbol{r}_2=(0.6,0.4,0)$；对于“耐穿程度”，$\boldsymbol{r}_3=(0,0.3,0.2)$；对于“价格”，$\boldsymbol{r}_4=(0.3,0.6,0.1)$。

(4) 构造综合评判矩阵：

$$\underset{\sim}{\boldsymbol{R}}=\begin{bmatrix} r_{11} & r_{12} & \cdots & r_{1m} \\ r_{21} & r_{22} & \cdots & r_{2m} \\ \vdots & \vdots & & \vdots \\ r_{n1} & r_{n2} & \cdots & r_{nm} \end{bmatrix}=\begin{bmatrix} 0.2 & 0.5 & 0.1 \\ 0.6 & 0.4 & 0 \\ 0 & 0.3 & 0.2 \\ 0.3 & 0.6 & 0.1 \end{bmatrix}$$

(5) 综合评判：

顾客根据自己的喜好对各因素所分配的权重分别为

$$\underset{\sim}{\boldsymbol{A}}_1=(a_1,a_2,\cdots,a_n)=(0.2,0.5,0.3,0.1)$$

计算综合评判为

$$\underset{\sim}{\boldsymbol{B}}_1=\underset{\sim}{\boldsymbol{A}}_1\circ\underset{\sim}{\boldsymbol{R}}=(0.2,0.5,0.3,0.1)\circ\begin{bmatrix} 0.2 & 0.5 & 0.1 \\ 0.6 & 0.4 & 0 \\ 0 & 0.3 & 0.2 \\ 0.3 & 0.6 & 0.1 \end{bmatrix}=(0.5,0.4,0.2)$$

按最大隶属度原则，此服装很受顾客欢迎。

11.5.3 模糊蕴涵关系

为了使计算机能够模拟人类的思维进行推理和判断，需要利用模糊数学从语言规则中提取其蕴涵的模糊关系。模糊语言蕴涵的模糊关系有以下四种：

1. 简单条件语句的蕴涵关系

“如果……那么……”或“如果……那么……，否则……”这两种条件语句是语言控制规则中最简单的句型，下面提取这两种条件语句中蕴涵的模糊关系。

假设 x、y 是论域 U 和 V 中的两个语言变量，人类的语言控制规则为“如果 x 是 $\underset{\sim}{A}$，则 y 是 $\underset{\sim}{B}$”，其蕴涵的模糊关系为

$$\underset{\sim}{\boldsymbol{R}}=(\underset{\sim}{A}\times\underset{\sim}{B})\cup(\underset{\sim}{A}^{C}\times V) \tag{11.40}$$

其隶属度为

$$\begin{aligned}\mu_{\underset{\sim}{\boldsymbol{R}}}(x,y)&=[\mu_{\underset{\sim}{A}}(x)\wedge\mu_{\underset{\sim}{B}}(y)]\vee[(1-\mu_{\underset{\sim}{A}}(x))\wedge 1]\\&=[\mu_{\underset{\sim}{A}}(x)\wedge\mu_{\underset{\sim}{B}}(y)]\vee[1-\mu_{\underset{\sim}{A}}(x)]\end{aligned} \tag{11.41}$$

假设 x、y 是论域 U 和 V 中的两个语言变量，人类的语言控制规则为“如果 x 是 $\underset{\sim}{A}$，则 y 是 $\underset{\sim}{B}$；否则 y 是 $\underset{\sim}{C}$”，其蕴涵的模糊关系为

$$\underset{\sim}{\boldsymbol{R}}=(\underset{\sim}{A}\times\underset{\sim}{B})\cup(\underset{\sim}{A}^{C}\times C) \tag{11.42}$$

其隶属度为：

$$\mu_{\underset{\sim}{R}}(x,y)=[\mu_{\underset{\sim}{A}}(x)\wedge\mu_{\underset{\sim}{B}}(y)]\vee[(1-\mu_{\underset{\sim}{A}}(x))\wedge\mu_{\underset{\sim}{C}}(y)] \tag{11.43}$$

2. 多重条件语句的蕴涵关系

由多个简单条件语句并列构成的语句称为多重条件语句。其句型如下：

"如果 x 是 $\underset{\sim}{A}_1$，则 y 是 $\underset{\sim}{B}_1$；

否则，如果 x 是 $\underset{\sim}{A}_2$，则 y 是 $\underset{\sim}{B}_2$；

……

否则，如果 x 是 $\underset{\sim}{A}_m$，则 y 是 $\underset{\sim}{B}_n$。"

该语句蕴涵的模糊关系为

$$\underset{\sim}{R}=(\underset{\sim}{A}_1\times\underset{\sim}{B}_1)\cup(\underset{\sim}{A}_2\times\underset{\sim}{B}_2)\cup\cdots\cup(\underset{\sim}{A}_m\times\underset{\sim}{B}_n)=\bigcup_{i=1}^{m}(\underset{\sim}{A}_i\times\underset{\sim}{B}_i) \tag{11.44}$$

3. 多维条件语句的蕴涵关系

简单句具有多个输入量的条件语句称为多维条件语句。其句型如下：

"如果 x_1 是 $\underset{\sim}{A}_1$，且 x_2 是 $\underset{\sim}{A}_2$，……且 x_n 是 $\underset{\sim}{A}_m$，则 y 是 $\underset{\sim}{B}$。"

其蕴涵的模糊关系为

$$\underset{\sim}{R}=\underset{\sim}{A}_1\times\underset{\sim}{A}_2\times\cdots\times\underset{\sim}{A}_m\times\underset{\sim}{B} \tag{11.45}$$

4. 多重多维条件语句的蕴涵关系

具有多个输入的多重条件语句称为多重多维条件语句。其句型如下：

"如果 x_1 是 $\underset{\sim}{A}_{11}$，且 x_2 是 $\underset{\sim}{A}_{12}$，……且 x_n 是 $\underset{\sim}{A}_{1n}$，则 y 是 $\underset{\sim}{B}_1$；

否则，如果 x_1 是 $\underset{\sim}{A}_{21}$，且 x_2 是 $\underset{\sim}{A}_{22}$，……且 x_n 是 $\underset{\sim}{A}_{2n}$，则 y 是 $\underset{\sim}{B}_2$；

……

否则，如果 x_1 是 $\underset{\sim}{A}_{n1}$，且 x_2 是 $\underset{\sim}{A}_{n2}$，……且 x_n 是 $\underset{\sim}{A}_{nm}$，则 y 是 $\underset{\sim}{B}_n$。"

该语句蕴涵的模糊关系为

$$\underset{\sim}{R}=\bigcup_{i=1}^{n}(\underset{\sim}{A}_{1n}\times\underset{\sim}{A}_{2n}\times\cdots\times\underset{\sim}{A}_{mn}\times\underset{\sim}{B}_i) \tag{11.46}$$

11.5.4 模糊推理

在了解语言规则中的蕴涵模糊关系后，可以根据输入情况来确定输出关系情况，这就是模糊推理。模糊推理分为单输入模糊推理、多输入模糊推理和多输入多规则模糊推理三种情况。

1. 单输入模糊推理

对于单输入模糊推理的情况，假设语言变量 x、y 之间的模糊关系为 $\underset{\sim}{R}$，当 x 的模糊取值为 $\underset{\sim}{A}^*$ 时，与之对应的 y 的取值为 $\underset{\sim}{B}^*$ 可通过模糊推理得出：

$$\underset{\sim}{B}^*=\underset{\sim}{A}^*\circ\underset{\sim}{R} \tag{11.47}$$

2. 多输入模糊推理

对于多输入模糊推理情况，假设输入语言变量 $x_1,x_2,\cdots,x_m$ 与输出语言变量 y 之间的模糊关系为 $\underset{\sim}{R}$，当输入语言变量的模糊取值分别为 $\underset{\sim}{A}_1^*,\underset{\sim}{A}_2^*,\cdots,\underset{\sim}{A}_m^*$ 时，与之对应的语言变量 y 的取值 $\underset{\sim}{B}^*$ 可通过模糊推理得出：

$$\underset{\sim}{B}^* = (\underset{\sim}{A}_1^* \times \underset{\sim}{A}_2^* \times \cdots \times \underset{\sim}{A}_m^*) \circ \underset{\sim}{\boldsymbol{R}} \tag{11.48}$$

3. 多输入多规则模糊推理

以二位输入为例，多规则模糊推理可以描述如下：

$\underset{\sim}{\boldsymbol{R}}_1$：IF x is $\underset{\sim}{A}_1$ and y is $\underset{\sim}{B}_1$ THEN z is $\underset{\sim}{C}_1$；

$\underset{\sim}{\boldsymbol{R}}_2$：IF x is $\underset{\sim}{A}_2$ and y is $\underset{\sim}{B}_2$ THEN z is $\underset{\sim}{C}_2$；

……

$\underset{\sim}{\boldsymbol{R}}_n$：IF x is $\underset{\sim}{A}_n$ and y is $\underset{\sim}{B}_n$ THEN z is $\underset{\sim}{C}_n$。

则当输入变量 x、y 的模糊取值为 $\underset{\sim}{A}^*$ 和 $\underset{\sim}{B}^*$ 时，根据 $\boldsymbol{R}$ 推理得到的模糊输出：

$$\underset{\sim}{C}^* = \bigcup_i \underset{\sim}{C}_i^* \tag{11.49}$$

式中：$\underset{\sim}{C}_i^*$ 可以根据多模糊推理方法得到。

11.6 案例分析：一个简单的模糊控制器

模糊控制是一种基于模糊集合论、模糊语言变量及模糊逻辑推理的计算机数字控制方法。尽管模糊控制应用了模糊数学的知识，其基本原理与经典控制和现代控制理论相同，并未改变。模糊控制根据人类专家的控制经验进行设计，不依赖被控对象的模型，因此可以有效地实现对复杂、非线性、大滞后、不确定性严重的对象的控制。

本节将介绍一个简单的模糊控制器的工作原理、设计方法、基本特征及改进方法。

为了说明模糊控制器的工作原理，这里介绍单输入单输出水位控制系统。

水箱水位控制系统如图 11.11 所示，有一个水箱，通过调节阀可以向外抽水。设计一个模糊控制器，通过调节阀门将水位稳定在固定点附近。

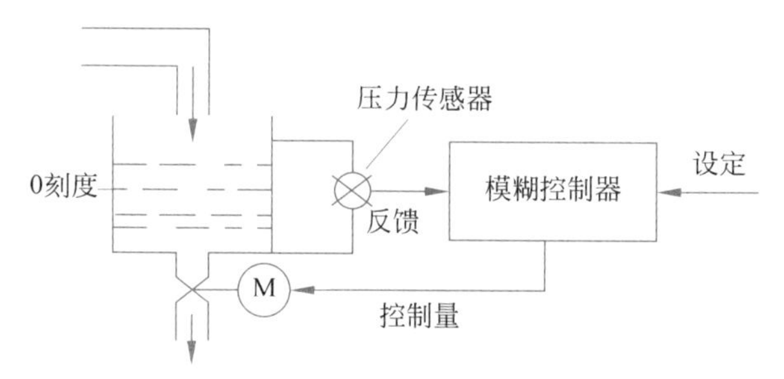

图 11.11 水箱水位控制系统

1. 模糊控制器的工作原理

人工控制水位时，根据操作工人的经验，控制规则可以用语言规则描述如下：

“若水位高于 0 刻度，则向外排水，差值越大，排水越快。”

采用模糊控制器来控制水位时，控制系统的工作原理叙述如下：

(1) 确定模糊控制器的输入变量和输出变量。

定义理想液位 0 刻度水位为 h_0，实际测得水位高度为 h，选择液位差为

$$e = \Delta h = h_0 - h$$

将当前水位对于 0 刻度的偏差 e 作为观测量，即输入量。选择阀门的开度为输出量。

（2）输入变量与输出变量的模糊语言描述。

描述输入变量及输出变量的语言值的模糊子集为

{负大，负小，0，正小，正大}，通常记为{NB，NS，0，PS，PB}。

设误差 e 的论域为 X，并将误差大小量化为7个等级，分别为－3、－2、－1、0、＋1、＋2、＋3，则有

$$X=\{-3,-2,-1,0,+1,+2,+3\}$$

控制量的论域为 Y，控制量的等级也化为7个等级，则有

$$Y=\{-3,-2,-1,0,+1,+2,+3\}$$

由此可以得到模糊变量 e 及 u 的赋值，见表11.6和表11.7。

表11.6　模糊变量 e 赋值

隶属度		变化等级						
		−3	**−2**	**−1**	**0**	**1**	**2**	**3**
模糊集	**PB**	0	0	0	0	0	0.5	1
	PS	0	0	0	0	1	0.5	0
	0	0	0	0.5	1	0.5	0	0
	NS	0	0.5	1	0	0	0	0
	NB	1	0.5	0	0	0	0	0

表11.7　模糊变量 u 赋值

隶属度		变化等级						
		−3	**−2**	**−1**	**0**	**1**	**2**	**3**
模糊集	**PB**	0	0	0	0	0	0.5	1
	PS	0	0	0	0	1	0.5	0
	0	0	0	0.5	1	0.5	0	0
	NS	0	0.5	1	0	0	0	0
	NB	1	0.5	0	0	0	0	0

（3）模糊语言控制规则的语言描述。

根据人工控制策略，模糊控制规则归纳如下：

① 若 e 负大，则 u 正大；

② 若 e 负小，则 u 正小；

③ 若 e 为零，则 u 为零；

④ 若 e 正小，则 u 负小；

⑤ 若 e 正大，则 u 负大。

采用"IF A THEN B"语句形式描述如下：

① IF e=NB THEN u=PB；

② IF e=NS THEN u=PS；

③ IF e=0 THEN u=0；

④ IF e=PS THEN u=NS；

⑤ IF e=PB THEN u=NB。

以上规则也可用表 11.8 表述。

表 11.8 模糊控制

IF	NB_e	NS_e	0_e	PS_e	PB_e
THEN	PB_u	PS_u	0_u	NS_u	NB_u

模糊控制规则实际上是一组多重条件语句，它表示从误差论域 X 到控制论域 Y 的模糊关系 $\underset{\sim}{\boldsymbol{R}}$。论域 X 及 Y 均有限，故模糊关系 $\underset{\sim}{\boldsymbol{R}}$ 可以用矩阵表示。

根据多条件语句模糊推理可以写成

$$\underset{\sim}{\boldsymbol{R}}=(NB_e\times PB_u)+(NS_e\times PS_u)+(0_e\times 0_u)+(PS_e\times NS_u)+(PB_e\times NB_u) \tag{11.50}$$

其中：e、u 分别表示误差和控制量。

$$NB_e\times PB_u=(1,0.5,0,0,0,0,0)\times(0,0,0,0,0,0.5,1)$$

$$=\begin{bmatrix}0&0&0&0&0.5&1\\0&0&0&0&0.5&0.5\\0&0&0&0&0&0\\0&0&0&0&0&0\\0&0&0&0&0&0\\0&0&0&0&0&0\end{bmatrix}$$

同理，可求出 $NB_e\times PB_u$，$NS_e\times PS_u$，$0_e\times 0_u$，$PS_e\times NS_u$，$PB_e\times NB_u$，将它们代入式(11.50)中，求出模糊控制规则的矩阵表达式为

$$\underset{\sim}{\boldsymbol{R}}=\begin{bmatrix}0&0&0&0&0&0.5&1\\0&0&0&0&0.5&0.5&0.5\\0&0&0.5&0.5&1&0.5&0\\0&0&0.5&1&0.5&0&0\\0&0.5&1&0.5&0.5&0&0\\0.5&0.5&0.5&0&0&0&0\\1&0.5&0&0&0&0&0\end{bmatrix}$$

(4) 模糊决策。

模糊控制器的控制作用取决于控制量，而控制量通过计算，即 $\boldsymbol{u}=\boldsymbol{e}\circ\boldsymbol{R}$。

实际上，控制量 $\boldsymbol{u}$ 等于误差的模糊控制量 $\boldsymbol{e}$ 和模糊关系 $\boldsymbol{R}$ 的合成，当取 $e=PS$ 时，则有

$$\underset{\sim}{\boldsymbol{u}}=\underset{\sim}{\boldsymbol{e}}\circ\underset{\sim}{\boldsymbol{R}}=(0,0,0,0,1,0.5,0)\circ\begin{bmatrix}0&0&0&0&0&0.5&1\\0&0&0&0&0.5&0.5&0.5\\0&0&0.5&0.5&1&0.5&0\\0&0&0.5&1&0.5&0&0\\0&0.5&1&0.5&0.5&0&0\\0.5&0.5&0.5&0&0&0&0\\1&0.5&0&0&0&0&0\end{bmatrix}$$

$$=(0.5,0.5,1,0.5,0.5,0,0)$$

(5) 控制量的模糊量转换为精确量。

上面求出的控制量 $\boldsymbol{u}$ 转换为一模糊向量，它可写为

$$\underset{\sim}{u}=\frac{0.5}{-3}+\frac{0.5}{-2}+\frac{1}{-1}+\frac{0.5}{0}+\frac{0.5}{1}+\frac{0}{2}+\frac{0}{3}$$

对上式控制量的模糊集按照隶属度最大原则,应选取控制量为“-1”级。即当误差 $\underset{\sim}{e}=\mathrm{PS}$ 时,控制量 u 为“-1”级,具体地说,当水位高于规定水位较小时,应将阀门开度关小一些。

(6) 模糊控制器的响应表。

模糊控制规则可由模糊矩阵 $\underset{\sim}{\boldsymbol{R}}$ 来描述,进一步分析模糊矩阵 $\underset{\sim}{\boldsymbol{R}}$ 可以看出,矩阵每一行是对每个非模糊的观测结果引起的模糊响应。

11.7 阅读材料

1. 发展简史

19 世纪,德国数学家康托尔(Cantor)系统地研究了集合理论,创立了崭新的集合论。此后,许多数学家对集合论进行了深入研究,从而产生了微积分、概率论、抽象代数、拓扑学等许多新的理论基础分支体系。康托尔对集合的定义是描述性的,他认为一个性质决定一个集合,所有满足该性质的个体称为该集合的元素。然而,现实生活中并不是所有的个体都可以用属于或不属于某个集合来划分,有很多个体的性质具有不确定因素。

为了解决这些不确定的、模糊的问题,1965 年,美国加利福尼亚大学伯克利分校的控制论专家扎德教授在 *Information and Control* 杂志上发表了关于模糊集的开创性论文“模糊集合”,他在研究人类思维、判断过程的建模中提出了用模糊集作为定量化的手段。从此,模糊数学诞生。

模糊集合是客观存在的模糊概念的必然反映。模糊概念是指边界不清晰、外延不确定的概念。以模糊集合代替原来的经典集合,把经典数学模糊化,便产生了以模糊集合为基础的模糊数学。模糊数学的出现,使人们对现象的非确定性的理解有了拓展和深化。模糊数学是一门研究模糊现象及其概念的新兴数学分支学科。“模糊性”应理解为一种被定义了的概念,即客观事物在共维条件下的差异在中间过渡阶段所呈现的“亦此亦彼”的特性。

我国学者陈守煜教授在创建模糊水文学过程中指出:“事物或现象从差异的一方到差异的另一方,中间经历了一个从量变到质变的连续过程,这是差异的中介过渡性,由中间过渡性而产生的划分上的非确定性就是模糊性。”

2. 研究内容

模糊数学的研究内容主要有以下三方面。

第一,研究模糊数学的理论,以及它与精确数学、随机数学的关系。

扎德以精确数学集合论为基础,并对数学的集合概念进行了修改和推广。他提出用“模糊集合”作为表现模糊事物的数学模型,并在“模糊集合”上逐步建立运算和变换规律,开展相关理论研究。这使得我们能够构造出研究现实世界中大量模糊现象的数学基础,从而对看似复杂的模糊系统进行定量描述和处理。在模糊集合中,给定范围内元素对集合的隶属关系不再仅有“是”或“否”两种情况,而是用介于 0～1 之间的实数来表示隶属度,还存在中间过渡状态。

例如:“老人”是一个模糊概念。70 岁的人肯定属于老人,其隶属度为 1; 40 岁的人肯定不算老人,其隶属度为0;55岁的人对“老人”的隶属度为0.5,即“半老”;60岁的人隶属度为0.8。扎德认为,指明各个元素的隶属集合就等于指定了一个集合。当隶属度介于0~1之间时,就是模糊集合。

第二,研究模糊语言学和模糊逻辑。

人类自然语言具有模糊性,人们经常接收模糊语言与模糊信息,并能做出正确的识别和判断。为了实现用自然语言与计算机进行直接对话,就必须将人类的语言和思维过程提炼成数学模型,才能给计算机输入指令,建立合适的模糊数学模型,这是应用数学方法的关键。扎德采用模糊集合理论来建立模糊语言的数学模型,使人类语言数量化、形式化。

如果将符合语法标准的句子的隶属度函数值定为1,其他近义的以及能表达相似思想的句子就可以用0~1之间的连续数来表征它们对“正确句子”的隶属度。这样,就可以对模糊语言进行定量描述,并制定一套运算和变换规则。目前,模糊语言还很不成熟,语言学家正在深入研究。

人们的思维活动常要求概念的确定性和精确性,采用形式逻辑的排中律,即非真即假,然后进行判断和推理,得出结论。现有的计算机都是建立在二值逻辑基础上的,它们在处理客观事物的确定性方面发挥了巨大的作用,却不具备处理事物和概念的不确定性或模糊性的能力。

为了使计算机能够模拟人脑高级智能的特点,就必须将计算机转到多值逻辑基础上,研究模糊逻辑。目前,模糊逻辑还很不成熟,尚需继续研究。

第三,研究模糊数学的应用。

模糊数学以不确定性的事物为研究对象。模糊集合的出现是数学适应描述复杂事物的需要。扎德的功绩在于用模糊集合理论找到了解决模糊性对象的办法,从而使研究确定性对象的数学与不确定性对象的数学联系起来。过去精确数学和随机数学在描述某些现象时感到不足之处,现在可以通过模糊数学得到弥补。

在模糊数学中,已有模糊拓扑学、模糊群论、模糊图论、模糊概率、模糊语言学、模糊逻辑学等分支。

11.8 本章小结

本章详细介绍了模糊集合及其表示方法、模糊集合运算、模糊关系、隶属度函数、模糊判决和模糊应用的实例。通过对这些内容的深入探讨,了解了模糊数学的基础理论和实际应用。

首先从模糊集合的基本概念入手,讨论了模糊集合的定义和几种常见的表示方法,包括Zadeh表示法、序偶表示法、向量表示法和隶属度函数描述法。这些方法为理解和运用模糊集合奠定了基础。

其次介绍了模糊集合的基本运算,包括相等、包含、交集、并集、补集等操作。通过这些运算,可以对模糊集合进一步分析和处理。

然后探讨了模糊关系的定义、性质及其合成运算。模糊关系通过模糊矩阵表示,并用于描述不同模糊集合之间的关联程度。这部分内容为理解模糊系统中的元素之间的复杂关系提供了工具。

在介绍隶属度函数时,详细说明了其定义和确定方法。隶属度函数是模糊数学中的核心概念,它通过定量化的方式描述了模糊概念的隶属度。讨论了常见的隶属度函数类型,如三角形函数、钟形函数、高斯型函数、梯形函数、sigmoid 函数和岭形函数，并给出了确定隶属度函数的直觉法和模糊统计法。

在模糊判决部分讲解了模糊推理的基本原理，包括单输入、多输入和多输入多规则的模糊推理方法。通过这些推理方法，可以将模糊规则应用于实际控制和决策中。

最后通过一个具体的模糊控制器实例展示了模糊控制的应用。通过设计模糊控制器来控制水位系统，展示了模糊控制器的工作原理、设计步骤及其在复杂系统中的有效性。

通过对本章的学习，我们不仅掌握了模糊数学的基本概念和理论，还了解了如何将这些理论应用于实际问题的解决。模糊数学为处理复杂、不确定性问题提供了强有力的工具，是现代数学的重要分支。

习题

1. 比较模糊集合与普通集合的异同。

2. 模糊控制器设计有哪些步骤。

3. 设论域 $U=\{u_1,u_2,u_3,u_4,u_5\}$，且

$$A=\frac{0.2}{u_1}+\frac{0.4}{u_2}+\frac{0.9}{u_3}+\frac{1}{u_4}+\frac{0.5}{u_5}$$

$$B=\frac{0.1}{u_1}+\frac{0.7}{u_3}+\frac{1}{u_4}+\frac{0.3}{u_5}$$

试求 $A\cup B$、$A\cap B$、A^{C}、B^{C}。

4. 设有下列两个模糊关系：

$$\boldsymbol{R}_1=\begin{bmatrix}0.8 & 0.7\\ 0.5 & 0.3\end{bmatrix},\quad \boldsymbol{R}_2=\begin{bmatrix}0.2 & 0.4\\ 0.6 & 0.9\end{bmatrix}$$

试求出 $\boldsymbol{R}_1$ 与 $\boldsymbol{R}_2$ 的复合关系 $\boldsymbol{R}_1\circ\boldsymbol{R}_2$。

5. 设论域 $X=Y=\{1,2,3,4,5\}$，X、Y 上的模糊集合为

$$\underset{\sim}{\boldsymbol{A}}=\text{“低”}=\frac{1}{1}+\frac{0.6}{2}+\frac{0.4}{3}$$

$$\underset{\sim}{\boldsymbol{A}}_1=\text{“较低”}=\frac{1}{1}+\frac{0.3}{2}+\frac{0.2}{3}+\frac{0.1}{4}$$

$$\underset{\sim}{\boldsymbol{B}}=\text{“高”}=\frac{0.8}{4}+\frac{1}{5}$$

设 $\underset{\sim}{\boldsymbol{A}}$=“低”，则 $\underset{\sim}{\boldsymbol{B}}$=“高”，已知 $\underset{\sim}{\boldsymbol{A}}_1$=“较低”，试问 $\underset{\sim}{\boldsymbol{B}}_1$ 如何？

6. 已知某加热炉炉温控制系统，要求炉温保持在 600℃，目前此系统采用人工控制方式，并有以下控制经验：

(1) 若炉温低于 600℃，则电压升高；炉温低得越多，电压升得越高。

(2) 若炉温高于 600℃，则电压下降；炉温高得越多，电压降得越低。

(3) 若炉温为 600℃，则电压保持不变。

设模糊控制器为一维控制器，输入语言变量为误差，输出为控制电压。两个变量的量化等级为 7 级，取 5 个语言值，隶属度函数任意。试设计模糊逻辑控制表。

第12章

群体智能算法

学习目标

- 了解群体智能算法的基本概念和特点；
- 理解以遗传、粒子群和蚁群为代表的群体智能经典算法的基本原理；
- 掌握以遗传、粒子群和蚁群为代表的群体智能经典算法的实现步骤；
- 能够以应用遗传、粒子群和蚁群为代表的群体智能经典算法实现优化问题的求解。

本章首先介绍群体智能算法的发展历程，使读者了解群体智能算法的特点以及主要代表方法，然后介绍遗传算法、粒子群算法以及蚁群算法这三个群体智能经典方法的基本原理、实现步骤以及典型案例，并通过一个综合应用案例来帮助读者掌握应用群体智能算法进行优化问题求解的基本思路。

12.1 概述

12.1.1 群智能算法的发展历程

随着人类社会的不断进步，优化问题逐渐成为工程制造、科学研究、调度规划乃至社会管理等领域中最常见的问题类型。优化是指在合理的时间范围内，针对某个问题领域，在满足其约束条件的前提下，寻找一组参数的解，使得问题域对应的系统（或函数模型）的某个或某些性能需求得到最优满足（如性能指标达到最大或最小，一般称为目标函数）。典型的优化问题包括最优路径规划、任务调度、装载空间管理等。优化算法是求解这些问题的具体方法。传统的优化算法通常是基于数学理论的确定型优化算法，即通过数学分析和计算，利用直接求解或迭代方法计算结果，如线性规划、整数规划法、动态规划法、分支界定法等运筹方法，或爬山算法、单纯形法等迭代算法。随着计算机技术的发展，这些传统算法通过计算机实现，成为早期产业界和学术界解决优化问题的主要手段，极大地促进了各个领域的效率提升。

随着优化问题及优化算法方面的研究不断深入，传统的确定型优化算法也不断暴露出其不足，主要是对复杂性高、规模大的优化问题求解困难，由于问题复杂，求解过程中容易陷入局部最优，难以在工程实践中应用。鉴于此，有研究人员为改善确定型优化的不足提出了概率型优化算法，其核心思想是在搜索优化问题解的过程中，引入随机搜索的策略，在问题求解时将优化搜索选择策略由确定的数学计算改为基于概率大小进行的随机选择，即优化搜索的下一步是不确定的，从而在求解搜索时陷入局部最优解时，可以通过随机选择跳出困境。最初的经典随机搜索算法仅仅是在变量允许的区间内不断随机地产生解，并比较目标函数的值，抛去差的结果，保留好的结果，在随机搜索次数足够多后，最后留下的就是最优结果。

然而，这种“纯”随机搜索方法较为粗糙，效率低下。为了改进其效果，研究人员进行了大量工作，逐渐发现，通过模拟自然界现象和生物智能可以显著提高概率型优化算法的效果。人们将这种提高概率计算效果的方法称为“启发”。不同于传统的简单启发策略，这种通过对现实世界复杂现象的学习而生成的策略称为元启发式算法。例如，模拟人类智力思考特点的禁忌搜索算法，通过增加“禁忌”准则避免重复搜索、增加“藐视”准则释放被禁忌的选择，实现多样化、有效地搜索，提高了算法效率。此外，还有基于固体退火原理实现的模拟退火算法，作为元启发式算法中的轨迹法，在工程中得到了广泛应用。

受到上述从现实世界中发掘优势的研究成果鼓舞，研究人员进一步开展了概率型优化算法的研究，其中模拟生物世界特性的做法取得了出色的成果，这一类算法被归类为启发式算法中的群体智能算法，简称群体法。这类方法首先诞生的是模拟生物进化发展过程的进化计算(EC)算法，又称进化算法。进化算法的主要思路是达尔文自然选择理论和群体遗传学，即生物面对环境(问题域系统)，通过自身的演化往往能够实现对环境的完美适应(找到最优解)，相比传统的随机搜索算法，进化计算在优化模型建立后，需要对问题的解进行编码(相当于进化过程中的生物基因编码)，然后从原问题的一组解出发，利用这个编码的结构化和随机性信息实现改进(相当于进化过程中的基因变异)，得到新的一组解，再通过自然选择(根据目标函数值，使最满足目标的决策获得最大的生存可能)确定这个改进是否保留，从而得到更好的新解，以此迭代不断改进，直至找到最优解。

在进化计算的基础上，随着 20 世纪 60 年代兴起的仿生学研究不断深入，群智能(SI)计算作为一种新型的仿生类进化算法获得了众多研究者和业界人士的关注。群智能主要源自生物学家对社会学群居生物(如蚂蚁、蜜蜂等)的观察研究成果，这些生物每个个体的智能都极其简单(每只蚂蚁或蜜蜂能力有限)，众多个体组成一个分布式的完整系统后却呈现为一种高度结构化的群体组织，个体之间通过协同工作能完成远超个体能力的复杂工作。群智能算法即模拟自然界这类群居生物行为而构造的随机搜索算法，该类算法典型成果为蚁群优化(ACO)算法和粒子群优化(PSO)算法，这些方法在灵活性、适用性等方面具有突出的优势，目前在各类优化问题领域得到了广泛应用。

12.1.2　群体智能算法的主要代表算法

优化问题和优化算法是计算机科学领域中的经典研究方向。在长期的发展过程中，优化算法逐步形成了多种分类框架，如图 12.1 所示。

相对传统的确定型算法以及概率型算法，群体智能算法属于概率型算法中元启发式方法中的群体法。之所以叫群体法，是因为这类方法大多采用分布式计算的框架，通过多个个体模拟现实世界，尤其是生物世界的各类特性，实现对问题最优解的搜索和计算。群体法的

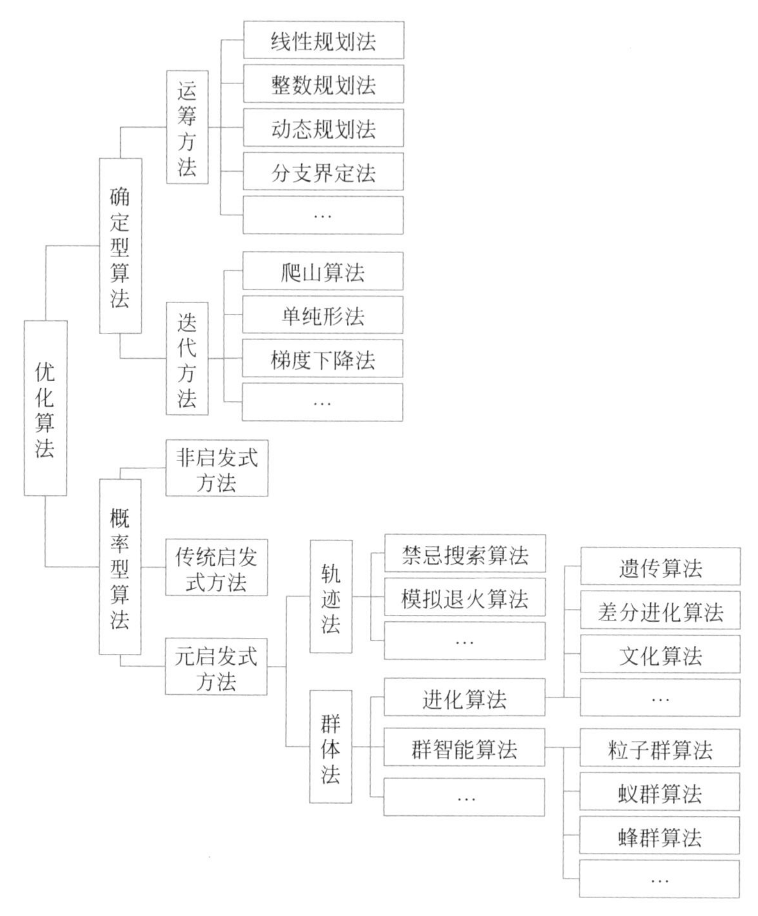

图 12.1 优化算法分类框架

两个主要算法类型是模拟生物进化特征的进化算法和仿生社会群居生物的群智能算法。进化算法的主要代表有遗传算法、差分进化算法和文化算法，群智能算法中的主要代表有粒子群算法、蚁群算法、蜂群算法和菌群算法。

遗传算法由美国学者 Holland 于 1975 年提出，其核心思想借鉴生物界的达尔文自然选择和遗传规律，遵循适者生存、优胜劣汰的原则，提高随机搜索效率。遗传算法可以直接对问题对象进行操作，对目标函数的可导性、连续性等特征没有硬性要求，具备计算的并行性和良好的全局寻优能力。

差分进化算法是在遗传算法基础上改进而来的，基于种群差异进行进化操作。该算法保留了适者生存、优胜劣汰的原则，同时通过简化变异计算，降低了进化操作的复杂性，具备较强的全局收敛能力和鲁棒性，对复杂环境下的优化问题具有更强的适应性。

文化算法是一种双层进化机制，在种群空间基础上增加了基于文化因素的信仰空间，使得种群后代能够在知识库中学到未直接经历的经验知识。通过双空间的双层进化，进一步具备了由文化信仰指定的进化目的性和方向性，提高了个体的进化效率。

粒子群算法由美国学者 Kenney 与 Eberhart 于 1995 年提出，最初模拟鸟群觅食过程。算法从随机解出发，使用适应度计算评价解的品质，不断进行迭代计算，搜索和逼近最优解。相比遗传算法，粒子群算法的迭代过程更简单，通过当前最优值寻找全局最优解。该算法实现容易，计算精度高，广泛应用于人们的实际生产和生活中。

蚁群算法由意大利学者 Dorigo 和 Maniezzo 于 1992 年提出，最初用于解决旅行商问题(TSP)。算法模拟蚂蚁的觅食寻路行为，通过信息素的正反馈机制，选择路径并搜索最优解。蚁群算法概念简单，实现容易，适应性强，应用广泛。

蜂群算法由土耳其学者 Karaboga 于 2005 年提出，模拟蜂群觅食行为。工蜂发现食物后召集其他工蜂采集，这种策略能够快速适应环境变化，发现最优解。蜂群算法概念简单，控制参数少，效果良好，广泛应用于人们的实际生产和生活中。

菌群算法由美国学者 Passino 于 2002 年提出，模拟细菌这一简单微生物的行为。细菌通过趋化、繁殖、迁徙和聚集四个步骤实现对环境的适应和优胜劣汰。菌群算法通过模拟大量细菌个体的行为，完成对最优解的搜索和逼近，与蚁群算法类似，应用广泛。

除了上述典型方法外，进化算法和群智能算法还有许多性能良好、特色鲜明的算法。这一领域的研究工作仍在不断进行，随着对群体智能算法认识和理解的加深，未来会有更多的研究成果涌现。后续将重点介绍遗传算法、粒子群算法和蚁群算法这三个经典的群体智能算法。

12.1.3 群智能算法的特点

群智能算法的优势主要源自传统优化算法存在的不足。多年来，优化理论和应用的发展成果表明，传统优化算法在以下几方面存在显著的缺陷：

(1) 问题数据规模。传统优化算法在中小规模问题上表现较好，但随着数据规模的增加，其计算时间和空间复杂度往往呈现爆炸式增长，导致算法效率急剧下降，甚至需要强行中止算法，从而无法得出有效结果。

(2) 问题特性。传统优化算法对目标函数的要求较为严格，通常需要单目标、线性连续、可微等条件。然而，许多复杂优化问题的目标函数往往是多目标、不连续、非线性、不可微的，这使得传统方法在这些问题上失效。

(3) 计算难度。传统方法通常需要大量的准备工作，如矩阵求导、求二阶导、求矩阵的逆等，这些计算往往开销巨大，对算法的效率影响显著。

(4) 求解普适性。传统方法的求解结果往往与初值设置密切相关，有些方法甚至与特定问题直接挂钩，通用性较差，通常需要根据具体问题特性进行针对性设计，增加了解决问题的难度。

相对传统优化算法的不足，群智能优化算法具备以下主要特点：

(1) 鲁棒性强、应用范围广。群智能算法对问题特性无依赖，主要通过外部评价和不断迭代进化的形式搜索最优解。在计算过程中不需要搜索空间的知识和其他辅助信息，对优化问题的数学性质如连续性、可导性等没有要求。同时，计算过程是分布式的，通过多个个体的合作，对环境变化和个体故障等问题容忍度高，因此能够适应更广阔的问题领域。

(2) 可扩充性和自适应性强。群智能优化算法依靠多个个体协作，通过不断迭代进化的计算模式，可以通过增加个体数量来适应问题规模的变化，并通过个体变化和群体趋化发展来适应环境的复杂变化。这使得群智能算法能够灵活应对各种规模和复杂度的问题。

(3) 通用性和全局性。群智能算法一般不针对特定问题设计，其算法原理较为简单，对性能要求不高。通过适当调整，可以用于求解多种优化问题。在求解过程中，由于不依赖目标函数的具体性质，基于概率的随机搜索方式能够有效避免陷入局部最优，较易取得全局最优解，适应范围广泛。

综上所述，在解决优化问题的方法选择上，经典的传统优化算法通常更适用于一些典型的特定问题；而对于具有一定规模和复杂度高的问题，使用群智能算法是更为合理的选择。

12.2 遗传算法

12.2.1 遗传算法的基本原理

遗传算法的核心思想是模拟生物进化过程中优胜劣汰、适者生存的达尔文自然选择机制，以及孟德尔的生物遗传变异理论。遗传算法具备大范围快速全局搜索能力，其基本原理大致如下所述：

(1) 编码阶段：首先针对问题域背景进行编码，将要求解的问题表示为算法处理的结构对象，即将问题空间中的候选解编码为遗传空间的染色体(生物个体)。这个编码需要保证完备性、健全性和非冗余性；然后通过随机方式产生若干个编码，形成生物的初始群体。

(2) 适应度评估：从优化目标出发，设计对染色体的评价方法——适应度函数，用于计算染色体的适应度，生成生物每个个体的数值评价。

(3) 遗传操作：通过遗传操作来模拟生物种群的进化。适应度高的个体有更高的概率参与下一代的繁殖，而低适应度的个体则被淘汰。在繁殖过程中，生物个体的染色体(解的编码)会按照遗传变异理论进行交叉、突变形成新的解。经过遗传操作后会形成下一代的生物种群。

(4) 迭代进化：不断迭代步骤(3)，进行生物种群的遗传操作，使得模拟染色体在生物进化过程中不断地繁殖和变异。保留适应度更好的染色体生物个体(更符合优化目标的好的解)，淘汰差的个体。

(5) 收敛条件：适时中止迭代过程，输出此时种群中适应度最优的染色体，将其作为问题的解。一般中止条件可以设置为个体适应度达到给定的阈值或预设的进化代数(通常100～500代)。

遗传算法在很多应用中表现优异，但也存在一些不足之处：首先，编码策略是使用遗传算法的关键，但对于特定问题，编码的规范性和准确性较难保证；其次，当优化问题的约束条件较多时，编码策略较难全面表述；此外，遗传算法的效率、精度以及复杂性分析等方面仍缺乏定量分析方法。

12.2.2 遗传算法实现步骤

遗传算法实现步骤见算法12.1。

算法 12.1 遗传算法实现步骤

输入：问题的编码策略；适应度函数；遗传操作涉及的交叉算子和变异算子；遗传操作涉及的选择算子即淘汰策略；进行染色体交叉概率 P_c、进行染色体变异概率 P_m；中止条件适应度阈值和进化代数。

输出：适应度最高的最优染色体。

过程：

1. 初始化，计算初始群体
2. 计算群体上每个个体的适应度
3. 按淘汰策略淘汰适应度低的个体，选择其余个体进入下一代遗传，对其中每个个体
4. 生成随机数，若小于交叉概率 P_c，则使用交叉算子对染色体进行交叉操作
5. 生成随机数，若小于变异概率 P_m，则使用变异算子对染色体进行编译操作
6. 查看目前最优的染色体适应度和进化代数，若达到适应度阈值或代数，则进入步骤 7，否则转到步骤 2
7. 返回当前最优的染色体

12.2.3 基于遗传算法的应用案例

本章统一使用旅行商问题作为群智能优化算法的应用案例。旅行商问题又称货郎问题，是经典的组合优化问题。其背景是商品推销员需要访问若干城市进行商品推销，因此需要规划一条合理的路线，使得推销员从起点出发，经过所有目标城市后再回到出发地，同时使行程总长度（花费的总时间）最短。在当前外卖、快递等行业盛行的背景下，这个问题具有非常实际的应用价值和意义。

为了不失一般性，使用随机方法生成了规模为 20 个城市的分布地图（在长宽比 1600∶1200 的地图中随机生成 20 个点，并记录其坐标，坐标值取整数）。生成的 20 个城市的坐标如下：

(565.0, 575.0), (25.0, 185.0), (345.0, 750.0), (945.0, 685.0), (845.0, 655.0), (880.0, 660.0), (25.0, 230.0), (525.0, 1000.0), (580.0, 1175.0), (650.0, 1130.0), (1605.0, 620.0), (1220.0, 580.0), (1465.0, 200.0), (1530.0, 5.0), (845.0, 680.0), (725.0, 370.0), (145.0, 665.0), (415.0, 635.0), (510.0, 875.0), (560.0, 365.0)

图 12.2 展示了旅行商问题的城市分布图。

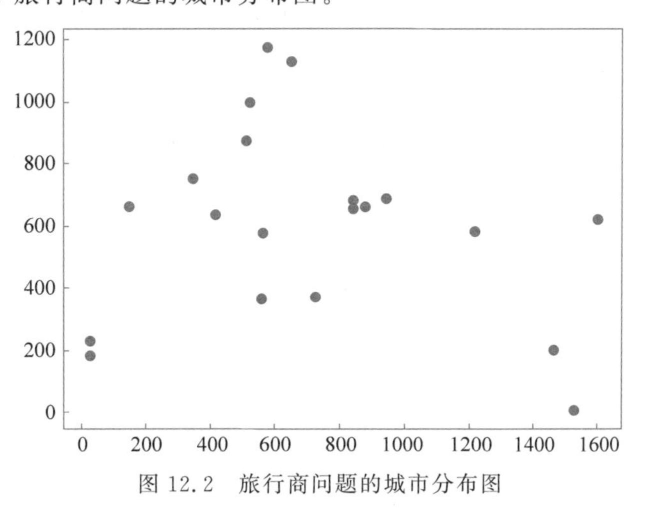

图 12.2 旅行商问题的城市分布图

从图论的角度来看，该问题实质是在一个带权完全无向图中找一个权值最小的 Hamilton 回路。用常规的暴力法解该问题，其解法为找出所有顶点的全排列，计算权值后找最小值。显然，这是一个 $O(n!)$ 级别的算法复杂度，随着顶点数的增加，会产生组合爆炸

问题。在 n 较大的情况下，常规方法基本不可行。由于这个问题具有广泛的实际应用背景，学术界对其进行了大量研究，有学者证明该问题是一个 NP 完全问题，因此，使用包括群智能算法在内的新一代算法方法求解 TSP 成为衡量算法效果的极佳案例。

使用遗传算法求解 TSP 具体过程如下：

1. 问题建模

对 $n(n=20)$ 个城市进行预处理，生成城市距离矩阵 $\begin{bmatrix} d_{1,1} & \cdots & \\ \vdots & \ddots & \vdots \\ & \cdots & d_{i,j} \end{bmatrix}$，其中 $d_{i,j}$ 表示城市 i 到城市 j 的距离，$i,j=1,2,\cdots,n$。

2. 问题解析

（1）种群生成。首先随机生成种群，种群的个体数量 n 固定不变。在这个问题中，假设种群中的某个个体的 DNA 是某条从城市 1 出发，经过所有城市一次，最终回到城市 1 的一条路径。每条路径的路径和作为其个体对于环境的适应性，其路径和越短，个体的适应性也就越强。

（2）设计进化方案。假设进化比例为 A，按照递减的概率从适应性最高的个体开始进行进化选择，并不是适应性高的个体一定被选择，而是被选择的概率更高。依次查询后，只允许 $A\times n$ 个个体进行选择进化。被选择的个体复制自身一份，替换掉适应性最低的一个个体。

（3）设计染色体交叉方案。由于每个个体的 DNA 在该问题中是旅行路径，染色体交叉方案需要特殊处理。例如，有[1, 2, 3, 4, 5]和[1, 3, 4, 5, 2]两个个体，若随便选择某个位置进行单点杂交：若选择 0 位，则两个个体没有形成新的个体，相当于没有染色体交叉；若选择 1 位进行染色体交叉，则产生[1, 3, 3, 4, 5]和[1, 2, 4, 5, 2]两个个体，出现了重复路径，与题意不符。因此，本算法设定一种规则，首先查找 X、Y 两个个体的第一个不同的基因位置（在本例中为 1 位），然后在 X、Y 中分别找到其对应位置的基因，对 X、Y 来说就是基因 2、3，对 X 来说是 1、2 位，对 Y 来说是 1、4 位。交换 X 的 2、3 位，交换 Y 的 1、4 位，得到结果[1, 3, 2, 4, 5]和[1, 2, 4, 5, 3]，完成染色体交叉。

变异方案相对简单，按照一定概率选择某个个体，随机选择两个位置的基因进行交换，即视为该个体染色体变异。

3. 示例代码

```
import pandas as pd
import numpy as np
import matplotlib.pylab as plt
import random

# 所用到的 20 个城市的坐标点
cities = [
  [565.0, 575.0], [25.0, 185.0], [345.0, 750.0], [945.0, 685.0], [845.0, 655.0],
  [880.0, 660.0], [25.0, 230.0], [525.0, 1000.0], [580.0, 1175.0], [650.0, 1130.0],
  [1605.0, 620.0], [1220.0, 580.0], [1465.0, 200.0], [1530.0, 5.0], [845.0, 680.0],
  [725.0, 370.0], [145.0, 665.0], [415.0, 635.0], [510.0, 875.0], [560.0, 365.0]
]
```

```
nums = 100
a = pd.DataFrame(cities)
l = len(cities)

def review():                        #展示所有点
  a.plot(x = 0, y = 1, kind = 'scatter')
  plt.show()

#计算任意两点之间的距离,得到一个矩阵
def dist(x1, y1, x2, y2):
  return np.sqrt(np.power(x1 - x2, 2) + np.power(y1 - y2, 2))

b = []
a.columns = ['x', 'y']
[b.append(dist(a.loc[i].x, a.loc[i].y, a.loc[j].x, a.loc[j].y)) for i in range(l) for j in range(l)]
c = np.reshape(b, (l, l))
#c 为距离矩阵

def get_random_gene():               #随机生成一些路径作为种群基因,基因长度为 21
  path = list(range(l))[1:20]
  random.shuffle(path)               #随机打乱数组顺序
  path.insert(0, 0)
  path.append(0)
  return path

def get_random_init():               #随机生成 nums 条初始路径作为种群,返回包含这些路径
                                     #的 DataFrame
  parents = []
  [parents.append(get_random_gene()) for i in range(nums)]
  return pd.DataFrame(parents)

df = get_random_init()

def cal_adaptability(path):          #适应度
  sum_ = 0
  for i in range(20):
    sum_ += c[path[i], path[i + 1]]
  return sum_

def poss_for_reproduct(df):
  adapt_list = []
  [adapt_list.append(cal_adaptability(list(df.loc[i]))) for i in range(nums)]
  te = pd.DataFrame(adapt_list)
  te['ind'] = range(nums)
  sum_ = sum(te[0])
  poss_list = []
  [poss_list.append(te.loc[i][0] / sum_) for i in range(nums)]
  te['poss'] = poss_list
  ma = max(te['poss'])
  mi = min(te['poss'])
  new_poss_list = []
  [new_poss_list.append((te.loc[i]['poss'] - mi) / (ma - mi)) for i in range(nums)]
  te['poss'] = new_poss_list
```

```
    te['poss'] = 1 - te['poss']
    te = te.sort_values('poss', ascending = False)
    return te.reset_index(drop = True)

#选择进化
def reproduct(te):
    better = 0.1 #凭一定概率,前 0.01 为强者复制,中间保留,后面 0.01 被复制替换
    counter = int(better *nums) #直到找够前 0.01 为止
    new = []
    j = 0
    mark = 0
    for i in range(nums):
        if te.loc[i]['poss'] >= np.random.random(1)[0]:
            new.append(df.loc[int(te.loc[i]['ind'])])
            new.append(df.loc[int(te.loc[i]['ind'])]) #复制
            j += 1
        else:
            new.append(df.loc[int(te.loc[i]['ind'])]) #保持不变
        if j >= counter:
            mark = i
            break
    for i in range(mark + 1, nums - len(new) + mark + 1):
        new.append(df.loc[int(te.loc[i]['ind'])])
    return pd.DataFrame(new).reset_index(drop = True)

#杂交进化
def hybridize(te): #单点杂交(控制杂交,使其必然产生新个体)
    parent_father = list(df.loc[int(te.loc[0]['ind'])])
    pos = 0
    for i in range(1, nums):
        if te.loc[0][0] != te.loc[i][0]:
            pos = i
            break
    parent_mother = list(df.loc[int(te.loc[pos]['ind'])])
    children_1 = parent_father.copy()
    children_2 = parent_mother.copy()
    pos_1 = 0
    pos_2 = 0
    for i in range(20):
        if parent_father[i] != parent_mother[i]:
            pos_1 = i
            break
    for i in range(20):
        if children_2[i] == children_1[pos_1]:
            pos_2 = i
            break
    temp = children_1[pos_1]
    children_1[pos_1] = parent_father[pos_2]
    children_1[pos_2] = parent_father[pos_1]
    children_2[pos_1] = parent_mother[pos_2]
    children_2[pos_2] = parent_mother[pos_1]
    new = df.copy()
    new = new.drop([nums - 2, nums - 1])
```

```
    new.loc[nums - 2] = children_1
    new.loc[nums - 1] = children_2
    return new

#变异进化
def mutate(te):
    p = 0.4 #每个个体变异的概率为 0.4
    new = df.copy()
    temp = 0
    num = 0
    for i in range(int(0.2 *nums), nums):
        r = np.random.random(1)[0]
        if r <= p:
            ran = np.random.randint(low=1, high=20, size=2)
            ma = max(ran)
            mi = min(ran)
            temp = new.loc[te.loc[i]['ind']][ma]
            new.loc[te.loc[i]['ind']][ma] = new.loc[te.loc[i]['ind']][mi]
            new.loc[te.loc[i]['ind']][mi] = temp
            num += 1
    print('mutate times: %d 个' % num)
    return new

def plot(path): #绘制路径
    plt.scatter(a['x'], a['y'], color='b')
    x = []
    y = []
    for i in range(l + 1):
        x.append(cities[path[i]][0])
        y.append(cities[path[i]][1])
    plt.title("Best path")
    for i in range(len(x)):
        plt.annotate(path[i], xy=(x[i], y[i]), xytext=(x[i] + 0.3, y[i] + 0.3))
    plt.plot(x, y, '-o')

def main():
    global df
    poss_reproduce = 0.2      #繁殖的概率为 0.2
    hybridization = 0.1       #杂交的概率为 0.1
    mutation = 0.7            #变异的概率为 0.7
    for i in range(100000):
        te = poss_for_reproduct(df)
        r = np.random.random(1)[0]
        if r < poss_reproduce:
            df = reproduct(te)
            print(1)
        elif poss_reproduce < r < poss_reproduce + hybridization:
            df = hybridize(te)
            print('2')
        elif poss_reproduce + hybridization < r:
            df = mutate(te)
            print('3')
        if i % 10 == 0:
```

```
        test = list(df.loc[te.loc[0]['ind']])
        plot(test)
        plt.draw()
        plt.pause(0.01)
        plt.clf()
    print(te.loc[0][0])
    test = list(df.loc[te.loc[0]['ind']])

main()
```

4. 运行结果

运行结果如图 12.3 所示。

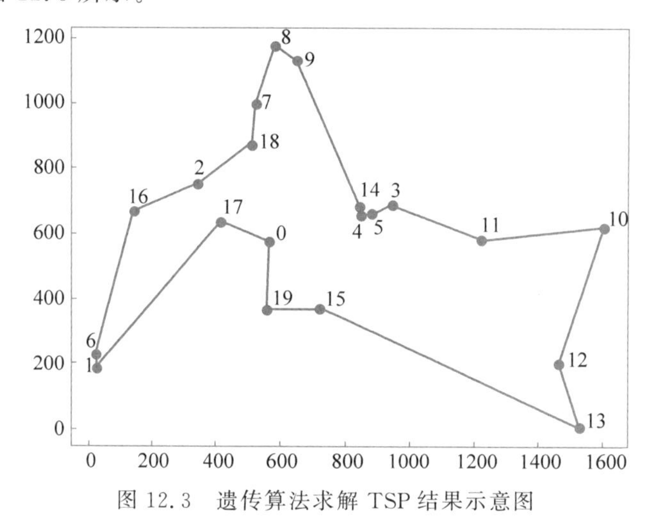

图 12.3 遗传算法求解 TSP 结果示意图

12.3 粒子群算法

12.3.1 粒子群算法的基本原理

粒子群算法的核心思想源自对鸟群捕食行为的模拟。其基本原理：一群鸟在寻找食物时，它们知道食物在某个区域内，但具体位置未知。食物会散发出气味，每只鸟通过气味的浓淡计算食物距离自身位置的远近。同时，鸟群个体之间可以交流彼此与食物的距离信息。对于每只鸟来说，其寻找食物的最佳策略就是朝离食物最近的鸟的位置移动，并在其附近进行搜索。这样，尽管每只鸟的位置都在不断变化，但整个鸟群最终会向食物方向聚集，并最终找到食物。

在粒子群算法中，每个优化问题的解都被视作上述场景中的一只鸟(粒子)。粒子被抽象为没有体积和质量的一个点，寻找食物的区域被抽象为问题域对应的 N 维空间。所有的粒子都有一个由优化函数决定的适应值来表示与食物的距离远近，以及一个速度变量 v(v 为一个多维向量，包含移动的方向、距离等信息)。粒子在问题域 N 维空间中移动时，影响其运动状态的因素有目前适应值最大(离食物最近)的粒子的位置 gbest 和自身曾到达的最大适应值(离食物最近)的位置 pbest。粒子根据下式更新自己的速度和位置：

$$v_{k+1}=c_0 v_k+c_1(\text{pbest}_k-x_k)+c_2(\text{gbest}_k-x_k) \tag{12.1}$$

$$x_{k+1}=x_k+v_{k+1} \tag{12.2}$$

式中：v_k 为粒子在当前 k 时刻的速度向量；x_k 为粒子在当前 k 时刻的位置；pbest_k 为粒子本身曾达到的最优解的位置；gbest_k 表示整个粒子群目前找到的最优解的位置；c_0、c_1、c_2 为群体认知系数，一般 c_0 取值为(0,1)的随机数，c_1、c_2 取值为 0～2 之间的随机数；v_{k+1} 为下一刻 $k+1$ 时刻的速度向量。另外还约定，每一个粒子的速度会被限制在一个最大速度 v_{max}($v_{max}>0$)之内以保证算法可行，若某个时刻计算的粒子速度超过这个阈值，则速度会被限定为 v_{max}。

尽管粒子群算法在许多应用中表现出色，但也存在不足：一是参数 c_0、c_1 和 c_2 取的取值对算法效果影响较大，需要在具体问题域下不断调整才能取得最佳效果，这使得调参过程较为烦琐；二是有研究者发现，粒子群算法在某些问题上的性能不理想，实用性受到一定限制。

12.3.2　粒子群算法实现步骤

粒子群算法实现步骤见算法 12.2。

算法 12.2　粒子群算法实现步骤

输入：粒子数 n，参数 c_0、c_1、c_2，迭代次数 Z，适应值计算函数

输出：最优的粒子位置

过程：

1. 对每个粒子初始化，随机产生 n 个初始解和 n 个初始速度，计算每个粒子的个体极值 pbest 和粒子群全局的最优极值 gbest
2. 根据当前位置和速度产生各个粒子的新的位置
3. While(迭代次数$<Z$) do
4. 　　计算每个粒子新位置的适应值，对每个粒子，若适应值优于原个体极值，则更新 pbest
5. 　　根据各个粒子的个体极值，找出新的全局最优极值，更新 gbest
6. 　　根据式(12.1)，更新每个粒子的速度，并将其限制在 v_{max} 之内
7. 　　返回当前粒子群全局的最优极值 gbest

12.3.3　基于粒子群算法的应用案例

本节使用粒子群算法求解旅行商问题，问题描述与 12.2.3 节相同。具体过程如下：

1. 问题建模

对 n($n=20$)个城市进行预处理，生成城市距离矩阵 $\begin{bmatrix} d_{1,1} & \cdots & \\ \vdots & \ddots & \vdots \\ & \cdots & d_{i,j} \end{bmatrix}$，其中 $d_{i,j}$ 表示城市 i 到城市 j 的距离，$i,j=1,2,\cdots,n$。

2. 问题解析

(1) 计算每对城市之间的欧几里得距离，生成一个 $n\times n$ 的距离矩阵。

(2) 初始化种群的各个粒子的位置，作为个体的历史最优解 pbest。初始化一个 birdNum *

cityNum 大小的全零矩阵表示种群,每行表示一个粒子,每一行是 0～cityNum－1 不重复随机数,表示城市访问的顺序。

(3) 计算每个粒子对应的适应度,即访问完所有城市并回到出发点的总距离。适应度值越小,表示路径越优。

(4) 找出全局适应度最高的粒子及其对应的解,记录为 gbest。

(5) 不断迭代,通过更新粒子的速度和位置,逐步逼近最优解。

3. 示例代码

```
import pandas as pd
import numpy as np
import matplotlib.pyplot as plt
import random

#所用到的 20 个城市的坐标点
cities = [
  [565.0, 575.0], [25.0, 185.0], [345.0, 750.0], [945.0, 685.0], [845.0, 655.0],
  [880.0, 660.0], [25.0, 230.0], [525.0, 1000.0], [580.0, 1175.0], [650.0, 1130.0],
  [1605.0, 620.0], [1220.0, 580.0], [1465.0, 200.0], [1530.0, 5.0], [845.0, 680.0],
  [725.0, 370.0], [145.0, 665.0], [415.0, 635.0], [510.0, 875.0], [560.0, 365.0]
]
nums = 100
cities_df = pd.DataFrame(cities)
num_cities = len(cities)

def review():                          #展示所有点
  cities_df.plot(x = 0, y = 1, kind = 'scatter')
  plt.show()

#计算任意两点之间的距离,得到一个矩阵
def calculate_distance(x1, y1, x2, y2):
  return np.sqrt(np.power(x1 - x2, 2) + np.power(y1 - y2, 2))

distances = []
cities_df.columns = ['x', 'y']
[distances.append(calculate_distance(cities_df.loc[i].x, cities_df.loc[i].y, cities_df.loc[j].
x, cities_df.loc[j].y)) for i in range(num_cities) for j in range(num_cities)]
distance_matrix = np.reshape(distances, (num_cities, num_cities))

def get_random_gene():                 #随机生成一些路径作为种群基因,基因长度为 21
  path = list(range(num_cities))[1:20]
  random.shuffle(path)                 #随机打乱数组顺序
  path.insert(0, 0)
  path.append(0)
  return path

def get_random_init():                 #随机生成 num 个初始个体作为种群,返回 df
  parents = []
  [parents.append(get_random_gene()) for _ in range(nums)]
  return pd.DataFrame(parents)
```

```
df = get_random_init()

def calculate_fitness(path):                          #适应度
  total_distance = 0
  for i in range(num_cities):
    total_distance += distance_matrix[path[i], path[i + 1]]
  return total_distance

def poss_for_reproduct(df):
  adapt_list = []
  [adapt_list.append(calculate_fitness(list(df.loc[i]))) for i in range(nums)]
  te = pd.DataFrame(adapt_list)
  te['ind'] = range(nums)
  sum_ = sum(te[0])
  poss_list = []
  [poss_list.append(te.loc[i][0] / sum_) for i in range(nums)]
  te['poss'] = poss_list
  ma = max(te['poss'])
  mi = min(te['poss'])
  new_poss_list = []
  [new_poss_list.append((te.loc[i]['poss'] - mi) / (ma - mi)) for i in range(nums)]
  te['poss'] = new_poss_list
  te['poss'] = 1 - te['poss']
  te = te.sort_values('poss', ascending = False)
  return te.reset_index(drop = True)

#选择进化
def reproduct(te):
  better = 0.1                 #凭一定概率前 0.1 为强者复制,中间保留,后面 0.1 被复制替换
  counter = int(better *nums)                         #直到找够前 0.1 为止
  new = []
  j = 0
  mark = 0
  for i in range(nums):
    if te.loc[i]['poss'] >= np.random.random(1)[0]:
      new.append(df.loc[int(te.loc[i]['ind'])])
      new.append(df.loc[int(te.loc[i]['ind'])])       #复制
      j += 1
    else:
      new.append(df.loc[int(te.loc[i]['ind'])])       #保持不变
    if j >= counter:
      mark = i
      break
  for i in range(mark + 1, nums - len(new) + mark + 1):
    new.append(df.loc[int(te.loc[i]['ind'])])
  return pd.DataFrame(new).reset_index(drop = True)

#杂交进化
def hybridize(te):                                    #单点杂交(控制杂交,使其必然产生新个体)
  parent_father = list(df.loc[int(te.loc[0]['ind'])])
  pos = 0
  for i in range(1, nums):
    if te.loc[0][0] != te.loc[i][0]:
```

```
            pos = i
            break
    parent_mother = list(df.loc[int(te.loc[pos]['ind'])])
    children_1 = parent_father.copy()
    children_2 = parent_mother.copy()
    pos_1 = 0
    pos_2 = 0
    for i in range(num_cities):
        if parent_father[i] != parent_mother[i]:
            pos_1 = i
            break
for i in range(num_cities):
        if children_2[i] == children_1[pos_1]:
            pos_2 = i
            break
    temp = children_1[pos_1]
    children_1[pos_1] = parent_father[pos_2]
    children_1[pos_2] = parent_father[pos_1]
    children_2[pos_1] = parent_mother[pos_2]
    children_2[pos_2] = parent_mother[pos_1]
    new = df.copy()
    new = new.drop([nums - 2, nums - 1])
    new.loc[nums - 2] = children_1
    new.loc[nums - 1] = children_2
    return new

#变异进化
def mutate(te):
    p = 0.4                          #每个个体变异的概率为 0.4
    new = df.copy()
    temp = 0
    num = 0
    for i in range(int(0.2 *nums), nums):
        r = np.random.random(1)[0]
        if r <= p:
            ran = np.random.randint(low = 1, high = 20, size = 2)
            ma = max(ran)
            mi = min(ran)
            temp = new.loc[te.loc[i]['ind']][ma]
            new.loc[te.loc[i]['ind']][ma] = new.loc[te.loc[i]['ind']][mi]
            new.loc[te.loc[i]['ind']][mi] = temp
            num += 1
    print('mutate times: %d 个' % num)
    return new

def plot(path):                      #绘制路径
    plt.scatter(cities_df['x'], cities_df['y'], color = 'b')
    x = []
    y = []
    for i in range(num_cities + 1):
        x.append(cities[path[i]][0])
        y.append(cities[path[i]][1])
    plt.title("Best Path")
```

```
  for i in range(len(x)):
    plt.annotate(path[i], xy=(x[i], y[i]), xytext=(x[i] + 0.3, y[i] + 0.3))
  plt.plot(x, y, '-o')

def main():
  global df
  poss_reproduce = 0.2                             #繁殖的概率为0.2
  hybridization = 0.1                              #杂交的概率为0.1
  mutation = 0.7                                   #变异的概率为0.7
  for i in range(100000):
    te = poss_for_reproduct(df)
    r = np.random.random(1)[0]
    if r < poss_reproduce:
      df = reproduct(te)
      print(1)
    elif poss_reproduce < r < poss_reproduce + hybridization:
      df = hybridize(te)
      print('2')
    elif poss_reproduce + hybridization < r:
      df = mutate(te)
      print('3')
    if i % 10 == 0:
      test = list(df.loc[te.loc[0]['ind']])
      plot(test)
      plt.draw()
      plt.pause(0.01)
      plt.clf()
    print(te.loc[0][0])
    test = list(df.loc[te.loc[0]['ind']])

main()
```

4. 运行结果

运行结果如图12.4所示。

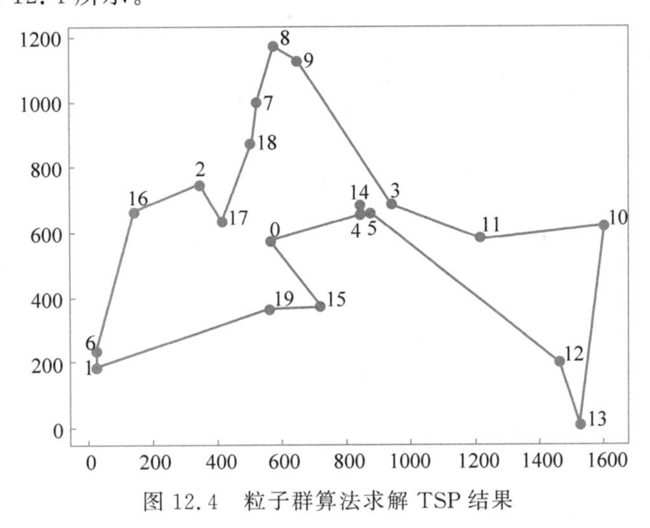

图12.4　粒子群算法求解TSP结果

12.4 蚁群算法

12.4.1 蚁群算法的基本原理

蚁群算法最初用于解决寻找最短路径的问题，其核心思想源自对自然界中蚂蚁觅食过程中自发形成最短路径现象的模拟。其大致原理如图 12.5 所示。在图 12.5(a)中，一旦蚂蚁发现食物后，蚁巢的蚂蚁成群结队出发去往食物，在巢穴和食物之间有一障碍物，形成了两条长短不一的路径。蚂蚁对路径长度并无认知，两条路蚂蚁也都没有走过，一开始两条路径的选择对于所有蚂蚁是随机的，因此两条路径选择的蚂蚁是均匀的，此时两条路径开始存在蚂蚁分泌的信息素。在图 12.5(b)中，由于较长的路径会使得蚂蚁花费更多的时间行走，而较短的路径蚂蚁经过的时间短，信息素会随时间流逝不断消失。因此，相等时间内较短路径上走过的蚂蚁数量会增多，信息素浓度比长路径上的信息素浓度更大，蚂蚁选路时会优先选择信息素浓度大的路径。这就形成了“路径短—单位时间走过的蚂蚁多—信息素浓度大—蚂蚁优先选择—走过的蚂蚁更多—信息素浓度更大”这样的正反馈现象，使得蚂蚁选择较短路径的可能性越来越多，最终如图 12.5(c)所示，所有蚂蚁都将沿着最短路径到达食物。

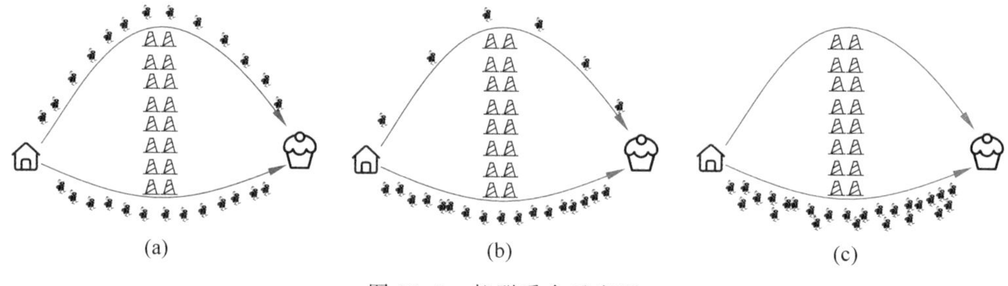

图 12.5 蚁群觅食示意图

针对上述蚂蚁觅食行为，人们提出了针对 TSP 的蚁群算法概念。在 TSP 背景下，其基本原理如下：

设 m 是蚁群中蚂蚁的个数，n 为城市的数量，$d_{ij}(i,j=1,2,\cdots,n)$为城市 i 和城市 j 之间的距离，$\tau_{ij}(t)$表示 t 时刻在路段(ij)上的信息素浓度。则在时刻 t 的第 k 只蚂蚁从点 i 向点 j 转移的概率为

$$P_{ij}^{k}(t)=\frac{[\tau_{ij}(t)]\alpha[\eta_{ij}]\beta}{\sum\limits_{l\in \text{allowed}_k}[\tau_{il}(t)]\alpha[\eta_{il}]\beta} \tag{12.3}$$

式中：$\text{allowed}_k=\{n-\text{ta}_k\}$，表示 allowed_k 为蚂蚁 k 下一点允许选择的城市，ta_k 是蚂蚁 k 走过的城市集合；α 与 β 的相对大小决定了蚂蚁对路段信息素浓度的取向偏好；$\eta_{ij}=1/d_{ij}$ 表示路段(ij)的能见度。经过 T 个时刻，所有蚂蚁完成一次循环。此时，更新所有路段上的强度。设信息素的消散率为 $1-\rho$，每次循环结束时路段(ij)上的信息素浓度计算公式为

$$\tau_{ij}(t+T)=\rho\tau_{ij}(t)+\Delta\tau_{ij} \tag{12.4}$$

式中：$\Delta\tau_{ij}$ 为本次循环留在路段(ij)上的信息素量

$$\Delta\tau_{ij}=\sum_{k=1}^{m}\Delta\tau_{ij}^{k}$$

其中：$\Delta\tau_{ij}^{k}$ 为第 k 只蚂蚁在本次循环中留在路段(ij)上的信息素量，且有

$$\Delta\tau_{ij}^{k}=\begin{cases}\dfrac{Q}{L_k}, & \text{第 } k \text{ 只蚂蚁本次循环经过}\\ 0, & \text{其他}\end{cases} \tag{12.5}$$

其中：L_k 为第 k 只蚂蚁环游一周的路径长度；Q 为常数。

蚁群算法的不足之处：由于蚂蚁个体在算法初始阶段没有受到信息素影响，下一个节点随机选择，需要较长时间才能发挥正反馈作用，导致算法初期的收敛速度较慢；在某些问题的执行情况下，会出现次优解更快发挥出正反馈作用，使得算法陷入局部最优而很难跳出；蚁群算法对参数设置比较敏感，初始参数设置不当会影响算法效果；存在蚁群种群多样化（个体分布均匀程度）与收敛速度之间的矛盾，使得算法效果和效率之间难以兼顾。

12.4.2　蚁群算法实现步骤

蚁群算法实现步骤见算法 12.3。

算法 12.3　蚁群算法实现步骤

输入：蚂蚁数 m，城市数 n，城市之间的路径集合，最大循环次数 Z，常数 Q

输出：路径规划结果

过程：

1. 初始化所有路径的信息素量 τ_{ij}，信息素增量 $\Delta\tau_{ij}=0$，将 m 只蚂蚁置于起点城市 n 上
2. While(循环次数＜Z) do
3. 　对每只蚂蚁 $k(k=1,2,\cdots,m)$，按式(12.3)移至下一顶点 j，$j\in(n-\mathrm{ta}_k)$
4. 　记录每只蚂蚁的当前走过的路径，并将蚂蚁在上一步中选择的城市 j 移出该蚂蚁的 allowed 表格
5. 　根据式(12.4)和式(12.5)更新每条路径的信息素量
6. 返回当前信息素量最大的最短路径和长度

12.4.3　基于蚁群算法的应用案例

本节使用蚁群算法求解旅行商问题，问题描述与 12.2.3 节相同。具体过程如下：

1. 问题建模

对 $n(n=20)$个城市进行预处理，生成城市距离矩阵 $\begin{bmatrix}d_{1,1} & \cdots & \\ \vdots & \ddots & \vdots\\ & \cdots & d_{i,j}\end{bmatrix}$，其中 $d_{i,j}$ 表示城市 i 到城市 j 的距离，$i,j=1,2,\cdots,n$。

2. 问题解析

根据蚁群算法的思路，旅行商问题使用一只蚂蚁的行走路径代表一个可行解，即一个城市序列，具体的计算过程如下：

(1) 确定迭代周期。

（2）确定蚂蚁数。

① 对每只蚂蚁，随机选择起点：

a. 进入循环选择后 $N-1$ 个城市；

b. 根据所有与当前节点城市相连的路径上的信息素多少决定下一步，即选择信息素最多的路径；

c. 蚂蚁有一定概率选择错误，即随机选择下一步要走的路径；

d. 选择后，在选择的路径上按照一定规则留下一定量的信息素。

② 蚂蚁路径就是本次搜索的路径。

（3）每群蚂蚁结束后，所有路径上的信息素进行一次衰退，保证越后进行的蚂蚁的信息素影响越大。

（4）等待周期结束。

3. 示例代码

以下代码使用蚁群算法解决旅行商问题，通过模拟蚂蚁在城市间移动的过程寻找最短路径。蚂蚁通过信息素和启发式信息的指引选择路径，经过多次迭代后，逐渐收敛到最优解。代码包含距离矩阵的计算、蚂蚁路径的选择和更新，以及最终结果的可视化展示。

```
#蚁群算法解决 TSP
import numpy as np
import matplotlib.pyplot as plt
import math

city_name = range(20)                          #生成城市序号 0,1,2…
#20 个城市的坐标
city_condition = np.array([
  [565.0, 575.0], [25.0, 185.0], [345.0, 750.0], [945.0, 685.0], [845.0, 655.0],
  [880.0, 660.0], [25.0, 230.0], [525.0, 1000.0], [580.0, 1175.0], [650.0, 1130.0],
  [1605.0, 620.0], [1220.0, 580.0], [1465.0, 200.0], [1530.0, 5.0], [845.0, 680.0],
  [725.0, 370.0], [145.0, 665.0], [415.0, 635.0], [510.0, 875.0], [560.0, 365.0]
])

#根据城市坐标计算出各个城市间的距离矩阵
city_num = len(city_name)
Distance = np.zeros((city_num, city_num))#初始化一个 20×20 的全零矩阵
for i in range(city_num):
  for j in range(city_num):
    if i != j:
      Distance[i][j] = math.sqrt((city_condition[i][0] - city_condition[j][0]) **2 + (city_
condition[i][1] - city_condition[j][1]) **2)
    else:
      Distance[i][j] = 100000

#蚂蚁的个数
AntNum = 100
#信息素
piFactor = 1                                    #信息素重要程度因子
hfiFactor = 2                                   #启发函数重要程度因子
```

```
vSpeed = 0.1                                    #挥发速度
iter = 0                                        #迭代初始值
MAX_iter = 200                                  #最大迭代次数
Q = 1
#初始化一个 20×20 的全为 1 信息素矩阵
pheromonetable = np.ones((city_num, city_num))

#候选集列表,其中列表中存放 100 只蚂蚁的路径(一只蚂蚁一个路径)
candidate = np.zeros((AntNum, city_num)).astype(int)

#path_best 存放的是每次迭代后的最优路径
path_best = np.zeros((MAX_iter, city_num))

#distance_best 存放的是每次迭代的最优距离
distance_best = np.zeros(MAX_iter)
cBackwards = 1.0 / Distance

while iter < MAX_iter:
  #首先选择蚂蚁初始点
  if AntNum <= city_num:
    #随机排列一个数组
    candidate[:, 0] = np.random.permutation(range(city_num))[:AntNum]
  else:
    m = AntNum - city_num
    n = 2
    candidate[:city_num, 0] = np.random.permutation(range(city_num))[:]
    while m > city_num:
      candidate[city_num *(n - 1):city_num *n,0] = np.random.permutation(range(city_num))[:]
      m = m - city_num
      n = n + 1
    candidate[city_num *(n - 1):AntNum,0] = np.random.permutation(range(city_num))[:m]

  length = np.zeros(AntNum)                     #每次迭代的 N 个蚂蚁的距离值

  #其次选择下一个城市
  for i in range(AntNum):
    #删去已经访问的第一个元素
    unvisit = list(range(city_num))             #unvisit 列表中存放着没有访问的城市编号
    visit = candidate[i, 0]                     #当前位置,第 i 个蚂蚁在第一个城市
    unvisit.remove(visit)                       #在没有访问的城市中删除当前点
    for j in range(1, city_num):                #访问剩下的 city_num 个城市,city_num 次访问
      protrans = np.zeros(len(unvisit))         #初始化一个全零的转移概率矩阵
      #下一城市的概率函数
      for k in range(len(unvisit)):
        #计算当前城市到剩余城市的概率
        protrans[k] = np.power(pheromonetable[visit][unvisit[k]], piFactor) *np.power
(cBackwards[visit][unvisit[k]], (piFactor + 1))
      #累计概率,轮盘赌选择
      cumsumprobtrans = (protrans / sum(protrans)).cumsum()
```

```
            cumsumprobtrans -= np.random.rand()
            #根据离随机数获取最近的索引值
            k = unvisit[list(cumsumprobtrans > 0).index(True)]
            #下一个访问城市的索引值
            candidate[i, j] = k
            unvisit.remove(k)
            length[i] += Distance[visit][k]
            visit = k                                  #改变出发点,继续选择下一个到达点
        length[i] += Distance[visit][candidate[i, 0]]  #最后一个城市到第一个城市的距离值
                                                       #也需要加进去

    #若迭代次数只有一次,则让初始值代替 path_best,distance_best
    if iter == 0:
        distance_best[iter] = length.min()
        path_best[iter] = candidate[length.argmin()].copy()
    else:
        #若当前的值没有先前的好,则当前最优还是先前的值; 并且用前一个路径替换为当前的最优路径
        if length.min() > distance_best[iter - 1]:
            distance_best[iter] = distance_best[iter - 1]
            path_best[iter] = path_best[iter - 1].copy()
        else:                                  #若当前的值比先前的好,则替换当前的解和路径
            distance_best[iter] = length.min()
            path_best[iter] = candidate[length.argmin()].copy()

    #信息素的增加量矩阵
    addpheromonetable = np.zeros((city_num, city_num))   #初始化一个 20×20 的全零矩阵
    for i in range(AntNum):
        for j in range(city_num - 1):
            #当前路径,比如城市 2、3 之间的信息素的增量由(1/当前蚂蚁行走的总距离的信息素)获得
            addpheromonetable[candidate[i, j]][candidate[i][j + 1]] += Q / length[i]
        #最后一个城市和第一个城市的信息素增加量
        addpheromonetable[candidate[i, j + 1]][candidate[i, 0]] += Q / length[i]
    #信息素更新的公式:
    pheromonetable = (1 - vSpeed) *pheromonetable + addpheromonetable
    iter += 1

print("蚁群算法的最优路径", path_best[-1] + 1)
print("迭代", MAX_iter, "次后", "蚁群算法求得最优解", distance_best[-1])

#绘画路线轨迹
fig = plt.figure()
x = []
y = []
path = []
for i in range(len(path_best[-1])):
    x.append(city_condition[int(path_best[-1][i])][0])
    y.append(city_condition[int(path_best[-1][i])][1])
    path.append(int(path_best[-1][i]) + 1)
x.append(x[0])
y.append(y[0])
```

```
path.append(path[0])

#绘制城市坐标图
plt.title("City location")
plt.plot(x, y, 'o')
fig = plt.figure()
plt.title("Best path")
#绘制最佳路径图
plt.plot(x, y, '-o')
#距离迭代图
fig = plt.figure()
plt.title("Distance iteration")                    #距离迭代图
#绘制距离迭代图
plt.plot(range(1, len(distance_best) + 1), distance_best)
plt.xlabel("Number of iterations")                 #横坐标表示迭代的次数
plt.ylabel("Distance value")                       #纵坐标表示距离值
plt.show()
```

4. 运行结果

运行结果如图 12.6 所示。

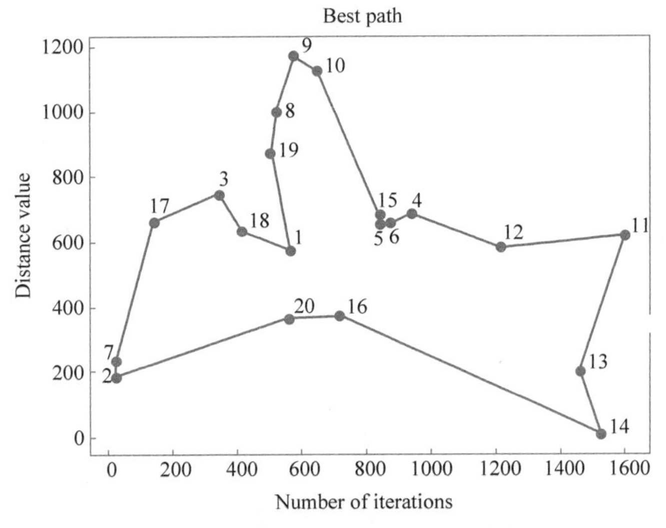

图 12.6 蚁群算法求解 TSP 结果示意图

12.5 案例分析：流水线调度问题

本节使用遗传算法求解一个流水线调度问题，问题描述如下：生产线有 8 台机器，28 个工位准备加工。流水线机器与作业处理时间如表 12.1 所示。

表 12.1 流水线机器与作业处理时间

作业	机器							
	1	2	3	4	5	6	7	8
1	11	16	15	4	15	22	17	22
2	9	9	15	3	21	4	16	2

续表

作业	机器							
	1	2	3	4	5	6	7	8
3	15	15	19	15	22	15	17	8
4	22	33	16	19	21	21	27	9
5	14	28	14	12	12	17	8	21
6	7	18	19	11	10	23	13	19
7	18	19	20	5	29	16	9	10
8	8	32	32	16	1	12	8	5
9	23	22	14	18	22	11	11	5
10	9	17	27	45	12	11	8	6
11	21	15	11	10	10	13	17	29
12	8	8	12	12	12	16	16	16
13	7	7	27	7	7	7	19	9
14	11	11	11	12	25	33	11	11
15	19	5	5	5	7	8	21	21
16	21	12	11	3	3	3	5	5
17	7	7	4	4	12	12	16	16
18	8	1	1	8	8	1	1	1
19	11	22	22	33	33	11	11	22
20	11	35	33	18	6	6	6	2
21	2	2	33	1	1	51	22	2
22	15	15	15	5	5	5	5	5
23	19	2	19	2	2	2	19	2
24	18	18	38	2	2	22	38	3
25	10	9	9	29	1	1	1	22
26	50	1	1	5	2	1	44	1
27	35	7	7	12	12	35	1	5
28	22	1	1	29	11	29	1	1

约束条件如下：

(1) 每台机器一次只可以处理一项工作。

(2) 每个作业都必须根据机器序号 1,2,3,…,8 依次进行处理。

(3) 作业 3、5、7、9、11、14 只能选择 3 个作业进行处理，其他的可以忽略。

(4) 作业顺序一旦确定，在所有机器上都需要保证此顺序。例如，一旦作业序列是 1—2—3—…—27—28，那么，每台机器必须首先处理作业 1 后再处理作业 2……，而作业 28 是每台机器上可以进行的最后一个处理作业。

算法要求：给出作业的流程序列，以便可以最大限度地减少最后作业的最终完成时间。

使用遗传算法求解的设计思路如下：

28 个作业需要按照确定的时间依次在 8 台机器上完成，作业间的加工顺序一旦确定在每台机器上都保持一致，同时需要满足作业 3、5、7、9、11、14 中只有 3 个被加工，这是一个带有约束的流水车间问题。

1. 编码

在进行染色体编码时采用的方式：每条染色体由 31 个{1,2,…,28}间的整数排列而成，其中前 28 个数为头，可以理解为不考虑约束情况下包含 28 个作业的流水车间的加工顺序，后 3 个数为尾，是{3,5,7,9,11,14}中的任意 3 个不重复的数。例如，染色体[8,3,4,…,9,7,6,…,11,28,10,…,3,7,11]表示的加工顺序为[8,4,…,9,6,…,28,10,…]。

2. 初始化种群

根据种群规模，每个染色体将{1,2,…,28}随机重新排序获得头，从{3,5,7,9,11,14}中任取 3 个获得尾，将头和尾拼接得到完整的染色体。如此重复操作若干次，可以获得初始种群每个个体的染色体。

3. 染色体交叉

父代种群中的两条染色体(parent1、parent2)以概率 P 进行交叉产生子代染色体(child1、child2)。头部分采取单点交叉法：用两条父代染色体的头部分的某一任意索引后的片段互换对方基因索引前的片段；然后对于剩余的基因，分别对头部分进行遍历，将不在目前子代染色体中的基因依次加入，直到形成两个完整的子代染色体的头，如图 12.7 所示(以 1～7 的序列示意)。

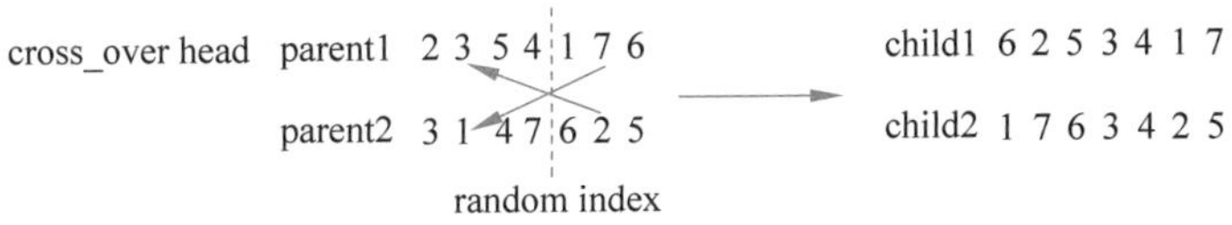

cross_over head　parent1　2 3 5 4 | 1 7 6　→　child1　6 2 5 3 4 1 7
parent2　3 1 4 7 | 6 2 5　　child2　1 7 6 3 4 2 5
random index

图 12.7　染色体交叉示意图

对于尾部分，任取 1～3 间的数 i，若 parent1 的尾中没有 parent2 的尾部分第 i 位对应的基因(gene2)，则将 parent1 尾部分的第 i 个基因(gene1)替换成 gene2，反之保持不变，如图 12.8 所示。

4. 染色体变异

对每个交叉产生的子代染色体 child，以概率 Q 发生变异，变异规则：对于头部分，任意生成两个 1～28 间的索引值，使索引值区间内的基因片段逆序排列；对于尾部分，使其内的任意一位基因替换为{3,5,7,9,11,14}中不被包含在原来的尾内的数，如图 12.9 所示(头以 1～7 的序列为例)。

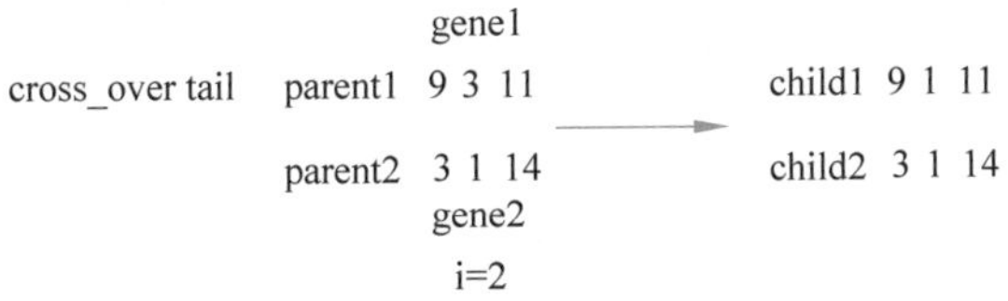

gene1
cross_over tail　parent1　9 3 11　→　child1　9 1 11
parent2　3 1 14　　child2　3 1 14
gene2
i=2

图 12.8　染色体替换示意图

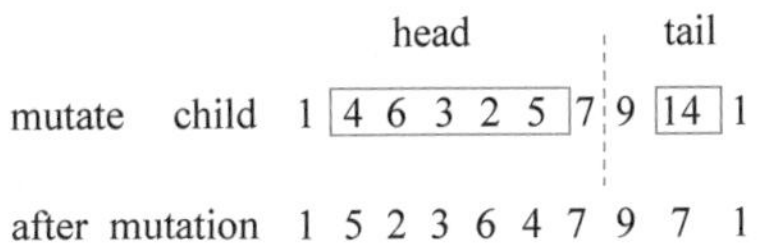

head　tail
mutate　child　1 [4 6 3 2 5] 7 | 9 [14] 1
after mutation　1 5 2 3 6 4 7 9 7 1

图 12.9　染色体变异示意图

5. 适应度计算

利用动态规划思想可以求解每个解对应加工顺序的完工时间，令 seq 表示某染色体代表的加工顺序，d_{ij}($i=1,2,\cdots,8$，$j=1,2,\cdots,28$)表示第 j 个作业在第 i 台机器上的加工时间，$T_{ij}(i=1,2,\cdots,8,\ j=1,2,\cdots,25)$表示第 i 个机器完成 seq 中第 j 个作业的时间，则有

$$T_{1j}=\sum_{m=1}^{j}d_{1,\mathrm{seq}[m]}\quad(j=1,2,\cdots,25)$$

$$T_{i1}=\sum_{m=1}^{i}d_{m,\mathrm{seq}[1]}\quad(i=1,2,\cdots,8)$$

$$T_{i,j}=\max\{T_{i-1,j},T_{i,j-1}\}+d_{i,j}\quad(i=2,3,\cdots,8,j=2,3,\cdots,25)$$

式中：$T_{8,25}$ 为最大完工时间，将最大完工时间的倒数作为染色体的适应度。

6. 种群选择

采用精英保留法与轮盘赌结合的方式筛选种群，从每代交叉变异后的种群中选出一定数量的适应度最高的个体直接进入下一代，接着采用轮盘赌的方式从未被选中的个体中选择，直到下一代种群规模达到预设值，适应度越高的个体被选中的概率越大。

7. 进化

首先完成初始化种群，然后进行交叉、变异、计算适应度、筛选，以此完成一轮迭代，每轮迭代完成后判断是否达到预置的迭代次数，如果达到，则算法结束，输出结果。

8. 示例代码

设定种群规模为 60，交叉概率为 0.7，变异概率为 0.02，保留精英解数目为 20，进化 600 代，记录第一代中完工时间的最小值为 542，最后一代中完工时间的最小值为 474（缩短了 12.5%），最优加工顺序为{21,15,6,12,17,1,19,24,5,18,2,28,23,14,13,25,3,4,26,8,27,10,16,20,22}。

9. 结果分析

两种加工顺序的甘特图如图 12.10 所示。

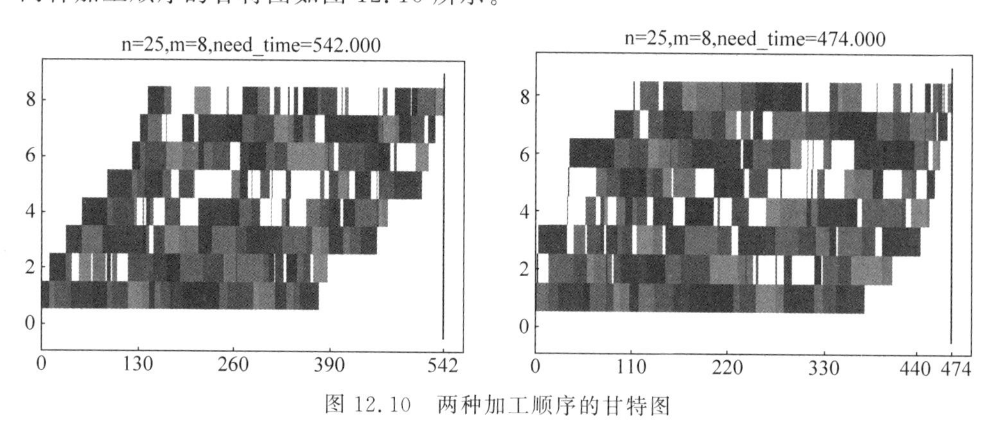

图 12.10　两种加工顺序的甘特图

可以发现，优化后的甘特图排程更加紧密，空置时间较少。

12.6　阅读材料

在一片广阔的森林中，生活着一个庞大的蚂蚁群体。每天，蚂蚁们都面临着一个重要的任务：找到足够的食物，并安全地带回巢穴。然而，森林中的食物资源并不总是固定的，有

时离巢穴很近的地方就有丰富的食物，但更多时候，食物可能分布在远离巢穴的区域。如何在如此复杂的环境中找到最优的觅食路径，对蚂蚁群体来说是一项艰巨的挑战。

一天，年轻的蚂蚁阿图第一次被选为觅食队伍的一员。它带着紧张又兴奋的心情跟随大部队出发了。阿图发现，觅食的过程并不像它想象中那样简单。森林中的路径错综复杂，四处充满了各种障碍，单靠一只蚂蚁的力量，根本无法独自找到最优的路径。但阿图很快意识到，虽然每只蚂蚁的能力有限，但整个蚂蚁群体却展现出一种惊人的智慧。

每只蚂蚁在寻找食物的过程中，都会在经过的路径上释放出一种特殊的化学物质——信息素。信息素的浓度随着蚂蚁数量的增加而逐渐增强。阿图注意到，它和其他蚂蚁往往会选择那些信息素浓度较高的路径，因为这些路径通常代表更多的蚂蚁已经通过并找到了食物。而那些误入歧途的蚂蚁，它们的路径上信息素浓度较低，很快被群体所忽略。

随着时间的推移，最短的觅食路径上积累了越来越多的信息素，更多的蚂蚁选择了这条路径，最终整个群体都能迅速、有效地找到食物并返回巢穴。

阿图惊叹于这种“无声的合作”：没有一只蚂蚁能够独自找到最佳路径，但通过群体的协作和信息素的累积，整个蚂蚁群体却能够找到最优的解决方案。阿图意识到，这正是它们生存的智慧所在——尽管个体智能有限，但通过简单的规则和协同工作，它们作为一个群体表现出了超乎想象的效率。

回到巢穴后，阿图与其他蚂蚁分享了它的感悟：“我们的智慧并不在于个体的聪明，而在于我们每只蚂蚁都能贡献自己的一部分信息，并通过合作找到最优的解决方案。”

12.7 本章小结

本章围绕群体智能算法展开，首先阐述相关背景与发展脉络，接着深入讲解群体智能算法的核心思想、关键要素，以及主流的算法类型。通过对不同算法运行机制的剖析，让读者更好地领会算法之间的差异与特色。随后，借助具体的工程实例，呈现了如何运用遗传算法、粒子群算法和蚁群算法来处理实际优化问题，并说明优化算法参数调节的策略。

本章内容为读者构建了系统的群体智能算法知识体系与实践技巧，有助于将其运用于解决各类实际问题，挖掘问题的潜在解决方案。通过本章的学习，读者不仅能熟知群体智能算法的理论知识，还能在实践中用这些算法解决实际问题。

习题

1. 试对比遗传算法、粒子群算法和蚁群算法。

2. 蚁群算法有什么优点和缺点，其具体改进措施有哪些？

3. 假设有1个背包，6件物品，背包可以放置80kg的物品，求解将哪些物品装入背包可使这些物品的重量总和不超过背包的容量，且价值的总和最大。物品的重量和价值见表12.2。

表 12.2 物品的重量和价值

物　品	重量/kg	价值/元
1	10	15
2	15	25
3	20	35
4	25	45
5	30	55
6	35	70

试使用遗传算法求解该背包问题。

第13章

人工智能的争论与展望

人工智能在很多领域创造了巨大价值，也带来了各种争论。在其跨越半个世纪的发展历程中，各个学派各持己见，争论不休，这些不同的观点与争论在某些特定的时期极大地阻碍了人工智能的发展与进步，但是从某种程度上讲也为人工智能的进一步发展指明了方向。

如今，人工智能的理论和技术日益成熟，应用领域也不断扩大，可以设想，未来人工智能带来的科技产品将会是人类智慧的“容器”。在未来的发展道路上，人工智能发展潜力巨大，人工智能必将为人类的生活、生产等带来众多便利。

13.1　人工智能的争论

13.1.1　对人工智能理论与方法的争论

1. 符号主义

符号主义认为，人的认知基元是符号，而且认知过程即符号操作过程。它认为人是一个物理符号系统，计算机也是一个物理符号系统，因此能够用计算机来模拟人的智能行为，即用计算机的符号操作来模拟人的认知过程。也就是说，人的思维是可操作的。它还认为，知识是信息的一种形式，是构成智能的基础。人工智能的核心问题是知识表示、知识推理和知识运用。知识可用符号表示，也可用符号进行推理，因而有可能建立起基于知识的人类智能和机器智能的统一理论体系。符号主义力图用数学逻辑方法来建立人工智能的统一理论体系，但遇到不少暂时无法解决的困难，并受到其他学派的否定。

2. 连结主义

连结主义认为，人的思维基元是神经元，而不是符号处理过程。它对物理符号系统假设持反对意见，认为人脑不同于计算机，并提出连结主义的大脑工作模式，用于取代符号操作的计算机工作模式。连结主义主张人工智能应着重于结构模拟，即模拟人的生理神经网络结构，并认为功能、结构和智能行为是密切相关的，不同的结构表现出不同的功能和行为。对于连结学派的观点，由于其类大脑的工作模式需要大量的数据及计算资源，因此在人工智能发展的早期所能解决的问题有限，受到其他学派对其实现的可行性的质疑。

3. 行为主义

行为主义认为，智能取决于感知和行动（所以称为行为主义），提出智能行为的“感知-动作”模式。行为主义者认为：智能不需要知识、不需要表示、不需要推理，人工智能可以像人类智能一样逐步进化（所以称为进化主义），智能行为只能在现实世界中与周围环境交互作用而表现出来。行为主义还认为，符号主义（还包括联结主义）对真实世界客观事物的描述及其智能行为工作模式是过于简化的抽象，因而是不能真实地反映客观存在的。

行为主义认为，人工智能的研究方法应采用行为模拟方法，也认为功能、结构和智能行为是不可分开的。不同的行为表现出不同的功能和不同的控制结构。行为主义的研究方法也受到其他学派的怀疑与批判，认为行为主义最多只能创造出智能昆虫行为，而无法创造出人的智能行为。

13.1.2 对强弱人工智能的争论

1. 强人工智能

强人工智能又称通用人工智能或完全人工智能，是指可以胜任人类所有工作的人工智能。强人工智能观点认为“有可能”制造出“真正”能推理和解决问题的智能机器，并且这样的机器具有知觉和自我意识。

一般认为，强人工智能的程序需要具备的能力：存在不确定因素时进行推理，使用策略，解决问题；知识表示的能力（包括常识性知识的表示能力）；规划力；学习能力；使用自然语言进行交流沟通的能力；将上述能力整合起来实现既定目标的能力。

一个具备强人工智能的计算机程序会表现出与人类类似的行为特征。一旦实现了这样的强人工智能，那么可以想象，所有人类工作都可以由人工智能来取代。

2. 弱人工智能

弱人工智能也称限制领域人工智能或应用型人工智能，是指专注于且只能解决特定领域问题的人工智能。弱人工智能的观点认为“不可能”制造出“真正”能推理和解决问题的智能机器，只不过这些机器“看起来”像是智能的，并不真正拥有智能，也不会有自主意识。弱人工智能的一举一动都是按照程序设计者的程序所驱动；如出现的特殊情况，程序者做出相对应的方案，最后由机器去判断是否符合条件并加以执行。

目前我们所见到的人工智能，或者能够帮助我们解决特定领域的一些问题的人工智能，都是弱人工智能。例如，AlphaGo是弱人工智能的一个最佳实例，AlphaGo在围棋领域超越了人类顶尖选手，但其能力也仅止于围棋（或类似的博弈领域）。

3. 两者之间的争论

关于强弱人工智能的争论要点：如果一台机器的唯一工作原理就是转换编码数据，那么这台机器是不是有思维的？希尔勒认为这是不可能的。他举了中文房间的例子来说明，如果机器仅仅是转换数据，而数据本身是对某些事情的一种编码表现，那么在不理解这一编码和这实际事情之间的对应关系的前提下，机器不可能对其处理的数据有任何理解。基于这一论点，希尔勒认为，即使有机器通过了图灵测试，也不一定说明机器就真的像人一样有自我思维和自由意识。

当然，也有哲学家持不同的观点。丹尼尔·丹尼特在《意识的解释》中认为，人也不过是一台有灵魂的机器而已，为什么我们认为“人可以有智能，而普通机器就不能”呢？他认为像上述的数据转换机器是可能有思维和意识的。

也有哲学家认为，如果弱人工智能是可实现的，那么强人工智能也是可实现的。西蒙·布莱克本在哲学入门教材 *Think* 里说道：“一个人的看起来是‘智能’的行动并不能真正说明这个人就真的是智能的。我永远不可能知道另一个人是否真的像我一样是智能的，还是说她/他仅仅是‘看起来’是智能的。”基于这个论点，既然弱人工智能认为可以令机器“看起来”像是智能的，就不能完全否定这机器是真的有智能的。布莱克本认为这是一个主观认定的问题。

需要指出的是，弱人工智能并非和强人工智能完全对立，即使强人工智能是可能的，弱人工智能仍然是有意义的。至少，当前计算机能做的事，像智能控制、图像识别、自然语言处理等，在一百多年前是被认为很需要智能的。此外，即使强人工智能被证明为可能的，也不代表强人工智能必定能被研制出来。

13.2 人工智能的展望

13.2.1 黑盒与可解释人工智能

对于大多数人来说，深度学习系统本质上是难以理解的。使用数百万个数据点作为输入，并将相关数据作为输出，通常无法使用纯语言解释其内部逻辑。但是，如果自动化系统要协助做出关键决策，例如要使用哪些操作和流程，而人们却无法理解这些决策是如何制定的，人们如何识别和解决错误？这种缺乏常识的现象限制了人工智能在现实世界中的应用。人们需要一个更清晰、更简单的人工智能系统，以便更好地与世界和人们建立联系。

13.2.2 机器学习与机器教学

根据麦肯锡全球研究所的数据，截至 2030 年，预计在物理和人工技能以及基本认知技能上花费的工作时间将分别减少 14%和 15%。人们将花费更多的时间使用更高的认知技能，例如回答“为什么”和决定要做什么。

这种新的工作方式将导致对支持它的工具的需求。帕罗奥多研究中心(PARC)科学家 Mark Stefik 对机械学的研究描述了一个人类与机器可以相互学习的未来。将来，人们可以把人工智能系统想象为工作场所的重要组成部分。

13.2.3 冯·诺依曼计算与神经形态计算

计算机的体系架构将从传统的冯·诺依曼计算架构到神经形态计算的过渡。随着摩尔定律的放慢，人们遇到了冯·诺依曼瓶颈，那么可以从迄今为止最高效的计算机(大脑)中学到什么？

生物大脑在同一电路中具有记忆和计算功能，而传统的冯·诺依曼数字计算机将记忆与计算分开。生物大脑高度并行化，而数字计算机以串行方式执行计算。生物大脑很密集，只需要数字计算机所用能量的一小部分。这些瓶颈是现代数字计算机努力处理庞大的人工智能程序的主要原因。

13.2.4 数字与量子计算机

计算规模的大小限制使常规数字计算机无法满足人工智能计算的需求。量子计算机使用量子位和并行性来处理大量数据,并同时查看所有解决方案。像 IBM 和 Google 这样的传统公司以及 Bleximo 这样的初创公司,正在努力将通用处理器和 NISQ 应用程序专用的量子协处理器(称为量子加速器)结合起来,以构建针对特定业务和工程领域的系统。早期的潜在行业应用包括化学(用于材料)、制药(用于药物设计)和金融(用于优化)等。

13.2.5 电子与脑机接口设备

当前的人工智能应用程序主要在电子设备上运行,但人们最终会看到电子和生物系统之间更加紧密地集成。通过将人工智能应用程序与人们的生物系统相结合,人机边界已经开始融合。科学家可以将脑机接口(BMI)和人工智能相结合,以使用大脑信号控制外部设备,并用人工智能系统重现大脑皮层功能的各个方面。

13.3 本章小结

本章主要讨论当前人工智能领域的主要争论点,如人工智能领域的理论与方法,强弱人工智能的实现等,在此基础上给出未来可能成为人工智能前沿领域的一些场景与思考。

参考文献

[1] Abel D, Arumugam D, Lehnert L, et al. State abstractions for lifelong reinforcement learning[C]. International Conference on Machine Learning(ICML). PMLR, 2018: 10-19.

[2] Abel D, Jinnai Y, Guo S Y, et al. Policy and value transfer in lifelong reinforcement learning[C]. Proceedings of the 35th International Conference on Machine Learning(ICML), 2018: 20-29.

[3] Abraham A. Adaptation of fuzzy inference system using neural learning[M]. Fuzzy Systems Engineering: Theory and Practice, 2005: 53-83.

[4] Adadi A. A survey on data-efficient algorithms in big data era[J]. Journal of Big Data, 2021, 8(1): 24.

[5] Ai H, Zhang K, Sun J, et al. Short-term Lake Erie algal bloom prediction by classification and regression models[J]. Water Research, 2023, 232: 119710.

[6] Alzahrani S, Salim N. On the use of fuzzy information retrieval for gauging similarity of Arabic documents[C]. Proceedings of the 2nd International Conference on Applied Digital Information and Web Technologies, 2009: 539-544.

[7] Arjovsky M, Chintala S, Bottou L. Wasserstein GAN[A]. arXiv, 2017.

[8] Arulkumaran K, Deisenroth M P, Brundage M, et al. Deep reinforcement learning: A brief survey[J]. IEEE Signal Processing Magazine, 2017, 34(6): 26-38.

[9] Avellaneda F. Efficient inference of optimal decision trees[C]. Proceedings of the AAAI Conference on Artificial Intelligence, 2020, 34(4): 3195-3202.

[10] Bai Y Q, et al. Sparse proximal support vector machine with a specialized interior-point method[J]. Journal of the Operations Research Society of China, 2015, 3(1): 1-15.

[11] Bai Y, Wang D. Fundamentals of fuzzy logic control: Fuzzy sets, fuzzy rules and defuzzification[C]. Advanced Fuzzy Logic Technologies in Industrial Applications, 2006: 17-36.

[12] Barreto A, et al. Transfer in deep reinforcement learning using successor features and generalised policy improvement[C]. Proceedings of the International Conference on Machine Learning(ICML), 2018: 501-510.

[13] Barros R C, Basgalupp M P, de Carvalho A C P L F, et al. A survey of evolutionary algorithms for decision-tree induction[J]. IEEE Transactions on Systems, Man, and Cybernetics, Part C (Applications and Reviews), 2012, 42(3): 291-312.

[14] Baymani M, Salehi M N, Mansoori A. Applying norm concepts for solving interval support vector machine[J]. Neurocomputing, 2018, 311: 41-50.

[15] Bennett K P, Campbell C. Support vector machines: Hype or hallelujah[J]. ACM SIGKDD Explorations Newsletter, 2000, 2(2): 1-13.

[16] Berthelot D. BEGAN: Boundary equilibrium generative adversarial networks[J]. arXiv preprint arXiv2017, 1703: 10717.

[17] Bertsimas D, Dunn J, Mundru N. Optimal prescriptive trees[J]. INFORMS Journal on Optimization, 2019, 1(2): 164-183.

[18] Bertsimas D, Dunn J. Optimal classification trees[J]. Machine Learning, 2017, 106(7): 1039-1082.

[19] Burges C. A tutorial on support vector machines for pattern recognition[A]. Data Mining and Knowledge Discovery. Boston, MA, USA: Kluwer Academic Publishers, 1998, 2(2): 121-167.

[20] Butt M K, Cao L, Wan C, et al. Integrating the deep learning and multi-objective genetic algorithm to

the reloading pattern optimization of HPR1000 reactor core [J]. Nuclear Engineering and Design, 2024,428: 113531.

[21] Cano Lengua M A,Papa Quiroz E A. A systematic literature review on support vector machines applied to classification[C]. Proceedings of the IEEE Engineering International Research Conference (EIRCON). IEEE,2020: 1-4.

[22] Castillo O,Melin P,Kacprzyk J,et al. Type-2 fuzzy logic: Theory and applications[C]. 2007 IEEE International Conference on Granular Computing,2007: 145.

[23] Chang C C,Lin C J. LIBSVM: A library for support vector machines[J]. ACM Transactions on Intelligent Systems and Technology,2011,2(3): 1-27.

[24] Chapelle O,Vapnik V,Bousquet O,et al. Choosing multiple parameters for support vector machines [J]. Machine Learning,2002,46(1): 131-159.

[25] Chen X,Duan Y,Houthooft R,et al. Infogan: Interpretable representation learning by information maximizing generative adversarial nets[C]. Advances in Neural Information Processing Systems, 2016: 2172-2180.

[26] Choi Y,Choi M,Kim M,et al. StarGAN: Unified generative adversarial networks for multi-domain image-to-image translation[C]. Proceedings of the IEEE Conference on Computer Vision and Pattern Recognition. 2018: 8789-8797.

[27] Christodoulou E,Ma J,Collins G S,et al. A systematic review shows no performance benefit of machine learning over logistic regression for clinical prediction models[J]. Journal of Clinical Epidemiology,2019,110: 12-22.

[28] Cortes C,Vapnik V. Support-vector networks[J]. Machine Learning,1995,20(3): 273-297.

[29] Costa V G,Pedreira C E. Recent advances in decision trees: An updated survey[J]. Artificial Intelligence Review,2023,56(5): 4765-4800.

[30] Crammer K,Singer Y. On the algorithmic implementation of multiclass kernel-based vector machines [J]. Journal of Machine Learning Research,2001,2(12): 265-292.

[31] Crulis B,Serres B,de Runz C,et al. Are alternatives to backpropagation useful for training Binary Neural Networks? An experimental study in image classification[C]. Proceedings of the 38th ACM/SIGAPP Symposium on Applied Computing,2023.

[32] Cui K,et al. Superpixel-based and spatially regularized diffusion learning for unsupervised hyperspectral image clustering[J]. IEEE Transactions on Geoscience and Remote Sensing,2024,62: 1-18.

[33] Demirovic E,Stuckey P J. Optimal decision trees for nonlinear metrics[C]. Proceedings of the AAAI Conference on Artificial Intelligence,2021,35(5): 3733-3741.

[34] Dol S M,Jawandhiya P M. Classification Technique and its Combination with Clustering and Association Rule Mining in Educational Data Mining—A Survey[J]. Engineering Applications of Artificial Intelligence,2023,122: 106071.

[35] Donahue J,Krähenbühl P,Darrell T. Adversarial feature learning[J]. arXiv preprint arXiv,2016, 1605: 09782.

[36] Dong S,Chen Y,Fan Z,et al. A backpropagation with gradient accumulation algorithm capable of tolerating memristor non-idealities for training memristive neural networks[J]. Neurocomputing, 2022,494: 89-103.

[37] Du K,et al. OneAdapt: Fast adaptation for deep learning applications via backpropagation[C]. Proceedings of the 2023 ACM Symposium on Cloud Computing,2023.

[38] Dumitrescu C,Ciotirnae P,Vizitiu C. Fuzzy logic for intelligent control system using soft computing applications[J]. Sensors,2021,21(8): 2617.

[39] Fan Y, Yang W. A backpropagation learning algorithm with graph regularization for feedforward neural networks[J]. Information Sciences, 2022, 607: 263-277.

[40] Fawzi A, Balog M, Huang A, et al. Discovering faster matrix multiplication algorithms with reinforcement learning[J]. Nature, 2022, 610(7930): 47-53.

[41] Fazel M, Ge R, Kakade S, et al. Global convergence of policy gradient methods for the linear quadratic regulator[C]. International Conference on Machine Learning(ICML), 2018: 1467-1476.

[42] Feng J, Li H, Huang M, et al. Learning to collaborate: Multi-scenario ranking via multi-agent reinforcement learning[C]. Proceedings of the 2018 World Wide Web Conference. 2018: 1939-1948.

[43] Fu F, Shan Y, Yang G, et al. Deep learning for head and neck CT angiography: Stenosis and plaque classification[J]. Radiology, 2023, 307(3): e220996.

[44] Fukushima K. Neocognitron: A self-organizing neural network model for a mechanism of pattern recognition unaffected by shift in position[J]. Biological Cybernetics, 1980, 36(4): 193-202.

[45] Garcia L R, Fernandez A A, Mancuso V, et al. A novel hyperparameter-free approach to decision tree construction that avoids overfitting by design[J]. IEEE Access, 2019, 7: 99978-99987.

[46] Garví A M, Zamora L I, Anguiano M, et al. Monte Carlo calculation of the photon beam quality correction factor kQ, Q0 for ionization chambers of very small volume: Use of variance reduction techniques driven with an ant colony algorithm [J]. Radiation Physics and Chemistry, 2024, 225: 112110.

[47] Gharehchopogh F S, Namazi M, Ebrahimi L, et al. Advances in sparrow search algorithm: a comprehensive survey [J]. Archives of Computational Methods in Engineering, 2023, 30 (1): 427-455.

[48] Ghattas B, Michel P, Boyer L. Clustering nominal data using unsupervised binary decision trees: Comparisons with the state of the art methods[J]. Pattern Recognition, 2017, 67: 177-185.

[49] Ghosh S, Dasgupta A, Swetapadma A. A study on support vector machine based linear and non-linear pattern classification[C]. 2019 International Conference on Intelligent Sustainable Systems(ICISS). IEEE, 2019: 24-28.

[50] Ghosh S, Razouqi Q, Schumacher H, et al. A survey of recent advances in fuzzy logic in telecommunications networks and new challenges[J]. IEEE Transactions on Fuzzy Systems, 1998, 6 (3): 443-447.

[51] Girshick R, Donahue J, Darrell T, et al. Rich feature hierarchies for accurate object detection and semantic segmentation[C]. Proceedings of the IEEE Conference on Computer Vision and Pattern Recognition, 2014: 580-587.

[52] Goodfellow I, Pouget-Abadie J, Mirza M, et al. Generative adversarial networks[J]. Advances in Neural Information Processing Systems, 2014, 27: 2672-2680.

[53] Gulrajani I, Ahmed F, Arjovsky M, et al. Improved training of Wasserstein GANs[C]. Advances in Neural Information Processing Systems, 2017: 5767-5777.

[54] Günlük O, Kalagnanam J, Li M, et al. Optimal decision trees for categorical data via integer programming[J]. Journal of Global Optimization, 2021, 81(1): 233-260.

[55] Haarnoja T, Zhou A, Abbeel P, et al. Soft actor-critic: Off-policy maximum entropy deep reinforcement learning with a stochastic actor[C]. Proceedings of the 35th International Conference on Machine Learning(ICML), 2018: 1861-1870.

[56] Haarnoja T, Zhou A, Abbeel P, et al. Soft actor-critic: Off-policy maximum entropy deep reinforcement learning with a stochastic actor[C]. Proceedings of the 35th International Conference on Machine Learning(ICML), 2018: 1861-1870.

[57] Hayashi T, Cimr D, Studnička F, et al. Patient deterioration detection using one-class classification via

cluster period estimation subtask[J]. Information Sciences,2024,657: 119975.

[58] He K, Gkioxari G, Dollar P, et al. Mask R-CNN[C]. Proceedings of the IEEE International Conference on Computer Vision,2017: 2961-2969.

[59] He K,Zhang X,Ren S,et al. Deep residual learning for image recognition[C]. Proceedings of the IEEE Conference on Computer Vision and Pattern Recognition,2016: 770-778.

[60] He K,Zhang X,Ren S,et al. Deep residual learning for image recognition[C]. Proceedings of the IEEE Conference on Computer Vision and Pattern Recognition,2016: 770-778.

[61] Hinton G E,Osindero S,Teh Y W. A fast learning algorithm for deep belief nets[J]. Neural Computation,2006,18(7): 1527-1554.

[62] Hirota K,Pedrycz W. Fuzzy computing for data mining[J]. Proceedings of the IEEE,1999,87(9): 1575-1600.

[63] Hsiao T C R,Lin C W,Chiang H K. Partial least-squares algorithm for weights initialization of backpropagation network[J]. Neurocomputing,2003,50: 237-247.

[64] Hu H,Siala M,Hebrard E,et al. Learning optimal decision trees with MaxSAT and its integration in AdaBoost[C]. Proceedings of the Twenty-Ninth International Joint Conference on Artificial Intelligence,2020: 1170-1176.

[65] Hubel D H,Wiesel T N. Receptive fields,binocular interaction and functional architecture in the cat's visual cortex[J]. The Journal of Physiology,1962,160(1): 106-154.

[66] Isola P,Zhu J Y,Zhou T,et al. Image-to-image translation with conditional adversarial networks[C]. Proceedings of the IEEE Conference on Computer Vision and Pattern Recognition,2017: 1125-1134.

[67] Jafarzadeh S Z,Aminian M,Efati S. A set of new kernel function for support vector machines: An approach based on Chebyshev polynomials[C]. Proceedings of ICCKE 2013. IEEE,2013: 412-416.

[68] Jiang M,Hu L,Han X,et al. A randomized algorithm for clustering discrete sequences[J]. Pattern Recognition,2024,151: 110388.

[69] Jouffe L. Fuzzy inference system learning by reinforcement methods[J]. IEEE Transactions on Systems,Man,and Cybernetics,Part C(Applications and Reviews),1998,28(3): 338-355.

[70] Jumutc V,Huang X,Suykens J A K. Fixed-size pegasos for hinge and pinball loss SVM[C]. Proceedings of the International Joint Conference on Neural Networks,2013: 1122-1128.

[71] Kaplanis C,Shanahan M,Clopath C. Continual reinforcement learning with complex synapses[C]. Proceedings of the International Conference on Machine Learning(ICML),2018: 2497-2506.

[72] Karras T,Alia T,Laine S,et al. Progressive growing of GANs for improved quality,stability,and variation[A]. 2018.

[73] Khan M K,Zafar M H,Rashid S,et al. Improved reptile search optimization algorithm: application on regression and classification problems[J]. Applied Sciences,2023,13(2): 945.

[74] Kim T,Cha M,Kim H,et al. Learning to discover cross-domain relations with generative adversarial networks[C]. Proceedings of the 34th International Conference on Machine Learning,2017,70: 1857-1865.

[75] Kong L S,Jasser M B,Ajibade S M,et al. A systematic review on software reliability prediction via swarm intelligence algorithms[J]. Journal of King Saud University-Computer and Information Sciences,2024,36(7): 102132.

[76] Kotsiantis S B. Decision trees: A recent overview[J]. Artificial Intelligence Review,2013,39(4): 261-283.

[77] Krizhevsky A,Sutskever I,Hinton G E. ImageNet classification with deep convolutional neural networks[J]. Advances in Neural Information Processing Systems,2012,25: 1097-1105.

[78] Krizhevsky A,Sutskever I,Hinton G E. ImageNet classification with deep convolutional neural

networks[J]. Communications of the ACM,2017,60(6): 84-90.

[79] Kumar D N N,Saravana D S,Balamurugan D S,et al. Optimized memory allocation in edge-PLCs using deep Q-networks and bidirectional LSTM with quantum genetic algorithm[J]. e-Prime-Advances in Electrical Engineering,Electronics and Energy,2024,10: 100762.

[80] LeCun Y,Bengio Y,Hinton G. Deep learning[J]. Nature,2015,521(7553): 436-444.

[81] LeCun Y,Bottou L,Bengio Y,et al. Gradient-based learning applied to document recognition[J]. Proceedings of the IEEE,1998,86(11): 2278-2324.

[82] LeCun Y,Kavukcuoglu K,Farabet C. Convolutional networks and applications in vision[C]. Proceedings of 2010 IEEE International Symposium on Circuits and Systems. IEEE,2010: 253-256.

[83] Ledig C,Theis L,Huszár F,et al. Photo-realistic single image super-resolution using a generative adversarial network[C]. Proceedings of the IEEE Conference on Computer Vision and Pattern Recognition,2017: 4681-4690.

[84] Levatić J,Ceci M,Kocev D,et al. Semi-supervised classification trees[J]. Journal of Intelligent Information Systems,2017,49(3): 461-486.

[85] Li H,Zhang L,Su K,Yu W. MICCF: A mutual information constrained clustering framework for learning clustering-oriented feature representations[J]. ACM Transactions on Knowledge Discovery from Data,2024,18(8): 205.

[86] Li J,Lewis H W. Fuzzy clustering algorithms review of the applications[C]. Proceedings of the IEEE International Conference on Smart Cloud(Smart Cloud),2016: 282-288.

[87] Li T,Yang L,Yang J,et al. Non-parameter clustering algorithm based on chain propagation and natural neighbor[J]. Information Sciences,2024,672: 120663.

[88] Li Y,Song X,Tu Y,et al. GAPBAS: Genetic algorithm-based privacy budget allocation strategy in differential privacy K-means clustering algorithm[J]. Computers & Security,2024,139: 103697.

[89] Lin J,Zhong C,Hu D,et al. Generalized and scalable optimal sparse decision trees[C]. Proceedings of the 37th International Conference on Machine Learning,JMLR. org. ,2020: 6150-6160.

[90] Lin T Y,Goyal P,Girshick R,et al. Focal loss for dense object detection[C]. Proceedings of the IEEE International Conference on Computer Vision,2017: 2980-2988.

[91] Liu C,Sun Z. Green flexible production and intelligent factory building structure design based on improved ant colony algorithm [J]. Thermal Science and Engineering Progress,2024,53: 102753.

[92] Liu C,Wu L,Li G,et al. AI-based 3D pipe automation layout with enhanced ant colony optimization algorithm [J]. Automation in Construction,2024,167: 105689.

[93] Liu M,Yu Z,Li B,et al. Coal allocation optimization based on a hybrid residual prediction model with an improved genetic algorithm[J]. Engineering Applications of Artificial Intelligence,2024,137: 109072.

[94] Liu W,Wang Z,Liu X,et al. A survey of deep neural network architectures and their applications[J]. Neurocomputing,2017,234: 11-26.

[95] Liu X. Mathematical scheduling model of complex industrial process combining swarm intelligence algorithm and swarm dimension reduction technology [J]. Results in Engineering,2024,21: 101796.

[96] Liu Z,Lai Z,Ou W,et al. Discriminative sparse least square regression for semi-supervised learning [J]. Information Sciences,2023,636: 118903.

[97] Long J,Shelhamer E,Darrell T. Fully convolutional networks for semantic segmentation[C]. Proceedings of the IEEE Conference on Computer Vision and Pattern Recognition,2015: 3431-3440.

[98] Ma Y,Xie Z,Chen S,et al. Real-time detection of abnormal driving behavior based on long short-term memory network and regression residuals [J]. Transportation Research Part C: Emerging Technologies,2023,146: 103983.

[99] Mathieu M, Couprie C, LeCun Y. Deep multi-scale video prediction beyond mean square error[C]. International Conference on Learning Representations(ICLR), 2015.

[100] Mienye I D, Jere N. A survey of decision trees: Concepts algorithms and applications[J]. IEEE Access, 2024, 12: 86716-86727.

[101] Min E, Guo X, Liu Q, et al. A survey of clustering with deep learning: From the perspective of network architecture[J]. IEEE Access, 2018, 6: 39501-39514.

[102] Mirza M, Osindero. Conditional generative adversarial nets [J]. arXiv preprint arXiv, 2014, 1411: 1784.

[103] Nagabandi A, Kahn G, Fearing R S, et al. Neural network dynamics for model-based deep reinforcement learning with model-free fine-tuning[C]. 2018 IEEE International Conference on Robotics and Automation(ICRA). IEEE, 2018: 7559-7566.

[104] Nair A, Reckien D, van Maarseveen M F A M. A generalised fuzzy cognitive mapping approach for modelling complex systems[J]. Applied Soft Computing, 2019, 84: 105754.

[105] Nascimento C A O, Giudici R, Guardani R. Neural network based approach for optimization of industrial chemical processes[J]. Computers & Chemical Engineering, 2000, 24(9-10): 2303-2314.

[106] Nimier-David M, Speierer S, Ruiz B, et al. Radiative backpropagation: An adjoint method for lightning-fast differentiable rendering[J]. ACM Trans. Graph, 2020, 39(4): 146.

[107] Norouzi M, Collins M, Johnson M A, et al. Efficient non-greedy optimization of decision trees[C]. Advances in Neural Information Processing Systems, 2015: 1729-1737.

[108] Ojha V, Abraham A, Snášel V. Heuristic design of fuzzy inference systems: A review of three decades of research[J]. Engineering Applications of Artificial Intelligence, 2019, 85: 845-864.

[109] Paidipati K K, Chesneau C, Nayana B M, et al. Prediction of rice cultivation in India: Support vector regression approach with various kernels for non-linear patterns[J]. AgriEngineering, 2021, 3(2): 182-198.

[110] Panzer M, Bender B. Deep reinforcement learning in production systems: A systematic literature review[J]. International Journal of Production Research, 2022, 60(13): 4316-4341.

[111] Pelusi D. Optimization of fuzzy logic controller using genetic algorithms[C]. Proceedings of the IEEE Third International Conference on Intelligent Human-Machine Systems and Cybernetics (IHMSC), 2011, 2: 143-146.

[112] Poulakis Y, Doulkeridis C, Kyriazis D. A survey on AutoML methods and systems for clustering [J]. ACM Transactions on Knowledge Discovery from Data, 2024, 18(5): 120.

[113] Qaraad M, Amjad S, Hussein N K, et al. Quadratic interpolation and a new local search approach to improve particle swarm optimization: Solar photovoltaic parameter estimation[J]. Expert Systems with Applications, 2024, 236: 121417.

[114] Qu M, Tang J, Han J. Curriculum learning for heterogeneous star network embedding via deep reinforcement learning[C]. Proceedings of the 11th ACM International Conference on Web Search and Data Mining(WSDM), 2018: 468-476.

[115] Radford A, Metz L, Chintala S. Unsupervised representation learning with deep convolutional generative adversarial networks [A]. arXiv, 2016.

[116] Raileanu R, Denton E, Szlam A, et al. Modeling others using oneself in multi-agent reinforcement learning[C]. International Conference on Machine Learning(ICML), 2018.

[117] Rashid T, Samvelyan M, De Witt C S, et al. QMIX: Monotonic value function factorisation for deep multi-agent reinforcement learning[C]. International Conference on Machine Learning (ICML), 2018: 681-689.

[118] Rawal B, Agarwal R. Improving accuracy of classification based on c4. 5 decision tree algorithm

using big data analytics[C]. Computational Intelligence in Data Mining. Springer, Singapore, 2019: 203-211.

[119] Redmon J, Divvala S, Girshick R, et al. You only look once: Unified, real-time object detection[C]. Proceedings of the IEEE Conference on Computer Vision and Pattern Recognition, 2016: 779-788.

[120] Ren Y, et al. Deep clustering: A comprehensive survey[J]. IEEE Transactions on Neural Networks and Learning Systems, 2024: 1-21.

[121] Rifkin R, Klautau A. In defense of one-vs-all classification[J]. Journal of Machine Learning Research, 2004, 5: 101-141.

[122] Rudin C. Stop explaining black box machine learning models for high stakes decisions and use interpretable models instead[J]. Nature Machine Intelligence, 2019, 1(5): 206-215.

[123] Safavian S R, Landgrebe D. A survey of decision tree classifier methodology[J]. IEEE Transactions on Systems, Man, and Cybernetics, 1991, 21: 660-674.

[124] Sasmal B, Hussien A G, Das A, et al. Reptile search algorithm: Theory, variants, applications, and performance evaluation[J]. Archives of Computational Methods in Engineering, 2024, 31(1): 521-549.

[125] Shao Y H, et al. Joint sample and feature selection via sparse primal and dual lssvm[J]. Knowledge-Based Systems, 2019, 185: 104915.

[126] Shen Z, Wu J, Cao Y. A dual-adaptive directed genetic algorithm for construction scheduling[J]. Journal of Building Engineering, 2024, 96: 110659.

[127] Shi J, Zhao B, He J, et al. The optimization design for the journal-thrust couple bearing surface texture based on particle swarm algorithm[J]. Tribology International, 2024, 198: 109874.

[128] Shrivastava A, Pfister T, Tuzel O, et al. Learning from simulated and unsupervised images through adversarial training[C]. Proceedings of the IEEE Conference on Computer Vision and Pattern Recognition, 2017: 2107-2116.

[129] Siddique M N I, Rana M J, Shafiullah M, et al. Automating distribution networks: Backtracking search algorithm for efficient and cost-effective fault management[J]. Expert Systems with Applications, 2024, 247: 123275.

[130] Simonyan K, Zisserman A. Very deep convolutional networks for large-scale image recognition[J]. arXiv preprint arXiv, 2014, 1409: 1556.

[131] Song S, Xiong X, Wu X, et al. Modeling the SOFC by BP neural network algorithm[J]. International Journal of Hydrogen Energy, 2021, 46(38): 20065-20077.

[132] Soufi M, Samad-Soltani T, Vahdati S, et al. Decision support system for triage management: A hybrid approach using rule-based reasoning and fuzzy logic[J]. International Journal of Medical Informatics, 2018, 114: 35-44.

[133] Szegedy C, Liu W, Jia Y, et al. Going deeper with convolutions[C]. Proceedings of the IEEE Conference on Computer Vision and Pattern Recognition, 2015: 1-9.

[134] Szepesvári C, Littman M L. Generalized Markov decision processes: dynamic-programming and reinforcement-learning algorithms[R]. Technical Report CS-96-11, Brown University, Providence, RI, 1996.

[135] Vicini D, Speierer S, Jakob W. Path replay backpropagation: Differentiating light paths using constant memory and linear time[J]. Transactions on Graphics(Proceedings of SIGGRAPH), 2021, 40(4): 108:1-108:14.

[136] Voevodski K. Large scale K-clustering[J]. ACM Transactions on Knowledge Discovery from Data, 2024.

[137] Wang C, Su Y, Ye J, et al. Enhanced state-of-charge and state-of-health estimation of lithium-ion

battery incorporating machine learning and swarm intelligence algorithm [J]. Journal of Energy Storage 2024,83: 110755.

[138] Wang G,Lu M. Multiscale deep subspace clustering network with hierarchical fusion mechanism for mechanical fault diagnosis[J]. IEEE Transactions on Instrumentation and Measurement,2024,73: 1-15.

[139] Wang L X. A new look at type-2 fuzzy sets and type-2 fuzzy logic systems[J]. IEEE Transactions on Fuzzy Systems,2017,25(3): 693-706.

[140] Wang X,et al. Deep reinforcement learning: A survey[J]. IEEE Transactions on Neural Networks and Learning Systems,2022.

[141] Wang X, Klabjan D. Competitive multi-agent inverse reinforcement learning with sub-optimal demonstrations[C]. Proceedings of the International Conference on Machine Learning(ICML), 2018: 5143-5151.

[142] Wright L G, Onodera T, Stein M M, et al. Deep physical neural networks trained with backpropagation[J]. Nature,2022,601: 549-555.

[143] Wu T,Zeng P, Song C. An optimization strategy for deep neural networks training[C]. 2022 International Conference on Image Processing,Computer Vision and Machine Learning(ICICML), Xi'an,China,2022: 596-603.

[144] Wu Z,Pan S, Chen F, et al. A comprehensive survey on graph neural networks [J]. IEEE Transactions on Neural Networks and Learning Systems,2020,32(1): 4-24.

[145] Xie E. Optimizing the backpropagation neural network with the whale optimization algorithm[C]. 2024 International Conference on Integrated Circuits and Communication Systems(ICICACS), Raichur,India,2024:1-6.

[146] Xue Y,Wang Y,Liang J,et al. A self-adaptive mutation neural architecture search algorithm based on blocks[J]. IEEE Computational Intelligence Magazine,2021,16(3): 67-78.

[147] Yan F,Wang X D,Zeng Z Q,et al. Adaptive multi-view subspace clustering for high-dimensional data[J]. Pattern Recognition Letters,2020,130: 299-305.

[148] Yang W,Zhang Z,Zhao Y,et al. CABGSI: An efficient clustering algorithm based on structural information of graphs [J]. Journal of Radiation Research and Applied Sciences, 2024, 17 (3): 101040.

[149] Yang X,Xiao F. An improved density peaks clustering algorithm based on the generalized neighbors similarity[J]. Engineering Applications of Artificial Intelligence,2024,136(Part A): 108883.

[150] Yang X,Zhao W,Xu Y,et al. Sparse K-means clustering algorithm with anchor graph regularization [J]. Information Sciences,2024,667: 120504.

[151] Yang Y, Luo R, Li M, et al. Mean field multi-agent reinforcement learning [C]. International Conference on Machine Learning(ICML),2018: 5571-5580.

[152] Yang Y,Ma Y,Zhao Y,et al. A dynamic multi-objective evolutionary algorithm based on genetic engineering and improved particle swarm prediction strategy [J]. The Journal of Supercomputing 2024,81(1): 54.

[153] Ye H,Martinez M,Monperrus M. Neural program repair with execution-based backpropagation [C]. Proceedings of the 44th International Conference on Software Engineering(ICSE '22),2022: 1506-1518.

[154] Yu T C,Fang S Y,Chiu H S,et al. Machine learning-based structural pre-route insertability prediction and improvement with guided backpropagation[C]. Proceedings of the 26th Asia and South Pacific Design Automation Conference(ASPDAC '21),2021: 678-683.

[155] Zadeh L A. Fuzzy sets[J]. Information and Control,1965,8(3): 338-353.

[156] Zeiler M D, Fergus R. Visualizing and understanding convolutional networks [C]. European Conference on Computer Vision. Springer, Cham, 2014: 818-833.

[157] Zhang Q, Wu H, Yao P, et al. Sign backpropagation: An on-chip learning algorithm for analog RRAM neuromorphic computing systems[J]. Neural Networks, 2018, 108: 217-223.

[158] Zhang W, Li C, Gen M, et al. A multiobjective memetic algorithm with particle swarm optimization and Q-learning-based local search for energy-efficient distributed heterogeneous hybrid flow-shop scheduling problem[J]. Expert Systems with Applications, 2024, 237: 121570.

[159] Zhang Z, Zhu H, Xie M. Differential privacy may have a potential optimization effect on some swarm intelligence algorithms besides privacy-preserving [J]. Information Sciences, 2024, 654: 119870.

[160] Zhao H, Yang X, Deng C. Parameter-agnostic deep graph clustering[J]. ACM Transactions on Knowledge Discovery from Data, 2024, 18(3): 66.

[161] Zhao X, Ji Y X, Ning X L. Accelerometer calibration based on improved particle swarm optimization algorithm of support vector machine [J]. Sensors and Actuators A: Physical, 2024, 369: 115096.

[162] Zheng R, Liu M, Zhang Y, et al. An optimization method based on improved ant colony algorithm for complex product change propagation path [J]. Intelligent Systems with Applications, 2024, 23: 200412.

[163] Zhou D, Zhou H. A modified strategy of fuzzy clustering algorithm for image segmentation[J]. Soft Computing, 2015, 19(12): 3261-3272.

[164] Zhou X, Fu Q, Xia Y, et al. LoGo-GR: A Local to Global Graphical Reasoning Framework for Extracting Structured Information from Biomedical Literature[J]. IEEE Journal of Biomedical and Health Informatics, 2024, 28(4): 2314-2325.

[165] Zhou Y, Song L, Liu Y, et al. A privacy-preserving logistic regression-based diagnosis scheme for digital healthcare[J]. Future Generation Computer Systems, 2023, 144: 63-73.

[166] Zhu J Y, Park T, Isola P, et al. Unpaired image-to-image translation using cycle-consistent adversarial networks[C]. Proceedings of the IEEE International Conference on Computer Vision, 2017: 2223-2232.

[167] Zou F, Chen D, Li S, et al. Community detection in complex networks: Multi-objective discrete backtracking search optimization algorithm with decomposition[J]. Applied Soft Computing, 2017, 53: 285-295.

[168] 李航宇，王楠楠，朱明瑞，等. 神经结构搜索的研究进展综述[J]. 软件学报，2021，33(1)：129-149.

[169] 刘颖，雷研博，范九伦，等. 基于小样本学习的图像分类技术综述[J]. 自动化学报，2021，47(2)：297-315.

[170] 王守会，覃飙. 基于集成学习和反馈策略的贝叶斯网络结构学习[J]. 计算机学报，2021，44(6)：1051-1063.

[171] 许召召，申德荣，聂铁铮，等. 融合信息增益比和遗传算法的混合式特征选择算法[J]. 软件学报，2022，33(3)：1128-1140.

[172] 张睿，张鹏云，孙超利. 基于多域融合及神经架构搜索的语音增强方法[J]. 通信学报，2024，45(2)：225-239.

[173] 张伟，黄卫民. 基于种群分区的多策略自适应多目标粒子群算法[J]. 自动化学报，2022，48(10)：2585-2599.

[174] 张祥平，刘建勋，扈海泽，等. 基于生成对抗策略的代码搜索[J]. 软件学报，2024：1-16.

[175] 张雅雯，王志海，刘海洋，等. 基于多尺度残差 FCN 的时间序列分类算法[J]. 软件学报，2022，33(2)：555-570.